"非线性动力学丛书"编委会

主　编　胡海岩

副主编　张　伟

编　委　(以汉语拼音为序)

　　　　陈立群　冯再春　何国威

　　　　金栋平　马兴瑞　孟　光

　　　　佘振苏　徐　鉴　杨绍普

　　　　周又和

非线性动力学丛书 30

典型非线性多稳态系统的随机动力学

Stochastic Dynamics of the Classical Nonlinear Multi-stable Systems

靳艳飞　许鹏飞　著

科学出版社

北　京

内 容 简 介

本书基于非线性随机动力学理论方法,研究了典型多稳态随机系统的动力学特性,揭示了由多稳态和噪声诱导产生的新颖非线性现象. 全书共7章,第 1 章详细介绍了随机共振经典理论及典型噪声的数值模拟方法等基础知识. 从第 2 章开始,系统研究了不同随机激励下周期势系统和三稳态系统的噪声诱导共振、时滞三稳态系统的随机动力学特性等,并将理论结果应用于微弱故障信号的提取和随机振动能量采集系统的参数优化设计中. 本书内容主要来自于作者长期从事非线性随机动力系统的研究成果,体系完整,有助于深入认识噪声、非线性和时滞等对随机系统动力学的影响.

本书可供高等学校力学、应用数学、机械等专业的高年级大学生和研究生,以及从事非线性动力学、随机动力系统等研究的教师和科技工作者阅读.

图书在版编目(CIP)数据

典型非线性多稳态系统的随机动力学/靳艳飞,许鹏飞著. —北京:科学出版社,2021.12
(非线性动力学丛书)
ISBN 978-7-03-070952-3

I. ①典⋯ II. ①靳⋯ ②许⋯ III. ①随机变量-动力学 IV. ①O313

中国版本图书馆 CIP 数据核字(2021)第 258157 号

责任编辑:刘信力 田轶静/责任校对:杨聪敏
责任印制:吴兆东/封面设计:陈 敬

科 学 出 版 社 出版
北京东黄城根北街 16 号
邮政编码:100717
http://www.sciencep.com
北京建宏印刷有限公司印刷
科学出版社发行 各地新华书店经销
*
2021 年 12 月第 一 版 开本:720 × 1000 B5
2025 年 2 月第二次印刷 印张:15 1/4
字数:300 000
定价:138.00 元
(如有印装质量问题,我社负责调换)

"非线性动力学丛书"序

真实的动力系统几乎都含有各种各样的非线性因素, 诸如机械系统中的间隙、干摩擦, 结构系统中的材料弹塑性、构件大变形, 控制系统中的元器件饱和特性、变结构控制策略等. 实践中, 人们经常试图用线性模型来替代实际的非线性系统, 以方便地获得其动力学行为的某种逼近. 然而, 被忽略的非线性因素常常会在分析和计算中引起无法接受的误差, 使得线性逼近成为一场徒劳. 特别对于系统的长时间历程动力学问题, 有时即使略去很微弱的非线性因素, 也会在分析和计算中出现本质性的错误.

因此, 人们很早就开始关注非线性系统的动力学问题. 早期研究可追溯到 1673 年 Huygens 对单摆大幅摆动非等时性的观察. 从 19 世纪末起, Poincaré, Lyapunov, Birkhoff, Andronov, Arnold 和 Smale 等数学家和力学家相继对非线性动力系统的理论进行了奠基性研究, Duffing, van der Pol, Lorenz, Ueda 等物理学家和工程师则在实验和数值模拟中获得了许多启示性发现. 他们的杰出贡献相辅相成, 形成了分岔、混沌、分形的理论框架, 使非线性动力学在 20 世纪 70 年代成为一门重要的前沿学科, 并促进了非线性科学的形成和发展.

近 20 年来, 非线性动力学在理论和应用两个方面均取得了很大进展. 这促使越来越多的学者基于非线性动力学观点来思考问题, 采用非线性动力学理论和方法, 对工程科学、生命科学、社会科学等领域中的非线性系统建立数学模型, 预测其长期的动力学行为, 揭示内在的规律性, 提出改善系统品质的控制策略. 一系列成功的实践使人们认识到: 许多过去无法解决的难题源于系统的非线性, 而解决难题的关键在于对问题所呈现的分岔、混沌、分形、孤立子等复杂非线性动力学现象具有正确的认识和理解.

近年来, 非线性动力学理论和方法正从低维向高维乃至无穷维发展. 伴随着计算机代数、数值模拟和图形技术的进步, 非线性动力学所处理的问题规模和难度不断提高, 已逐步接近一些实际系统. 在工程科学界, 以往研究人员对于非线性问题绕道而行的现象正在发生变化. 人们不仅力求深入分析非线性对系统动力学的影响, 使系统和产品的动态设计、加工、运行与控制满足日益提高的运行速度和精度需求, 而且开始探索利用分岔、混沌等非线性现象造福人类.

在这样的背景下, 有必要组织在工程科学、生命科学、社会科学等领域中从事非线性动力学研究的学者撰写一套"非线性动力学丛书", 着重介绍近几年来非线性动力学理论和方法在上述领域的一些研究进展, 特别是我国学者的研究成果, 为从事非线性动力学理论及应用研究的人员, 包括硕士研究生和博士研究生等, 提供最新的理论、方法及应用范例. 在科学出版社的大力支持下, 我们组织了这套 "非线性动力学丛书".

　　本套丛书在选题和内容上有别于郝柏林先生主编的 "非线性科学丛书" (上海科技教育出版社出版), 它更加侧重于对工程科学、生命科学、社会科学等领域中的非线性动力学问题进行建模、理论分析、计算和实验. 与国外的同类丛书相比, 它更具有整体的出版思想, 每分册阐述一个主题, 互不重复. 丛书的选题主要来自我国学者在国家自然科学基金等资助下取得的研究成果, 有些研究成果已被国内外学者广泛引用或应用于工程和社会实践, 还有一些选题取自作者多年的教学成果.

　　希望作者、读者、丛书编委会和科学出版社共同努力, 使这套丛书取得成功.

胡海岩

2001 年 8 月

前　言

随机激励或噪声普遍存在于自然、社会及工程领域中, 如海洋平台受到的随机波浪载荷、路面不平度对运动车辆的作用、地震波引起的地面振动、强风中高层建筑的振动和随机环境对生物种群的影响等. 因此, 在工程实际问题中必须考虑随机激励对非线性系统的影响, 建立非线性随机动力系统来反映真实状况, 同时发展随机动力系统的理论体系和分析方法. 在非线性随机动力学的研究中, 一方面, 噪声的出现往往会产生消极的破坏性作用, 需要通过各种手段去减弱或消除其影响, 例如, 对非线性结构在强随机激励下产生的振动、失稳及破坏进行有效控制; 另一方面, 在一定的条件下, 噪声对非线性系统的动力学行为起到了积极有序的建设性作用, 例如, 通过随机共振提高系统关于微弱信号的响应. 为了利用噪声积极的一面, 需要探究随机共振的发生机理, 揭示系统中的非线性、时滞等对随机共振现象的影响, 提出产生随机共振的方法并实现随机共振的工程应用.

多稳态系统是一类普遍存在于机械工程、航空航天、海洋工程、生态生物等领域的典型非线性系统, 其特征是系统同时有两个以上吸引子共存. 由于大多数多稳态系统都对随机扰动高度敏感, 故随机激励下多稳态系统的动力学特性比确定性多稳态系统丰富很多. 一方面, 考虑到每个吸引子代表系统不同的特性, 故多稳态系统会产生一些新的非线性现象, 也是系统非线性结构多样化的一种表现; 另一方面, 在随机激励下, 系统会在几个不同的稳态之间跃迁, 其多个阱间和阱内的运动导致了研究的难度和复杂性. 鉴于上述原因, 本书内容针对随机激励的典型多稳态系统, 开展了随机共振、相干共振、平均首次穿越时间等动力学研究, 并应用于轴承故障诊断和随机振动能量采集中.

全书由 7 章组成. 第 1 章是关于噪声诱导共振、多稳态动力系统、典型随机噪声激励及其数值模拟等基础知识的介绍; 第 2 章和第 3 章研究了色噪声、加性和乘性噪声激励下周期势系统的噪声诱导共振, 包括随机共振、相干共振和首次穿越, 分析了噪声强度、噪声相关时间及系统参数对随机动力学行为的影响; 第 4 章研究了时滞三稳态系统的随机动力学特性, 分析了关联噪声、关联噪声和简谐激励、三值噪声激励下系统的响应、跃迁运动、随机共振和相干共振. 第 5 章研究了二阶欠阻尼多稳态系统的随机共振, 分为含记忆阻尼和含黏性阻尼两种情形, 通过计算系统的特征相关时间和功率谱放大因子来揭示阻尼对共振行为的影响; 第 6 章研究了非高斯噪声激励下非对称三稳态系统的随机共振, 并基于非对称三稳态随机共振理论, 实现了强噪声背景下轴承故障信号的提取; 第 7 章研究了随机激励下三稳态振动能量采集系统的动力学, 分为高斯白噪声和色噪声两种激励情况, 推导出系统的稳态概率密度函数、功率谱放大因子的表达式, 分析了随机分岔和随机共振, 并基于多稳态随机共振理论进行系统参数优化设计, 以达到提高能量采集性能的目的. 本书的研究内容多半是与之前指导的研究生合作完成, 他们是刘开贺、马正木、王贺强、肖少敏、张艳霞, 作者在此深表谢意. 本书涉及的研究是作者在国家自然科学基金项目 (11772048、11272025) 的资助下完成的, 在此表示衷心的感谢.

还要感谢西北工业大学的徐伟教授对作者科研工作的指导, 感谢北京理工大学胡海岩院士对本书出版给予的推荐, 感谢科学出版社在本书出版过程中给予的帮助. 由于作者水平有限, 撰写过程中难免有不妥和疏漏之处, 敬请读者批评指正.

靳艳飞

2021 年 12 月于北京

目　　录

"非线性动力学丛书"序

前言

第1章　引论 ·· 1

1.1　噪声诱导共振 ·· 2

1.1.1　平均首次穿越时间 ······························· 3

1.1.2　随机共振 ··· 4

1.1.3　相干共振 ··· 6

1.2　多稳态系统 ·· 7

1.2.1　具有多个平衡点的多稳态系统 ····················· 7

1.2.2　含双曲正弦函数的超脉冲电路系统 ················· 10

1.3　典型随机噪声激励及其数值模拟 ························· 12

1.3.1　按噪声的起源分类 ······························· 12

1.3.2　按噪声的功率谱密度分类 ························· 13

参考文献 ·· 18

第2章　色噪声激励下周期势系统的首次穿越和随机共振 ··········· 22

2.1　OU噪声激励下欠阻尼周期势系统的随机共振 ············· 23

2.1.1　朗之万方程与能量转换 ··························· 23

2.1.2　加性高斯色噪声激励下系统的随机共振 ············· 25

2.1.3　乘性高斯色噪声激励下系统的随机共振 ············· 30

2.2　二值噪声激励下欠阻尼周期势系统的随机共振 ············· 34

2.2.1　系统的随机响应特性 ····························· 34

2.2.2　二值噪声激励下系统的随机共振 ··················· 37

2.3　三值噪声激励下约瑟夫森结的首次穿越和随机共振 ········· 40

2.3.1　系统的稳态解 ··································· 41

2.3.2　系统的随机共振 ································· 48

2.3.3　系统的平均首次穿越时间 ························· 51

2.4　本章小结 ··· 54

参考文献 ·· 54

第 3 章　乘性和加性噪声激励下周期势系统的噪声诱导共振 ·················· 57

　　3.1　白关联噪声激励下欠阻尼周期势系统的相干共振和随机共振 ······· 58

　　　　3.1.1　系统概率密度函数的演化 ···································· 58

　　　　3.1.2　噪声强度对相干共振的影响 ·································· 60

　　　　3.1.3　噪声强度和相关系数对随机共振的影响 ···················· 63

　　3.2　加性白噪声与乘性二值噪声激励下过阻尼周期势系统的相干共振和

　　　　随机共振 ·· 66

　　　　3.2.1　系统的稳态概率密度函数 ···································· 66

　　　　3.2.2　噪声对相干共振和随机共振的影响 ························ 68

　　3.3　加性和乘性三值噪声激励下欠阻尼周期势系统的随机动力学 ········ 73

　　　　3.3.1　系统响应的演化特性 ·· 73

　　　　3.3.2　系统的随机共振 ·· 76

　　3.4　色关联噪声和混合周期信号激励下欠阻尼周期势系统的随机共振···· 78

　　　　3.4.1　加性与乘性噪声强度对随机共振的影响 ···················· 79

　　　　3.4.2　噪声的互关联系数对随机共振的影响 ···················· 80

　　　　3.4.3　混频周期信号对随机共振的影响 ·························· 81

　　3.5　本章小结 ·· 83

　　参考文献 ·· 84

第 4 章　时滞三稳态系统的随机动力学特性 ································ 86

　　4.1　关联噪声激励下时滞三稳态系统的跃迁和相干共振 ················ 86

　　　　4.1.1　过阻尼时滞三稳态系统 ······································ 86

　　　　4.1.2　噪声诱导跃迁行为 ·· 88

　　　　4.1.3　平均首次穿越时间 ·· 92

　　　　4.1.4　相干共振 ·· 100

　　4.2　关联噪声和周期信号激励下时滞三稳态系统的响应和随机共振···· 102

　　　　4.2.1　系统瞬态响应 ·· 103

　　　　4.2.2　系统稳态响应 ·· 106

　　4.3　三值噪声激励下时滞三稳态系统的随机共振 ····················· 112

　　　　4.3.1　三值噪声和时滞对平均首次穿越时间的影响 ··············· 113

　　　　4.3.2　三值噪声和时滞对随机共振的影响 ······················· 114

　　4.4　本章小结 ·· 116

　　参考文献 ·· 117

第 5 章　二阶欠阻尼多稳态系统的噪声诱导共振 ···························· 120

　　5.1　含记忆阻尼的二阶多稳态系统的共振行为 ························· 120

　　　　5.1.1　系统的数学模型 ··· 120

　　　　5.1.2　非对称三稳态系统的特征相关时间和随机共振··············· 123

　　　　5.1.3　广义朗之万方程描述的周期势系统的随机共振··············· 135

　　5.2　含黏性阻尼的二阶三稳态系统的随机共振······················· 144

　　　　5.2.1　系统的运动方程····································· 144

　　　　5.2.2　系统的随机共振机理································· 146

　　　　5.2.3　系统参数对随机共振的影响··························· 151

　　5.3　本章小结··· 155

　　参考文献··· 156

第 6 章　非高斯噪声激励下过阻尼非对称三稳态系统的随机共振········· 158

　　6.1　数学模型··· 159

　　6.2　非对称三稳态系统中噪声诱导的跃迁························· 161

　　　　6.2.1　准稳态概率密度····································· 161

　　　　6.2.2　平均首次穿越时间··································· 164

　　6.3　非对称三稳态系统的随机共振····························· 166

　　　　6.3.1　功率谱放大因子····································· 166

　　　　6.3.2　信息熵产生··· 173

　　6.4　基于非对称三稳随机共振的轴承故障检测··················· 177

　　6.5　本章小结··· 180

　　参考文献··· 181

第 7 章　随机激励下三稳态振动能量采集系统的动力学··············· 184

　　7.1　白噪声激励下三稳态压电悬臂梁的动力学··················· 185

　　　　7.1.1　系统模型··· 186

　　　　7.1.2　基于参数诱导随机共振的系统参数优化················· 188

　　　　7.1.3　非线性刚度系数对系统动力学特性的影响··············· 191

　　　　7.1.4　优化参数对系统采集性能的影响······················· 199

　　7.2　色噪声激励下三稳态电磁式能量采集器的动力学············· 200

　　　　7.2.1　系统模型··· 201

　　　　7.2.2　系统的稳态概率密度································· 202

　　　　7.2.3　随机分岔··· 205

　　　　7.2.4　随机共振··· 215

　　　　7.2.5　能量采集性能分析··································· 224

　　7.3　本章小结··· 225

　　参考文献··· 226

“非线性动力学丛书”已出版书目································· 229

第 1 章 引 论

在现实世界中, 随机和非线性普遍存在于自然科学和社会科学的各个领域中, 如物理、化学、生物、经济、气象、机械、航空航天、海洋、土木工程及地震等. 要反映客观实际, 在建模过程中就必须考虑随机力对非线性动力系统的影响, 借助概率与统计特性描述其不确定性或随机性, 揭示系统的基本特征、共同性质和运动规律. 因此, 非线性随机动力学是非线性科学的一个重要分支, 也是动力学与控制学科的前沿科学问题之一.

随机动力学的研究源于 20 世纪初爱因斯坦 (Einstein) 等对布朗运动的开创性研究. 在 1827 年, 英国植物学家罗伯特 · 布朗 (Robert Brown) 观察到了悬浮在水中的花粉粒子总是在做激烈的、不规则的运动, 但当时对布朗运动的物理机制并没有给出解释. 直到 1905 年, 爱因斯坦 [1] 对这一问题进行了深入研究, 发现布朗运动是由于花粉粒子受到周围液体分子的不规则碰撞产生的, 且这些碰撞的发生是瞬时的和随机的, 进而确立了爱因斯坦关系 (或涨落耗散定理). 1906 年, 斯莫路乔夫斯基 (Smoluchowski)[2] 也独立发现了布朗运动的变化规律, 并给出相同的解释. 随后, 朗之万 (Langevin)[3] 在随机力的假设下提出了一种新的方法, 建立起著名的朗之万方程, 成为随机微分方程的第一个实例, 即一个具有随机项的微分方程, 因此它的解在某种意义下是一个随机函数. 然而, 一直到了 40 年后, 伊藤 (Itô) 形成了系统的随机微分方程的概念, 之后朗之万方程方法才得到了严格的数学基础支撑 [4]. 在此基础上, 福克 (Fokker) 和普朗克 (Planck) 先后推导出了关于布朗粒子的概率密度演化方程, 并且后向 Kolmogorov 方程为此提供了严格的理论基础, 即产生了经典的 Fokker-Planck 方程 [5]. 对于随机振动的探讨始于 20 世纪 50 年代, 主要是由航空工程发展的需要引起, 即航空与宇航工程中提出的三个问题: 大气湍流引起的飞机抖振、喷气噪声引起的飞行器表面结构的声疲劳、火箭推进的运载工具中有效负载的可靠性, 这些问题中的振源激励均带有随机性. 这就为机械振动开辟了一个新的研究领域——随机振动, 并被应用于包括车辆工程、船舶与海洋工程、桥梁与建筑工程等诸多领域 [6-10]. 从 20 世纪 60 年代开始, 人们开始了非线性随机动力学的研究, 并发展了许多精确的或近似的解析分析方法, 以及研究非线性随机系统的响应、稳定性、分岔混沌及可靠性等 [11-17]. 特别是朱位秋院士在 Hamilton 理论体系框架下, 建立了非线性随机动力学与控制的理论方法 [18]. 与此同时, 数学家发展了随机稳定性与随机最优控制

理论并将其应用于经济和金融领域的研究中 [19-22]. 20 世纪 80 年代, 气象学家
Benzi 和 Nicolis 等 [23-24] 在研究古气候冰川问题时各自独立发现并提出了 "随
机共振"(Stochastic Resonance, SR) 的概念, 该现象说明噪声干扰并不总是对宏
观的秩序起消极破坏作用, 在一定的条件下, 噪声对非线性系统的动力学行为起
到了积极有序的建设性作用, 随机共振已被广泛地应用于光学、物理学、化学、生
物学、电子、机械、图像信息和神经生理等领域 [25-28]. 由此可见, 随机动力学的
研究得到了蓬勃发展, 并对力学、数学、统计物理及工程等学科产生了重要影响.
由于非线性和随机带来的复杂性以及数学处理的难度, 非线性随机动力学的研究
仍处于发展阶段, 特别是随机激励下复杂非线性系统 (如多稳态系统) 的理论分析
和数值方法研究.

1.1 噪声诱导共振

所有真实的系统中都存在随机涨落或噪声, 噪声通常扮演着双重角色：破坏
性和建设性. 一方面, 人们对噪声的认识通常局限在其产生的有害、消极和破坏
作用上, 认为它是造成系统产生复杂无序运动的根源, 从而通过各种手段去减弱
或消除噪声对系统的影响. 另一方面, 研究发现在一定的条件下, 噪声对非线性系
统的动力学行为起到了有序的建设性作用, 完全颠覆了噪声扮演破坏系统序的角
色. 体现噪声积极效应的典型动力学现象包括：噪声增强稳定性 (Noise Enhanced
Stability, NES)、相干共振 (Coherence Resonance, CR)、噪声诱导相变 (Noise-
induced Phase Transition)、共振激活 (Resonance Activation, RA) 和随机共振
等. 下面主要介绍上述噪声诱导共振 (Noise-induced Resonances) 的发生机理和
刻画指标量.

在随机共振研究中, 经典模型是白噪声和简谐激励下的欠阻尼双稳态系统, 其
朗之万方程的一般形式可写为

$$M\ddot{x}(t) + \gamma \dot{x}(t) + \frac{\mathrm{d}\bar{U}(x)}{\mathrm{d}x} = F(t) + \xi(t), \tag{1.1.1}$$

式中, $x(t)$ 是单自由度系统的位移; M 表示质量; γ 为黏性阻尼系数; $\bar{U}(x) = \delta_3 x^4/4 - \delta_1 x^2/2$ 为双稳态势函数; $F(t) = A\cos(\omega t)$ 为简谐激励, 参数 A 和 ω 分
别表示其幅值和频率; $\xi(t)$ 为高斯白噪声, 其均值和相关函数为

$$\langle \xi(t) \rangle = 0, \quad \langle \xi(t)\xi(t') \rangle = 2D\delta(t - t'), \tag{1.1.2}$$

其中, D 为噪声强度. 当 $A = D = 0$ 时, 由双稳态势函数可知, 系统存在一个
不稳定点 $x_0 = 0$ 和两个稳定点 $x_{1,2} = \pm\sqrt{\delta_1/\delta_3}$, 两个势阱中间的势垒高度为
$\Delta U = \delta_1^2/4\delta_3$, 如图 1.1.1 所示, 故称作双稳态系统.

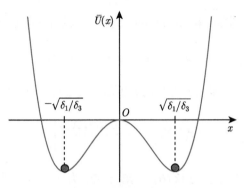

图 1.1.1 双稳态势函数示意图

当 γ 比较大时, 则主要考虑系统的时间尺度大于能量弛豫时间 γ^{-1} 下的动力学行为. 此时, 方程 (1.1.1) 主要是阻尼项在起作用, 可以忽略惯性项的影响, 方程 (1.1.1) 可以进一步简化为如下无量纲形式:

$$\dot{x}(t) + \frac{\mathrm{d}U(x)}{\mathrm{d}x} = F(t) + \xi(t). \tag{1.1.3}$$

方程 (1.1.3) 描述的系统称为一阶过阻尼非线性朗之万方程[29].

1.1.1 平均首次穿越时间

噪声诱导的逃逸问题普遍存在于物理系统[30]、神经系统[31]、肿瘤细胞增长系统[32]、光学系统[33]、黏弹性流体[34] 等, 平均首次穿越时间是刻画逃逸过程的一个重要指标. 在工程实际中, 与随机激励下动力系统的结构可靠性紧密相关, 一类应用是首次穿越损坏的研究[35], 另一类应用认为疲劳损伤累积是一个随机现象, 当其超过一个临界阈限时, 损坏就发生了[36].

首次穿越时间定义为粒子首次从一个势阱逃逸到另一个势阱中的持续时间. 由于噪声激励下首次穿越时间在各次试验中是不同的, 通过对其进行平均得到统计意义上的平均首次穿越时间. 当系统 (1.1.1) 中不考虑简谐激励 (即 $A = 0$) 时, 克莱默斯 (Kramers) 首次使用 Fokker-Planck 方程计算了系统穿越势阱的逃逸速率, 得到了著名的 Kramers 逃逸速率的表达式[37]:

$$r_{\mathrm{K}} = \frac{\sqrt{\bar{U}''(x_1)\left|\bar{U}''(x_0)\right|}}{2\pi\gamma M}\exp\left(-\frac{\Delta\bar{U}}{D}\right), \tag{1.1.4}$$

其中, $\Delta\bar{U} = \bar{U}(x_0) - \bar{U}(x_1)$, 为势垒高度. 在弱噪声条件下 (即 $D \ll \Delta\bar{U}$), 平均首次穿越时间 T_{K} 等于 Kramers 逃逸速率 r_{K} 的倒数, 即 $T_{\mathrm{K}} = 1/r_{\mathrm{K}}$. 在非弱噪声条件下, 胡岗[29] 给出了考虑吸收壁边界的系统中平均首次穿越时间的计算公式.

从数学角度, Freidlin 和 Wentzell 将首次穿越时间描述为如下随机变量 [38]

$$\tau_{K} = \inf\{t > 0, X_t \notin \Omega\} \tag{1.1.5}$$

式中, X_t 为系统状态变量; Ω 为待离开区域. τ_K 的条件概率密度可表示为

$$p(\tau_K | X_0) = -\left.\frac{\partial R(t | X_0)}{\partial t}\right|_{t=\tau_K} \tag{1.1.6}$$

式中, $R(t | X_0) = P\{X_t \in \Omega | X(0) = X_0 \in \Omega\}$ 为条件可靠性函数. 根据式 (1.1.5) 可得首次穿越时间的 n 阶条件矩 $\mu_n(X_0) = \int_0^\infty \tau_K^n p(\tau_K | X_0)\mathrm{d}\tau_K$, 当 $n = 1$ 时一阶矩 $\mu_1(X_0)$ 即为平均首次穿越时间.

由式 (1.1.4) 知系统平均首次穿越时间 $T_K \propto \exp(\Delta \bar{U}/D)$, 故 $\ln T_K$ 随着噪声强度 D 的增加而单调减小. 但是随着研究的深入, 研究者们发现在随机涨落变化或周期振荡的势场中, $\ln T_K$ 随着 D 的增加出现非单调变化的共振行为, 这意味着系统在噪声激励下驻留亚稳态的时间会长于确定性系统的衰减时间. 这一反直觉的现象在隧道二极管的实验中被证实, 也称为噪声提高稳定性 [39-41]. 此外, Doering 和 Gadoua[42] 在研究分段线性系统的逃逸问题时, 发现了一种新的物理现象——"共振激活". 即系统的平均首次穿越时间作为涨落势垒转移速率的函数存在一个极小值, 显示了涨落势垒调制过程和热噪声协助势垒穿越的相互协作关系. 因此, 研究者可以通过调节噪声强度或转移速率的大小来延长或缩短实际工程系统中的亚稳态寿命, 该研究体现出噪声非常重要的应用价值.

1.1.2　随机共振

随机共振的基本含义是指一个非线性双稳系统, 当仅在弱简谐激励或弱噪声驱动下都不足以使系统的输出在两个稳态之间跃迁, 而在两者的共同作用下, 当噪声强度达到某一适当值时, 系统输出响应的幅值达到最大——"共振".

下面通过图 1.1.2 来解释随机共振发生的机理. 当方程 (1.1.3) 中 $F(t)$ 的幅值 $A = 0$ 时, 即仅在噪声作用下的情形, 系统在两个稳态 $x_1 x_2$ 之间可以转换, 由于势垒高度相等, 两个方向的跃迁概率相同, 同为 Kramers 逃逸率. 当方程 (1.1.3) 中 $\xi(t)$ 的噪声强度 $D = 0$ 时, 即仅在简谐激励作用的情形下, 此时 A 存在一个临界值 $A_c = 2\sqrt{3}x_1^3/9$. 当 $A < A_c$ 时, 系统将在稳态 x_1 或 x_2 附近进行局域的周期运动, 只有当 $A > A_c$ 时, 系统才能绕过这两个稳态做大范围的运动. 若叠加适量的弱噪声, 即使在 $A < A_c$ 时, 系统仍可以在两个稳态 $x_1 x_2$ 之间跃迁. 由图 1.1.2 可见, 当系统受到简谐激励作用时, 调制的势函数为 $\bar{U}(x,t) = \bar{U}(x) - Ax\sin(\Omega t)$, 势阱高度会发生周期性变化, 对称性被打破. 当 $t = 0$ 时, 势函数为对称的, 此时

势垒高度最大, 故系统无法克服势垒高度在势阱间进行跃迁; 当 $t = T/4$ 时, 势垒高度发生变化, 此时左侧势阱更浅, 系统易于穿越势垒从左势阱跳到右势阱; 当 $t = T/2$ 时, 此时同 $t = 0$ 时刻, 系统无法在势阱间进行跃迁; 当 $t = 3T/4$ 时, 势垒高度发生变化, 此时右侧势阱更浅, 系统易于穿越势垒从右势阱跳到左势阱. 由此可见, 系统的平均首次穿越时间和简谐激励的周期满足 $T_{\mathrm{K}} = T/2 (T = 2\pi/\omega)$ 时, 随机共振发生. 换言之, 当阱间的跃迁时间和简谐激励的周期达到一种统计意义上的同步时, 系统发生随机共振. 因此, 由式 (1.1.4) 可推导得到系统发生随机共振时, 简谐激励频率满足的关系式

$$\omega = \frac{\delta_1}{\sqrt{2}\gamma M} \exp\left(-\frac{\delta_1^2}{4D\delta_3}\right). \tag{1.1.7}$$

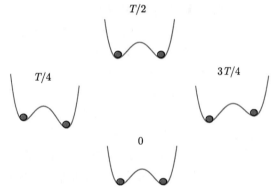

图 1.1.2　对称双稳态系统 (1.1.1) 的随机共振示意图

那么, 如何简单直接地判断非线性系统是否出现随机共振现象呢? 下面介绍几种主要的判断方法和指标量.

(1) 信噪比 (Signal-to-Noise Ratio, SNR): Benzi 等 [23] 通过系统输出功率谱在简谐激励的频率处存在一个明显的峰值来刻画随机共振. 基于该工作, 信噪比通常被用来检验随机共振的发生, 其定义为在输入频率 ω 上的谱高与 ω 附近背景噪声的平均谱高之比

$$\mathrm{SNR} = \frac{2\left[\lim\limits_{\Delta\omega \to 0} \int_{\omega-\Delta\omega}^{\omega+\Delta\omega} S(\omega_1)\mathrm{d}\omega_1\right]}{S_{\mathrm{N}}(\omega)}, \tag{1.1.8}$$

式中, 谱 $S(\omega_1)$ 来源于输出信号; 谱 $S_{\mathrm{N}}(\omega)$ 来源于输出噪声. 随着噪声强度的增加, 如果信噪比曲线出现非单调共振峰, 说明系统有随机共振发生.

(2) 线性响应理论：Dykman 等 [43] 认为在弱的简谐激励下，系统的平均输出 $x(t)$ 可表示为

$$\langle x(t) \rangle_{\mathrm{as}} = A_1 \cos(\omega t + \phi), \tag{1.1.9}$$

其中，由涨落耗散定理可得到其幅值 A_1 和相位差 ϕ 的形式：

$$A_1 = A\left|\chi(\omega)\right|, \quad \phi = -\arctan\left[\frac{\mathrm{Im}\chi(\omega)}{\mathrm{Re}\chi(\omega)}\right], \tag{1.1.10}$$

这里 $\chi(\omega)$ 代表系统的敏感性，$\mathrm{Re}\chi(\omega) = 2D^{-1} \cdot P \displaystyle\int_0^\infty \omega_1^2(\omega_1^2 - \omega^2)^{-1} S^0(\omega_1)\mathrm{d}\omega_1$，$\mathrm{Im}\chi(\omega) = \pi\omega S^0(\omega)/D$，$P$ 代表柯西主值 (Cauchy Principal) 部分，D 为输入噪声强度，$S^0(\omega)$ 为无简谐激励时系统输出的涨落谱密度. 当幅值 A_1 和相位差 ϕ 作为噪声强度的函数变化曲线分别出现极大值和极小值时，系统出现随机共振现象，值得指出的是该极大值和极小值对应的噪声强度不必相等.

(3) 驻留时间分布：Zhou 等 [44] 提出了用驻留时间分布来判断随机共振的方法. 假设 $T(i) = t_i - t_{i-1}$ 代表系统在阱间发生两次连续跳跃之间的驻留时间，但是没有统一的方法给出其分布函数. 针对无简谐激励的对称双稳系统，Papoulis[45] 发现其服从 Poisson 分布 $N(T) = (1/T_{\mathrm{K}})\exp(-T/T_{\mathrm{K}})$. 对于简谐激励情况，驻留时间分布函数在 $1/2$ 个驱动周期 $T/2 = \pi/\omega$ 的奇数倍 (即 $(2n-1)T/2$, $n = 1, 2, \cdots$) 处出现峰值，且随着 n 的增加，这些峰值呈指数下降趋势. 该现象可以解释为：当势阱的对称性被打破，势垒高度最小的时候，系统在势阱间的跃迁是最容易的，如果在 $T/2$ 内系统不能跃迁，那么就必须在原来的势阱内驻留一个周期，因此驻留时间的分布总是对应着 $T/2$ 的奇数倍. 驻留时间分布是对于各自然领域都适用的概念和测量方法.

1.1.3　相干共振

相干共振 [46] 是一种特殊的随机共振，发生在仅有噪声激励的非线性系统中，即当方程 (1.1.3) 中 $A = 0$ 时，它体现的是有噪系统自振的周期性，这种现象最初被称为无周期激励随机共振或自治的随机共振 [47-48]. 系统的相干共振可通过计算功率谱密度和品质因子来进行衡量. 系统品质因子的定义为 [49]

$$\beta = \frac{h_{\mathrm{p}}\tilde{\omega}_{\mathrm{p}}}{\Delta\tilde{\omega}} \tag{1.1.11}$$

式中，h_{p} 为功率谱谱峰的最大值；$\tilde{\omega}_{\mathrm{p}}$ 为功率谱最大峰值对应的频率；$\Delta\tilde{\omega}$ 表示在其峰的高度为 $h_{\mathrm{p}}/\sqrt{e}$ 处对应的频率宽度；e 为自然常数. 当品质因子 β 随着噪声强度 D 出现非单调变化，且在最优的噪声强度处出现一个单峰时，就可以判断系统 (1.1.3) 有相干共振发生.

1999 年, Pradines 等 [50] 发现相干共振现象是依赖于系统的慢变和快变运动行为. 2005 年, Vanden-Eijnden 等 [51-52] 对该问题进行了深入的研究, 将慢变尺度上的相干行为称为相干共振, 而将快变尺度上的相干行为称为自诱导随机共振 (Self-induced Stochastic Resonance), 由于其系统参数远离分岔值, 因此具有更强的鲁棒性, 为如何通过噪声控制生物系统的功能函数提供了一种可靠的方法, 被广泛地应用于神经元系统放电行为的分析 [53].

1.2　多稳态系统

多稳态系统是指同时有两个以上吸引子共存的系统, 是一类普遍存在于机械工程、航空航天、海洋工程、生态生物等领域的非线性系统, 如多稳态能量采集器 [54-55]、光纤激光器 [56]、转子与定子碰摩系统 [57] 和多物种竞争生存模型 [58] 等. 对于确定性的多稳态系统, 按其共存吸引子类型大致可分为: 多个平衡点、平衡点与极限环、平衡点与混沌解以及周期激励系统多个周期解共存等. 在多稳态系统中, 多个吸引子的出现往往依赖于一些重要的参数, 如系统耦合强度、刚度系数、时滞、参激的频率和振幅等. 另外, 对于同一组参数, 当初始条件不同时, 也会出现不同类型吸引子共存. 下面以参考文献中已有的一些典型多稳态系统为例来进行说明.

1.2.1　具有多个平衡点的多稳态系统

例 1.2.1　当系统 (1.1.3) 中的势函数具有如下形式时

$$U(x) = \frac{\kappa_1 x^2}{2} - \frac{\kappa_3 x^4}{4} + \frac{\kappa_5 x^6}{6}, \tag{1.2.1}$$

其代表一般的对称三稳态势函数, 其中 κ_1、κ_3 和 κ_5 均为正实数, 分别表示非线性恢复力的线性、三次和五次刚度系数. 当刚度系数满足 $\kappa_3 > 2\sqrt{\kappa_1 \kappa_5}$ 时, 势函数 (1.2.1) 有三个稳定平衡点 $x_{sm}(m = 1,2,3)$ 和两个不稳定平衡点 $x_{un}(n = 1,2)$, 经计算可得

$$-x_{s1} = x_{s3} = \sqrt{\frac{\kappa_3 + \sqrt{\kappa_3^2 - 4\kappa_1 \kappa_5}}{2\kappa_5}},$$

$$x_{s2} = 0,$$

$$-x_{u1} = x_{u2} = \sqrt{\frac{\kappa_3 - \sqrt{\kappa_3^2 - 4\kappa_1 \kappa_5}}{2\kappa_5}}. \tag{1.2.2}$$

根据函数 (1.2.1), 非线性刚度系数 κ_3 和 κ_5 对三稳态势函数 $U(x)$ 的影响如图 1.2.1(a) 和 (b) 所示, 两侧势阱的深度和跨度随着 κ_3 的增加而变大, 相反, 中

间势阱的深度变小. 注意到, 对于 $\kappa_3 = 1.79$, 三个势阱的深度变得相同. 当 κ_5 增加时, 两侧势阱的深度和跨度减小, 而中间势阱有非常微弱的变化. 因此, 两个非线性刚度系数在三势阱的变化中起着不同作用. 特别地, 当 κ_3 进一步增加时, 即 $\kappa_3^2 \gg 4\kappa_1\kappa_5$, 中间势阱逐渐消失, 三稳态势阱模型接近于双稳态势阱模型. 类似地, 随着 κ_5 的继续增加, 三稳态势阱模型逐渐退化为单稳态势阱模型.

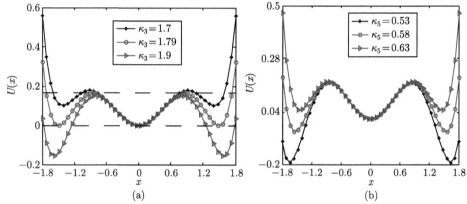

图 1.2.1　三稳态势函数 $U(x)$ 对非线性刚度系数 κ_3 和 κ_5 的依赖性. 其他参数选择为 $\kappa_1 = 1$, (a) $\kappa_5 = 0.6$, (b) $\kappa_3 = 1.8$

　　例 1.2.2　考虑高斯白噪声与简谐激励下的二维耦合四稳态系统, 其运动方程可描述为

$$\begin{cases} \dfrac{\mathrm{d}x}{\mathrm{d}t} = -\dfrac{\partial V(x,y)}{\partial x} + c(y-x) + F_x + \xi_x(t), \\[3mm] \dfrac{\mathrm{d}y}{\mathrm{d}t} = -\dfrac{\partial V(x,y)}{\partial y} + c(x-y) + F_y + \xi_y(t), \end{cases} \tag{1.2.3}$$

其中耦合的四稳态势函数 $V(x,y)$ 具有如下表达式 [59-60]:

$$V(x,y) = 0.25(x^4 + y^4) - (0.55x^2 + 0.5y^2) - 0.005x^2y^2. \tag{1.2.4}$$

在方程 (1.2.3) 中, 参数 c 表示线性耦合强度, $F_i = A_i\cos(\omega_i t + \varphi_i)$ 表示子系统 $i(i = x, y)$ 中的简谐激励. 这里 A_i、ω_i 和 φ_i 分别代表简谐激励的幅值、频率和初相位. 这类二维耦合的四稳态系统已经在许多领域得到研究和应用. 噪声项 $\xi_x(t)$ 和 $\xi_y(t)$ 是均值为 0, 强度为 D, 且相互独立的高斯白噪声, 其相关函数可表示为

$$\langle \xi_i(t)\xi_j(t') \rangle = 2D\delta_{ij}\delta(t - t'), \quad i, j = x, y. \tag{1.2.5}$$

　　图 1.2.2 给出了该四稳态势函数的结构形状. 从图 1.2.2(a) 中可看出, 系统有四个对称的势阱, 且在 x-y 相平面上存在九个平衡点, 如图 1.2.2(b) 所示, 其中四个稳定结点 (S_1, S_2, S_3, S_4), 四个鞍点 $(U_{12}, U_{23}, U_{34}, U_{41})$ 和一个不稳定结点 O. 由于 $V(x, y)$ 的对称结构特征, 每一个稳定结点与其相邻鞍点之间产生的激活势垒能量中仅有两个值: $\Delta V_1 = 0.31$ 和 $\Delta V_2 = 0.26$. 为保证绝热近似理论的条件成立, 输入信号的调制频率应该远小于系统势阱内的弛豫频率, 且避免外部周期驱动信号在无噪声情况下使粒子在不同状态之间出现转变, 两个子系统中的信号幅值应该满足条件: $\text{Max}\{A_x, A_y\} < \text{Min}\{\Delta V_1, \Delta V_2\}$. 不失一般性, 我们选择简谐激励的参数值分别为 $A_x = 0.2$, $\lambda_0 \in [0, 1]$, $\omega_x = \pi/20$, $\eta_0 > 0$, $\varphi_x = 1.3$ 和 $\Delta\varphi \in [0, 2\pi]$.

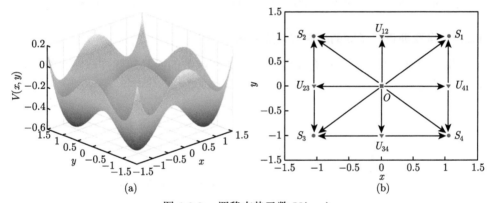

图 1.2.2　　四稳态势函数 $V(x, y)$

(a) 三维图像; (b) 平衡点在 x-y 相平面上的分布

　　式 (1.2.3) 对应的确定性系统的动力学行为不仅依赖于耦合强度, 而且依赖于系统中的两个简谐信号 $F_i = A_i \cos(\omega_i t + \varphi_i)(i = x, y)$. 多维耦合动力系统的李雅普诺夫 (Lyapunov) 指数是衡量系统稳定性的重要测度指标. 当噪声不存在时, 依据 Wolf 算法数值计算该系统的最大李雅普诺夫指数, 即 $L_1 = \lim_{t\to\infty} [\ln d(t)/d(0)]/t$, 其中 $d(t)$ 为相邻两状态的距离. 图 1.2.3 展示了系统的最大李雅普诺夫指数随耦合强度 c 的变化情况. 从图 1.2.3(a) 中观察到, 当两个简谐信号的振幅不同时, 最大李雅普诺夫指数对于任意的耦合强度值总是保持着负值, 即系统是稳定的. 但是, 当两个简谐信号的驱动频率具有显著差异时, 如图 1.2.3(b) 所示, 随着 c 的增加, 最大李雅普诺夫指数从负值变为正值, 这意味着随着耦合强度的增加, 系统由稳定转变为不稳定的混沌状态.

　　以上两个例子中的系统为多个平衡点共存的情形, 由上述分析可见, 平衡点的个数依赖于一些重要的参数, 如系统耦合强度和非线性刚度系数.

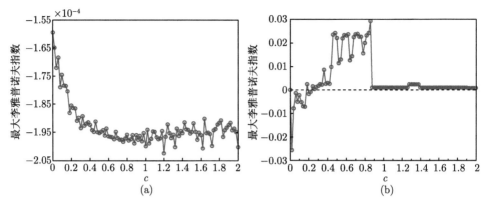

图 1.2.3　最大李雅普诺夫指数作为耦合强度 c 的函数随不同简谐激励参数的变化情况

(a) $\lambda_0 = 0.1$, $\eta_0 = 1$; (b) $\lambda_0 = 1$, $\eta_0 = 1/12$. 其他参数固定为 $D = 0$, $\omega_x = \pi/20$ 和 $\Delta\varphi = 0$

1.2.2　含双曲正弦函数的超脉冲电路系统

例 1.2.3　考虑如下具有非线性双曲正弦函数的四维超脉冲电路系统, 其无量纲化的方程可写为 [61]

$$\begin{cases} \dot{x}_1 = x_2, \\ \dot{x}_2 = mx_3, \\ \dot{x}_3 = dx_4, \\ \dot{x}_4 = cx_1 - bx_2 - ex_3 - ax_4 - \gamma\sinh(x_1), \end{cases} \tag{1.2.6}$$

其中 (x_1, x_2, x_3, x_4) 为系统的状态变量, a, b, c, d, e, m, γ 为系统参数. 在方程 (1.2.6) 中固定 $c = 2.442$ 和 $\gamma = 0.0011$, 易解得如下平衡点: $E_0 = (0, 0, 0, 0)$, $E_{1,2} = (\pm 10.79, 0, 0, 0)$. 由文献 [61] 可知, E_0 为不稳定平衡点, $E_{1,2}$ 的稳定性依赖于控制参数 b, m, 当 $b \in (3.4397, 5.56)$ 时, $E_{1,2}$ 为稳定平衡点. 下面通过四阶龙格-库塔方法对方程 (1.2.6) 进行数值计算, 令 $a = 1.8$, $b = 3.8$, $c = 2.442$, $d = 1.35$, $e = 14.85$ 和 $m = 2.802$. 图 1.2.4 给出不同初始条件下系统相图的变化, 可以发现六种不同吸引子共存的现象, 即一对周期为 2 的极限环 (图 1.2.4(a) 和 (b))、一对混沌吸引子 (图 1.2.4(c) 和 (d))、一对不动点吸引子 (图 1.2.4(e)), 显示了自激混沌吸引子和稳定不动点共存的情形. 同时也说明该系统无须改变参数就能通过选取不同的初始条件达到想要的系统性态.

尽管系统中多个吸引子共存出现的机制不尽相同, 但是大多数多稳态系统都对随机噪声和扰动高度敏感. 一方面, 考虑到每个吸引子代表系统不同的特性, 在随机激励下, 多稳态系统会产生一些新的非线性现象, 也是系统复杂性多样化的一种表现, 能灵活地实现想要的系统性能; 另一方面, 需要对多稳态系统进行控制,

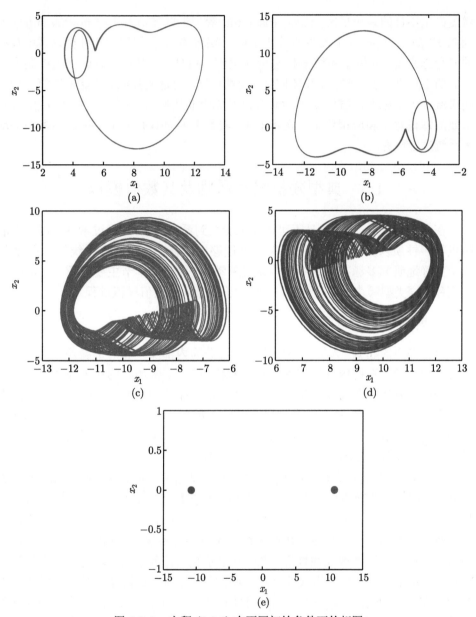

图 1.2.4 方程 (1.2.6) 在不同初始条件下的相图

(a) $(x_1(0), x_2(0), x_3(0), x_4(0)) = (5.5, 0, 0, 0)$; (b) $(x_1(0), x_2(0), x_3(0), x_4(0)) = (-5.5, 0, 0, 0)$;

(c) $(x_1(0), x_2(0), x_3(0), x_4(0)) = (12.8, 0, 0, 0)$; (d) $(x_1(0), x_2(0), x_3(0), x_4(0)) = (-12.8, 0, 0, 0)$;

(e) $(x_1(0), x_2(0), x_3(0), x_4(0)) = (\pm 10.1, 0, 0, 0)$

避免产生不良的系统形态, 比如, Pisarchik 等 [62] 以 *Control of multistability* 为题在 *Physics Reports* 上发表的综述文章, 详细介绍了自然领域和社会领域中存在的多稳态系统, 分析了系统多稳态运动发生的机理, 并对多稳态运动的控制方法方面的工作进行了总结, 如开环控制、反馈控制、自适应控制、智能控制等. 因此, 随机激励下多稳态系统的动力学研究已经成为非线性科学的一个热点问题, 具有重要的理论意义和应用价值. 在本书中, 我们主要对具有多个平衡点的多稳态动力系统进行研究.

1.3　典型随机噪声激励及其数值模拟

在实际环境中, 噪声总是不可避免地影响到系统的运行, 通过考察不同类型的随机噪声性质以及噪声之间的互关联性能够比较合理地反映出系统的真实行为. 为了更好地研究多稳态系统中噪声诱导的动力学特性, 本节主要介绍噪声的分类方式和不同类型噪声的统计性质, 并阐述不同噪声的数值模拟过程.

1.3.1　按噪声的起源分类

根据噪声的起源, 人们把系统中的噪声分为内部噪声和外部噪声. 内部噪声通常认为来源于系统内部的涨落运动或被检测信号, 例如布朗粒子受到周围液体分子的无规则碰撞即为内部噪声, 此外还包括了晶体管中的散粒噪声、导体热噪声、低频闪烁噪声等. 外部噪声来自系统所处外部环境的随机涨落, 或由外部参量控制的随机涨落, 反映了外界因素对系统的影响和扰动, 比如环境温度变化、雷达发射、电子设备的磁场、脉冲激光、广播信号等.

根据噪声引入到系统的方式, 大体可以分为加性 (或外激) 噪声和乘性 (或参激) 噪声. 加性噪声在系统中表现出与系统变量相加的关系, 比如朗之万方程 (1.1.1) 中的噪声项. 加性噪声一般视为系统的背景噪声, 主要来源包括内部噪声、自然噪声和人为噪声. 乘性噪声在系统中表现出与系统变量相乘的关系, 通常认为是由系统的时变性或非线性造成的, 其中系统的扩散系数表现为状态变量的函数项, 且外部噪声一般视作乘性噪声. 研究结果表明, 加性噪声和乘性噪声无论是否存在共同的起源, 两噪声之间都可能存在一定的互关联性. 噪声之间的互关联通常具有两种形式: 一种是 δ 函数相关形式, 另一种是 e 指数形式. Fuliński 等 [63] 首先发现噪声之间的互关联性对热传导、两维流体力学、液晶结构的形成等物理过程有很大的影响, 此后互关联噪声对非线性动力学行为的影响方面的知识引起了人们的极大兴趣. 对于互关联噪声驱动的非线性系统, 通常借助变换法 [63] 或者泛函近似方法 [64] 先消除噪声之间的互关联性, 然后再推导其相应的 Fokker-Planck 方程.

1.3.2 按噪声的功率谱密度分类

根据功率谱密度的不同, 噪声可以分为白噪声和色噪声. 白噪声的功率谱密度为常数, 具有零相关时间, 常见的白噪声类型有高斯白噪声和泊松白噪声. 色噪声的功率谱密度依赖于频率的变化, 存在非零相关时间, 如高斯色噪声和多值噪声. 特别地, 高斯噪声的概率密度服从高斯分布, 而概率密度不服从高斯分布的噪声称之为非高斯噪声. 由于高斯噪声是平稳随机过程, 完全由均值和相关函数确定, 便于分析和计算, 所以在随机动力学的研究中普遍采用高斯噪声. 以下将详细介绍本书中涉及的典型噪声的统计特性及其模拟过程.

1. 高斯白噪声

高斯白噪声 $\xi(t)$ 定义为维纳 (Wiener) 过程的形式导数, 它的均值和相关函数满足式 (1.1.2). 功率谱密度为相关函数的傅里叶变换

$$S(\omega) = \int_{-\infty}^{\infty} 2D\delta(\tau')\mathrm{e}^{-\mathrm{i}\omega\tau'}\mathrm{d}\tau' = 2D. \tag{1.3.1}$$

可见, 高斯白噪声的功率谱密度 $S(\omega)$ 与频率 ω 无关, 即为白谱. 由于白噪声需要无穷大的功率才能产生出来, 所以它在实际生活中并不存在. 事实上, 噪声总存在一定的相关时间, 只有当噪声的自相关时间远小于确定性系统的弛豫时间时, 才将噪声作为白噪声来处理. 高斯白噪声的理想化数学性质使得它在科学研究中得到广泛使用. 在随机振动理论中, 为了简化计算, 通常将宽带或记忆时间很短的随机模型近似为白噪声. 下面介绍高斯白噪声 $\xi(t)$ 的两种数值模拟方法.

(1) 由计算机软件 MATLAB 产生一个标准的正态分布, 即 $X \sim N(0,1)$; 构造高斯白噪声: $\xi_k = \sqrt{2D/\Delta t}X_k (k=1,2,\cdots)$, 其中 Δt 为时间步长.

(2) 由计算机软件 MATLAB 产生区间 $(0,1)$ 上两个相互独立的均匀分布, 即 $Y^{(1)} \sim U(0,1)$ 和 $Y^{(2)} \sim U(0,1)$; 构造满足标准正态分布的随机数 [7]: $Z_k^{(1)} = \sqrt{-2\ln Y_k^{(1)}}\cos(2\pi Y_k^{(2)})$ 和 $Z_k^{(2)} = \sqrt{-2\ln Y_k^{(1)}}\sin(2\pi Y_k^{(2)})$; 构造两个相互独立的高斯白噪声: $\xi_k^{(1)} = \sqrt{2D/\Delta t}Z_k^{(1)}$ 和 $\xi_k^{(2)} = \sqrt{2D/\Delta t}Z_k^{(2)}$.

若两个高斯白噪声 $\xi^{(1)}$ 和 $\xi^{(2)}$ 存在互关联性, 满足下列统计性质

$$\left\langle \xi^{(1)}(t) \right\rangle = \left\langle \xi^{(2)}(t) \right\rangle = 0,$$

$$\left\langle \xi^{(1)}(t)\xi^{(1)}(t') \right\rangle = 2D_1\delta(t-t'), \quad \left\langle \xi^{(2)}(t)\xi^{(2)}(t') \right\rangle = 2D_2\delta(t-t'), \tag{1.3.2}$$

$$\left\langle \xi^{(1)}(t)\xi^{(2)}(t') \right\rangle = \left\langle \xi^{(1)}(t')\xi^{(2)}(t) \right\rangle = 2\lambda\sqrt{D_1D_2}\delta(t-t'),$$

式中, λ 表示噪声 $\xi^{(1)}$ 和 $\xi^{(2)}$ 之间的互关联强度. 为数值模拟产生关联噪声, 先利用上面的方法产生两个独立的高斯随机数 W_1 和 W_2, 再构造成下列形式即可

$$\xi^{(1)} = \sqrt{2D_1/\Delta t}\,W_1, \quad \xi^{(2)} = \sqrt{2D_2/\Delta t}(\lambda W_1 + \sqrt{1-\lambda^2}W_2). \tag{1.3.3}$$

2. 高斯色噪声

高斯色噪声 $\eta(t)$ 是指数型色噪声, 也称为奥恩斯坦-乌伦贝克 (Ornstein-Uhlenbeck, OU) 噪声, 通常满足如下的随机微分方程

$$\dot{\eta}(t) = -\frac{\eta(t)}{\tau} + \frac{\xi(t)}{\tau}, \tag{1.3.4}$$

式中, τ 是噪声相关时间; $\xi(t)$ 是具有零均值的高斯白噪声 (1.1.2).

根据方程 (1.3.4), $\eta(t)$ 对应的平稳概率密度如下:

$$P_s(\eta) = \frac{1}{\sqrt{2\pi D\tau^{-1}}} \exp\left(-\frac{\tau}{2D}\eta^2\right). \tag{1.3.5}$$

由式 (1.3.5) 可以计算得到以下统计特性

$$\langle \eta(t) \rangle = 0, \quad \langle \eta(t)\eta(t') \rangle = \frac{D}{\tau} \exp\left(-\frac{|t-t'|}{\tau}\right), \tag{1.3.6}$$

式 (1.3.6) 说明噪声相关时间仅依赖于时间差, 具有平稳过程的性质, 通过对其相关函数进行傅里叶变换可得指数型色噪声的功率谱为

$$S(\omega) = \frac{2D}{1 + \tau^2\omega^2}. \tag{1.3.7}$$

由上式知 $S(\omega)$ 具有洛伦兹谱的形式, 可知当相关时间 τ 很小, 趋近于 0 时, 高斯色噪声就退化成了高斯白噪声. 色噪声中的相关时间包含着对历史的记忆, 所以这一过程是非马尔可夫过程, 但是可以通过各种近似方法对高斯色噪声进行近似处理. 比如, 统一色噪声近似、最速下降法以及弱噪声展开法等 [29,65].

根据一阶随机微分方程 (1.3.4), 可通过随机四阶龙格-库塔方法 [66] 数值模拟得到高斯色噪声 $\eta(t)$. 具体计算公式如下:

$$\eta(t+\Delta t) = \eta(t) + \frac{1}{6}\Delta t\,[H_1 + 2H_2 + 2H_3 + H_4] + \sqrt{\frac{D\Delta t}{\tau^2}} \cdot (\psi_1 + \psi_2), \tag{1.3.8}$$

式中, $\psi_i\ (i=1,2)$ 是高斯随机数且满足 $\langle \psi_i \rangle = 0$, $\langle \psi_i\psi_j \rangle = \delta_{ij}\ (i,j=1,2)$; Δt 为时间步长; 函数 $H_i\ (i=1,2,3,4)$ 的表达式如下:

$$H_1 = -\frac{1}{\tau}\left[\eta(t) + \sqrt{\frac{D\Delta t}{\tau^2}} \cdot (a_1\psi_1 + b_1\psi_2)\right],$$

$$H_2 = -\frac{1}{\tau}\left[\eta(t) + \frac{\Delta t}{2}H_1 + \sqrt{\frac{D\Delta t}{\tau^2}} \cdot (a_2\psi_1 + b_2\psi_2)\right],$$

$$H_3 = -\frac{1}{\tau}\left[\eta(t) + \frac{\Delta t}{2}H_2 + \sqrt{\frac{D\Delta t}{\tau^2}} \cdot (a_3\psi_1 + b_3\psi_2)\right],$$

$$H_4 = -\frac{1}{\tau}\left[\eta(t) + \Delta t H_3 + \sqrt{\frac{D\Delta t}{\tau^2}} \cdot (a_4\psi_1 + b_4\psi_2)\right],$$

其中, $a_1 = a_2 = \frac{1}{4} + \frac{\sqrt{3}}{6}$, $b_{1,2} = \frac{1}{4} - \frac{\sqrt{3}}{6} \pm \frac{\sqrt{6}}{12}$, $a_3 = \frac{1}{2} + \frac{\sqrt{3}}{6}$, $b_3 = \frac{1}{2} - \frac{\sqrt{3}}{6}$, $a_4 = \frac{5}{4} + \frac{\sqrt{3}}{6}$, $b_4 = \frac{5}{4} - \frac{\sqrt{3}}{6} + \frac{\sqrt{6}}{12}$.

3. 二值和三值噪声

三值噪声是真实噪声的典型模型, 不仅包含二值噪声和高斯白噪声情形, 而且能更好地描述自然界中随机环境扰动的多样性. 二值噪声是一种随机电报噪声, 它和三值噪声均具备简单的统计特性 (1.3.6), 在不同极限条件下, 二值噪声可以近似为高斯白噪声或者散粒白噪声. 假设二值噪声 $\eta(t)$ 取两个固定值 a, $b(a>0, b<0)$, $\eta(t)$ 的取值在 a, b 之中随机转换, 其中噪声由 a 跃迁到 b 的概率为 μ_a, 由 b 跃迁到 a 的概率为 μ_b. 以上可由概率损耗增益公式 [67] 来描述:

$$\frac{\mathrm{d}}{\mathrm{d}t}p(a, t\,|\,x, t_0) = -\mu_a p(a, t\,|\,x, t_0) + \mu_b p(b, t\,|\,x, t_0), \tag{1.3.9}$$

$$\frac{\mathrm{d}}{\mathrm{d}t}p(b, t\,|\,x, t_0) = \mu_a p(a, t\,|\,x, t_0) - \mu_b p(b, t\,|\,x, t_0). \tag{1.3.10}$$

式中, 条件概率 $p(a, t|x, t_0)$ 为 $\eta(t)$ 在时刻 t 取值为 a, 上一刻 t_0 取值为 x 的概率. 类似可以得到 $p(b, t|x, t_0)$ 的定义. 且条件概率 $p(a, t|x, t_0)$ 和 $p(b, t|x, t_0)$ 满足关系式:

$$p(a, t\,|\,x, t_0) + p(b, t\,|\,x, t_0) = 1. \tag{1.3.11}$$

在 $t = t_0$ 时, 式 (1.3.9) 和式 (1.3.10) 中的初始条件为: $p(x', t|x, t_0) = \delta_{x'x}$. 由式 (1.3.9) 和式 (1.3.10) 可解得其稳态概率为

$$p^S(a) = p(a, \infty\,|\,x, t_0) = \frac{\mu_b}{\mu_a + \mu_b}, \quad p^S(b) = p(b, \infty\,|\,x, t_0) = \frac{\mu_a}{\mu_a + \mu_b}. \tag{1.3.12}$$

根据式 (1.3.9)、式 (1.3.10) 和式 (1.3.12), 可以解出 t 时刻的条件概率 $p(a, t|x,$

t_0), $p(b,t|x,t_0)$ 的表达式:

$$p(a,t|x,t_0) = \frac{\mu_b}{\mu_a + \mu_b} + \left(\frac{\mu_a}{\mu_a + \mu_b} \delta_{ax} - \frac{\mu_b}{\mu_a + \mu_b} \delta_{bx} \right) \exp\left[-\left(\mu_a + \mu_b \right) \left(t - t_0 \right) \right].$$

$$(1.3.13)$$

$$p(b,t|x,t_0) = \frac{\mu_a}{\mu_a + \mu_b} - \left(\frac{\mu_a}{\mu_a + \mu_b} \delta_{ax} - \frac{\mu_b}{\mu_a + \mu_b} \delta_{bx} \right) \exp\left[-\left(\mu_a + \mu_b \right) \left(t - t_0 \right) \right].$$

$$(1.3.14)$$

由此, 可以得到二值噪声的均值和相关函数

$$\langle \eta(t) \rangle = \frac{a\mu_b - b\mu_a}{\mu_a + \mu_b},$$

$$\langle \eta(t)\eta(t') \rangle = \left(\frac{a\mu_b - b\mu_a}{\mu_a + \mu_b} \right)^2 + \frac{(a+b)^2 \mu_b \mu_a}{\left(\mu_a + \mu_b \right)^2} \exp\left[-\left(\mu_a + \mu_b \right) \left(t - t' \right) \right]. \quad (1.3.15)$$

且二值噪声的相关时间 τ 和噪声强度 D 满足关系式: $\tau = (\mu_a + \mu_b)^{-1}$, $D = -ab\tau$.

利用二值噪声取值的跃迁概率公式 (1.3.13) 和 (1.3.14), 可以数值模拟得到二值噪声 $\eta(t)$ 的时间历程图. 图 1.3.1 展示了不同噪声强度下二值噪声 $\eta(t)$ 的时间历程图, 从图中可以看出二值噪声只存在两个固定取值, 且在两个取值之间随机转换, 二值噪声的取值随着噪声强度的增大而增大.

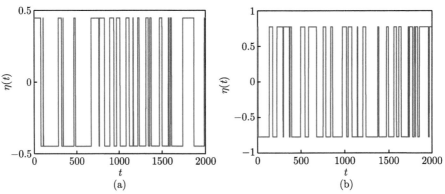

图 1.3.1 二值噪声 $\eta(t)$ 的时间历程图 ($\Delta t = 0.2$, $\tau = 5$)

(a) $D = 1.0$; (b) $D = 3.0$

类似地, 若 $\eta(t)$ 服从三值噪声分布, 其取值在三个值 $\{-a, 0, a\}$ 之间随机转迁, 噪声从 $\pm a$ 到 0 转迁率为 α, 其他态之间的转迁率为 β. 因此, $\eta(t)$ 在各值之间的跃迁概率满足下式

$$P(-a, t+\delta|a, t) = P(a, t+\delta|-a, t) = P(\pm a, t+\delta|0, t) = \frac{\beta}{\alpha + 2\beta} \left[1 - \mathrm{e}^{-(\alpha + 2\beta)\delta} \right],$$

$$P(0, t+\delta | \pm a, t) = \frac{\alpha}{\alpha + 2\beta} \left[1 - \mathrm{e}^{-(\alpha+2\beta)\delta} \right], \quad \delta > 0. \tag{1.3.16}$$

同时, 对称三值噪声 $\eta(t)$ 的相关时间 $\tau = (\alpha + 2\beta)^{-1}$, 噪声强度 $D = 4qa^2\tau$, 其中 $q = \beta/(\alpha + 2\beta)$.

根据式 (1.3.16) 生成对称三值噪声的时间历程, 如图 1.3.2 所示. 分别取两组参数 (a) $q = 0.3$, $D = 0.5$, $a = 1.0$; (b) $q = 0.5$, $D = 1.0$, $a = 1.0$ 进行数值计算, 由图 1.3.2(a) 可见噪声 $\eta(t)$ 在三个值 $1, 0, -1$ 之间发生跃迁. 需要注意的是: 当稳态跃迁率 $q = 0.5$ 时, 三值噪声就变成了二值噪声的形式, 如图 1.3.2(b) 所示.

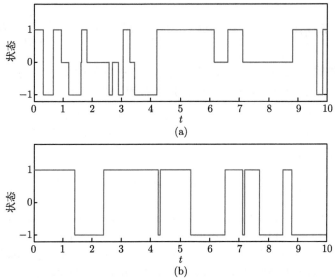

图 1.3.2　对称三值噪声 $\eta(t)$ 的时间历程图

(a) $q = 0.3$, $D = 0.5$, $a = 1.0$; (b) $q = 0.5$, $D = 1.0$, $a = 1.0$

4. 非高斯噪声

非高斯噪声 $\eta_1(t)$ 满足下列朗之万方程 [68]:

$$\frac{\mathrm{d}\eta_1(t)}{\mathrm{d}t} = -\frac{1}{\tau}\frac{\mathrm{d}}{\mathrm{d}\eta}V_q(\eta_1) + \frac{1}{\tau}\xi(t), \tag{1.3.17}$$

其中高斯白噪声 $\xi(t)$ 如方程 (1.1.2) 所示, 且 $V_q(\eta_1)$ 为

$$V_q(\eta_1) = \frac{D}{\tau(q-1)} \ln\left[1 + \frac{\tau}{D}(q-1)\frac{\eta_1^2}{2} \right]. \tag{1.3.18}$$

其中参数 q 表示非高斯噪声偏离高斯分布的程度, 当 $q \to 1$ 时, $\eta_1(t)$ 退化为高斯色噪声. 非高斯噪声 $\eta_1(t)$ 的均值和方差可表示为

$$\langle \eta_1(t) \rangle = 0, \quad \langle \eta_1^2(t) \rangle = \begin{cases} \dfrac{2D}{\tau(5-3q)}, & q \in (-\infty, 5/3), \\ \infty, & q \in [5/3, 3). \end{cases} \tag{1.3.19}$$

这里给出非高斯噪声 $\eta_1(t)$ 的数值模拟过程, 首先将方程 (1.3.17) 离散化为如下形式:

$$\eta_1(t+\Delta t) = \eta_1(t) + \frac{1}{2}\Delta t \left[K(\eta_1(t)) + K(\eta_1(t) + P(t) + L(t)) \right] + L(t),$$

$$P(t) = \Delta t \cdot K(\eta_1(t)), \quad L(t) = \Delta t \cdot \frac{1}{\tau}\xi(t), \quad K(\eta_1(t)) = -\frac{1}{\tau}\frac{\mathrm{d}}{\mathrm{d}\eta_1}V_q(\eta_1). \tag{1.3.20}$$

其中 Δt 为时间步长, 然后设定初始值 $\eta_1(0) = 0$ 以及参数 $\eta_c = \sqrt{2D/[\tau(1-q)]}$, 并生成高斯白噪声 $\xi(t)$ 的序列. 值得注意的是, 当 $q < 1$ 时, 若 $\xi(t)$ 代入方程 (1.3.20) 中得到的 $\eta_1(t+\Delta t)$ 不在区间 $(-\eta_c, \eta_c)$ 内, 则需要丢弃 $\xi(t)$ 的值, 重新产生一个 $\xi(t)$ 的值直到满足条件 $|\eta_1(t+\Delta t)| < \eta_c$, 最后通过数值模拟得到非高斯噪声 $\eta_1(t)$.

参 考 文 献

[1] Einstein A. The motion of elements suspended in static liquids as claimed in the molecular kinetic theory of heat[J]. Annalen der Physik, 1905, 17(8): 549-560.

[2] von Smoluchowski M. Zur kinetischen theorie der brownschen molekularbewegung und der Suspensionen[J]. Annalen der Physik (in German), 1906, 326 (14): 756-780.

[3] Langevin P. The theory of Brownian movement[J]. Comptes Rendus Hebdomadaires Des Seances De L'Academie Des Sciences, 1908, 146: 530-533.

[4] Gardiner C W. Handbook of Stochastic Methods[M]. 2nd. Berlin: Springer, 1985.

[5] Risken H. The Fokker-Planck Equation: Methods of Solution and Applications[M]. Berlin: Springer, 1989.

[6] 方同. 工程随机振动 [M]. 北京: 国防工业出版社, 1995.

[7] 朱位秋. 随机振动 [M]. 北京: 科学出版社, 1992.

[8] 庄表中. 结构随机振动 [M]. 北京: 国防工业出版社, 1995.

[9] Crandall S H, Zhu W Q. Random vibration: a survey of recent developments[J]. Journal of Applied Mechanics, 1983, 50(4b): 953-962.

[10] Lin Y K, Cai G Q. Probabilistic Structural Dynamics, Advanced Theory and Applications[M]. New York: McGraw-Hill,1995.

[11] 刘先斌, 陈虬, 陈大鹏. 非线性随机动力系统的稳定性和分岔研究 [J]. 力学进展, 1996, 26(04): 437-452.

[12] 徐伟. 非线性随机动力学的若干数值方法及应用 [M]. 北京：科学出版社, 2013.

[13] 朱位秋, 蔡国强. 随机动力学引论 [M]. 北京：科学出版社, 2017.

[14] 金肖玲, 王永, 黄志龙. 多自由度非线性随机系统的响应与稳定性 [J]. 力学进展, 2013, 43(1): 56-62.

[15] Hong L, Jiang J, Sun J Q. Fuzzy responses and bifurcations of a forced Duffing oscillator with a triple-well potential[J]. International Journal of Bifurcation and Chaos, 2015, 25(1): 1550005.

[16] Li J, Chen J B. Stochastic Dynamics of Structures[M]. Singapore: John Wiley & Sons, 2009.

[17] Robert J B, Spanos P D. Random Vibration and Statistical Linearization[M]. New York: Dover Publications, 2003.

[18] 朱位秋. 非线性随机动力学与控制：Hamilton 理论体系框架 [M]. 北京：科学出版社, 2003.

[19] Arnold L. Random Dynamical Systems[M]. Berlin: Springer, 1998.

[20] Pontryagin L S, Boltyanshi V G, Gamkrelidze R V, et al. Mathematical Theory of Optimal Processes[M]. New York: Wiley, 1962.

[21] Kushner H J. Stochastic Stability and Control[M]. New York: Academic Press, 1967.

[22] Fleming W H, Soner H M. Controlled Markov Processes and Viscosity Solution[M]. New York: Springer-Verlag, 1993.

[23] Benzi R, Sutera A, Vulpiani A. The mechanism of stochastic resonance[J]. Journal of Physics A, 1981, 14(11): L453-L457.

[24] Nicolis C, Nicolis G. Stochastic aspects of climatic transitions-additive fluctuations[J]. Tellus, 1981, 33(3): 225-234.

[25] Longtin A. Stochastic resonance in neuron models[J]. Journal of Statistical Physics, 1993, 70(1/2): 309-327.

[26] Douglass J K, Wilkens L, Pantazelou E, Moss F. Noise enhancement of the information transfer in crayfish mechanoreceptors by stochastic resonance[J]. Nature, 1993, 365: 337-340.

[27] Gammaitoni L, Hänggi P, Jung P, Marchesoni F. Stochastic resonance[J]. Reviews Modern Physics, 1998, 70(1): 223-287.

[28] 王青云, 石霞, 陆启韶. 神经元耦合系统的同步动力学 [M]. 北京：科学出版社, 2008.

[29] 胡岗. 随机力与非线性系统 [M]. 上海：上海科技教育出版社, 1994.

[30] Scacchi A, Sharma A. Mean first passage time of active Brownian particle in one dimension[J]. Molecular Physics, 2018, 116(4): 460-464.

[31] D'Onofrio G, Lansky P, Pirozzi E. On two diffusion neuronal models with multiplicative noise: the mean first-passage time properties[J]. Chaos, 2018, 28(4): 043103.

[32] Wang K K, Wang Y J, Li S H, et al. Stochastic stability and state shifts for a time-delayed cancer growth system subjected to correlated multiplicative and additive noises[J]. Chaos, Solitons & Fractals, 2016, 93: 1-13.

[33] 康艳梅, 徐健学, 谢勇. 单模非线性光学系统的弛豫速率与随机共振 [J]. 物理学报, 2003, 52(11): 2712-2717.

[34] Hohenegger C, Durr R, Senter D M. Mean first passage time in a thermally fluctuating viscoelastic fluid[J]. Journal of Non-Newtonian Fluid Mechanics, 2017, 242: 48-56.

[35] Zhu J J, Liu X B. Locking induced by distance-dependent delay in neuronal networks[J]. Physical Review E, 2016, 94: 052405.

[36] Zhu W Q, Lei Y. A stochastic theory of cumulative fatigue damage[J]. Probabilistic Engineering Mechanics, 1991, 6(3/4): 222-227.

[37] Kramers H A. Brownian motion in a field of force and the diffusion model of chemical reactions[J]. Physica, 1940, 7: 284-304.

[38] Freidlin M I, Wentzell A D. Random Perturbations of Dynamical Systems[M]. Berlin Heidelberg: Springer, 2012.

[39] Fiasconaro A, Mazo J J, Spagnolo B. Noise-induced enhancement of stability in a metastable system with damping[J]. Physical Review E, 2010, 82: 041120.

[40] Agudov N V, Malakhov A N. On the effect of fluctuations on an intermittent laminar motion[J]. International Journal of Bifurcation and Chaos, 1995, 5(2): 531-536.

[41] Goswami G, Majee P, Kumar Ghoshb P, Bag B C. Colored multiplicative and additive non-Gaussian noise-driven dynamical system: mean first passage time[J]. Physica A, 2007, 374(2): 549-558.

[42] Doering C R, Gadoua J C. Resonant activation over a fluctuating barrier[J]. Physical Review Letters, 1992, 69(16): 2318-2321.

[43] Dykman M I, Luchinsky D G, Mannella R, McClintock P V E, Stein N D, Stocks N G. Stochastic resonance: linear response theory and giant nonlinearity[J]. Journal of Statistical Physics, 1993, 70(1/2): 463-478.

[44] Zhou T, Moss F. Analog simulations of stochastic resonance[J]. Physical Review A, 1990, 41(8): 4255-4264.

[45] Papoulis A. Probability Random Variables, and Stochastic Processes[M]. New York: McGraw-Hill, 1984.

[46] Pikovsky A S, Kurths J. Coherence resonance in a noise-driven excitable system[J]. Physical Review Letters, 1997, 78(5): 775-778.

[47] Longtin A. Autonomous stochastic resonance in bursting neurons[J]. Physical Review E, 1997, 55(1): 868-876.

[48] Neiman A, Saparin P I, Stone L. Coherence resonance at noisy precursors of bifurcations in nonlinear dynamical systems[J]. Physical Review E, 1997, 56: 270-273.

[49] Hu G, Ditzinger T, Ning C Z, Haken H. Stochastic resonance without external periodic force[J]. Physical Review Letters, 1993, 71: 807-810.

[50] Pradines J R, Osipov G V, Collins J J. Coherence resonance in excitable and oscillatory systems: the essential role of slow and fast dynamics[J]. Physical Review E, 1999, 60(6): 6407-6410.

[51] Lee DeVille R E, Vanden-Eijnden E, Muratov C B. Two distinct mechanisms of coherence in randomly perturbed dynamical systems[J]. Physical Review E, 2005, 72(3): 031105.

[52] Muratov C B, Vanden-Eijnden E, Weinan E. Self-induced stochastic resonance in ex-

citable systems[J]. Physica D, 2005(3/4), 210: 227-240.

[53] Yamakou M E, Jost J. Control of coherence resonance by self-induced stochastic resonance in a multiplex neural network[J]. Physical Review E, 2019, 100(2): 022313.

[54] Kim P, Seok J. A multi-stable energy harvester: dynamic modeling and bifurcation analysis[J]. Journal of Sound and Vibration, 2014, 333(21): 5525-5547.

[55] Zhou S X, Cao J Y, Inman D J, Lin J, Liu S S, Wang Z Z. Broadband tristable energy harvester: modeling and experiment verification[J]. Applied Energy, 2014, 133: 33-39.

[56] Pisarchik A N, Barmenkov Y O, Kir'Yanov A V. Experimental characterization of the bifurcation structure in an erbium-doped fiber laser with pump modulation[J]. IEEE Journal of Quantum Electronics, 2003, 39(12): 1567-1571.

[57] 江俊, 陈艳华. 转子与定子碰摩的非线性动力学研究 [J]. 力学进展, 2013, 43(1): 132-148.

[58] Huisman J, Weissing F. Fundamental unpredictability in multispecies competition[J]. American Naturalist, 2001, 157(5): 488-494.

[59] Gandhimathi V M, Rajasekar S, Kurths J. Vibrational and stochastic resonances in two coupled overdamped anharmonic oscillators[J]. Physics Letters A, 2006, 360(2): 279-286.

[60] Xu P F, Jin Y F. Stochastic resonance in multi-stable coupled systems driven by two driving signals[J]. Physica A, 2018, 492: 1281-1289.

[61] Tsotsop M F, Kengne J, Kenne G, Njitacke Z T. Coexistence of multiple points, limit cycles, and strange attractors in a simple autonomous hyperjerk circuit with hyperbolic Sine function[J]. Complexity, 2020, 2020: 1-24.

[62] Pisarchik A N, Feudel U. Control of multistability[J]. Physics Reports, 2014, 540(4): 167-218.

[63] Fuliński A, Telejko T. On the effect of interference of additive and multiplicative noises[J]. Physics Letters A, 1991, 152(1/2): 11-14.

[64] Cao L, Wu D J, Ke S Z. Bistable kinetic model driven by correlated noises: unified colored-noise approximation[J]. Physical Review E, 1995, 52(3): 3228-3231.

[65] Fox R F. Uniform convergence to an effective Fokker-Planck equation for weakly colored noise[J]. Physical Review A, 1986, 34(5): 4525-4527.

[66] Honeycutt R L. Stochastic Runge-Kutta algorithms. II. Colored noise[J]. Physical Review A, 1992, 45(2): 604-610.

[67] Barik D, Ghosh P K, Ray D S. Langevin dynamics with dichotomous noise; direct simulation and applications[J]. Journal of Statistical Mechanics: Theory and Experiment, 2006(03): P03010.

[68] Wio H S, Toral R. Effect of non-Gaussian noise sources in a noise-induced transition[J]. Physica D: Nonlinear Phenomena, 2004, 193(1-4): 161-168.

第 2 章　色噪声激励下周期势系统的首次穿越和随机共振

在随机振动理论中, 为了简化计算, 常常将宽带或记忆时间很短的激励模型视作高斯白噪声. 通常高斯白噪声定义为具有常数谱密度或 Dirac 协方差函数的零均值平稳随机过程. 然而真正的高斯白噪声在现实中是不存在的, 真实的噪声均具有非零相关时间, 必须用高斯色噪声或非高斯噪声描述. 故研究色噪声激励下非线性系统的动力学, 发展相应的理论方法和数值算法, 分析系统响应的随机特性, 揭示系统存在的复杂非线性现象等是非线性随机动力学研究中值得关注的热点问题.

周期势系统本身是一类应用十分广泛的系统, 例如, 在生物系统中, 分子马达是指一大类广泛存在于细胞内部的能够将化学能转化为机械能的酶蛋白生物分子, 生命活动中的许多基本过程都是基于分子马达的定向运动. 闪烁棘齿 (Ratchet) 模型 [1] 是一种用来描述分子马达的最为广泛的物理模型, 是具有周期势垒的分段模型. 在物理化学领域, 约瑟夫森结 (Josephson Junction) 是由 Josephson 于 20 世纪 60 年代提出的利用相变序参量特性的超导器件, 具有低噪声、低功耗和高工作频率等独特的优点. 在实际处理约瑟夫森结时, 可用电阻分路约瑟夫森结 (RSCJ) 模型简化约瑟夫森结的动力学模型, 经过无量纲处理, 其动力学方程包含周期势函数, 同样该方程还可以描述阻尼摆的运动、超离子导体、偶极子在外场作用下的转动等. 因此, 针对高斯白噪声激励下周期势系统的随机共振研究吸引了科研工作者的注意 [2-5].

早期的研究认为随机共振模型都必须具备三个要素: 具有双稳或多稳态的非线性系统、周期信号和噪声. 但是, 随着随机共振研究的进一步深入, 即使在上述三个条件不满足的情况下也会出现随机共振现象. 例如, 随机共振在单稳态系统或线性系统中也可能发生. Stocks[6] 在对欠阻尼的 Duffing 振荡方程进行研究时首先发现了单稳态随机共振现象. Berdichevsky 和 Gitterman[7] 证明了随机共振现象可以出现在由乘性色噪声或分段噪声驱动的线性系统中. Jin 等 [8-9] 将周期调制的噪声引入线性系统中发现了三种不同形式的随机共振现象: 真实随机共振、传统随机共振和广义随机共振. 那么, 我们会产生这样的疑问: 当系统的势垒具有不同的形式时, 噪声诱导共振现象的发生条件和机理是什么? 势垒形状或系统结构对噪声诱导共振现象的影响是什么? 这一章主要研究色噪声激励下周期势系统

的动力学行为 [10–12], 考虑的色噪声主要是 OU 噪声、二值噪声和三值噪声, 讨论不同的色噪声对周期势系统跃迁行为和随机共振的影响.

2.1　OU 噪声激励下欠阻尼周期势系统的随机共振

考虑简谐激励和随机涨落力共同作用下的单自由度系统, 其运动的朗之万方程如下:

$$m\ddot{x} + \gamma\dot{x} = -V'(x) + F(t) + g(x)\eta(t), \tag{2.1.1}$$

式中, m 代表系统质量; γ 是阻尼系数; $V(x)$ 是周期势函数; $F(t) = F_0 \cos(\omega_0 t)$, F_0 和 ω_0 分别为外简谐激励的振幅和频率; $g(x)$ 是 x 的函数; $\eta(t)$ 是分子热随机涨落力, 这里是指数型色噪声, 满足随机微分方程 (1.3.4), 其中 τ 是噪声相关时间. 根据奈奎斯特定理, 令噪声强度 $D = \sqrt{\gamma T}$, $T = k_B T_{\text{tem}}$ 是假想温度, k_B 是 Boltzmann 常量.

2.1.1　朗之万方程与能量转换

若方程 (2.1.1) 中 $g(x) = 1$, 则可将朗之万方程 (2.1.1) 写成如下形式 [13–14]:

$$\begin{aligned}
\frac{\mathrm{d}x}{\mathrm{d}t} &= \frac{p}{m}, \\
\frac{\mathrm{d}p}{\mathrm{d}t} &= -V'(x) + F_0 \cos(\omega_0 t) + \eta(t) - \gamma\frac{p}{m}.
\end{aligned} \tag{2.1.2}$$

式中, x 是位移; p 是动量. 式 (2.1.1) 是以力为着眼点来研究随机动力学过程的, 而随机能量的观点是从式 (2.1.2) 中的各项做功以及能量转换关系来考虑的. 用 $\mathrm{d}x$ 乘以式 (2.1.2) 第二式的两边, 可以得到

$$\frac{\mathrm{d}p}{\mathrm{d}t} \cdot \mathrm{d}x = \left(-\frac{\mathrm{d}V(x)}{\mathrm{d}x} + F_0 \cos(\omega_0 t)\right) \cdot \mathrm{d}x + \eta(t) \cdot \mathrm{d}x - \gamma\frac{p}{m} \cdot \mathrm{d}x, \tag{2.1.3}$$

式中, $(\mathrm{d}p/\mathrm{d}t) \cdot \mathrm{d}x = (\mathrm{d}p/\mathrm{d}t) \cdot (p \cdot \mathrm{d}t/m) = \mathrm{d}(p^2/2m)$ 是动能的变化. 令受外简谐激励影响的势函数 $U(x, t) = V(x) - xF_0 \cos(\omega_0 t)$, 则有

$$\begin{aligned}
\mathrm{d}U(x, t) &= \frac{\partial U(x, t)}{\partial x} \cdot \mathrm{d}x + \frac{\partial U(x, t)}{\partial t} \cdot \mathrm{d}t \\
&= \mathrm{d}V(x) - F_0 \cos(\omega_0 t) \cdot \mathrm{d}x + x\omega_0 F_0 \sin(\omega_0 t) \cdot \mathrm{d}t. \tag{2.1.4}
\end{aligned}$$

将式 (2.1.4) 代入式 (2.1.3) 可得

$$\mathrm{d}E = \mathrm{d}'W + \mathrm{d}'Q_1 - \mathrm{d}'Q_2, \tag{2.1.5}$$

其中 $E = p^2/2m + U(x,t)$ 是系统的总能量, $\mathrm{d}'W = x\omega_0 F_0 \sin(\omega_0 t) \cdot \mathrm{d}t$ 是外界宏观力对系统所做的元功, $\mathrm{d}'Q_1 = \eta(t) \cdot \mathrm{d}x$ 是热环境噪声对系统所传递的热量, $\mathrm{d}'Q_2 = (\gamma p/m) \cdot \mathrm{d}x$ 是系统机械能转换的热能, 符号 d' 用来区别于微分符号 d.

　　从能量的角度可见, 系统与外界既有功的交互作用又有热量的交互作用, 系统状态的变化伴随着功和热量两种不同形式的能量传递, 而热量又可分为主动提供的热量和被动耗散的热量. 式 (2.1.5) 所包含的能量平衡如图 2.1.1 所示 [15].

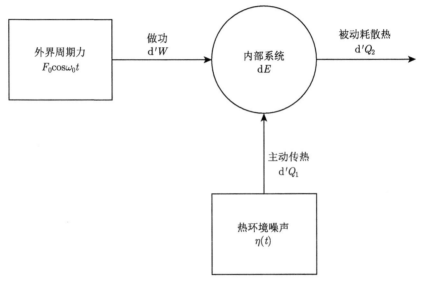

图 2.1.1　朗之万方程 (2.1.2) 中所包含的能量转换

　　根据式 (2.1.5), 利用随机能量法衡量随机共振, 即随机能量共振体现在外简谐激励所做的功随着噪声强度的变化所呈现出的非单调依赖性. 首先, 定义外简谐激励在一个周期 T_0 内对系统所做的功 [16]

$$W(t_0, t_0 + T_0) = \int_{t_0}^{t_0+T_0} F_0 \omega_0 x(t) \sin(\omega_0 t) \mathrm{d}t. \qquad (2.1.6)$$

单一轨线 (即对应单一的初始条件) 的平均输入能量 $\bar{W}$ 为

$$\bar{W} = \frac{1}{N} \sum_{n=0}^{N} W(nT_0, (n+1)T_0), \qquad (2.1.7)$$

其中 N 是选取的周期个数. 所有轨线的平均输入能量 $\langle \bar{W} \rangle$ 对 $\bar{W}$ 关于所有的初始值所对应的输出信号进行平均即可. 如果所有轨线的平均输入能量 $\langle \bar{W} \rangle$ 和噪声强度有着非单调共振关系, 说明系统存在随机共振.

2.1.2 加性高斯色噪声激励下系统的随机共振

考虑加性色噪声激励的情形, 此时系统 (2.1.1) 可写为

$$\ddot{x} + \gamma \dot{x} = \cos x + F_0 \cos(\omega_0 t) + \eta(t), \tag{2.1.8}$$

在这里考虑单位质量的情况, 取 $\gamma = 0.12, F_0 = 0.2$ 和 $\omega_0 = \pi/4$.

首先考虑了不同初值条件下单一轨线的平均输入能量 $\bar{W}$, 画出不同温度 T 下 $\bar{W}$ 相对于初始位置 $x(0)$ 的曲线, 具体结果如图 2.1.2 所示. 在图 2.1.2 中, 分别选取了不同的温度值. 当噪声强度很小时 ($T = 0.001$), $\bar{W}$ 仅仅分布在 $\bar{W} = 0.062$ 和 $\bar{W} = 1.217$ 两条线上, 如图 2.1.2(a) 所示. 这说明系统存在两个稳定的动力学状态, 称之为相内状态和相外状态, $\bar{W} = 0.062$ 对应相内状态, $\bar{W} = 1.217$ 对应相外状态; 随着噪声强度的增大 ($T = 0.021$), 位于 $\bar{W} = 1.217$ 位置的点开始向 $\bar{W} = 0.062$ 移动, 说明这两个动力学状态之间存在着相互转移, 此时是从输入能量大的稳定态 (相外状态) 向输入能量小的稳定态 (相内状态) 进行转移, 如图 2.1.2(b) 所示; 随着噪声强度继续增大 ($T = 0.059$), 大部分位于 $\bar{W} = 1.217$ 位置的点都开始向 $\bar{W} = 0.062$ 移动, 这说明相外状态开始大范围地向相内状态进行转移, 如图 2.1.2(c) 所示; 当噪声强度继续增大时 ($T = 0.101$), 可以看到此时的平均输入能量基本上都已经集中在 $\bar{W} = 0.062$ 的附近, 相外状态已经全部转移到相内状态, 如图 2.1.2(d) 所示; 继续增大噪声强度, 这两个状态之间开始相互转移, 当这两种状态之间的转移同步时, 就会出现随机能量共振; 如果噪声强度继续变大, 那么系统中所形成的有序就会被噪声所破坏, 开始变得混乱.

为了进一步研究这两个稳定的状态 (相内状态和相外状态), 讨论 $T = 0.001$ 时, 系统初值分别为 $x(0) = 0$ 和 $x(0) = -\pi/2 + \pi/50$ 时的输出信号, 如图 2.1.3 所示. 可以看到, 初值不同的两个信号对应了完全不同的幅值和相位差. 图 2.1.3 中, 实线代表初值为 $x(0) = 0$ 时的系统响应, 虚线代表初值为 $x(0) = -\pi/2 + \pi/50$ 时

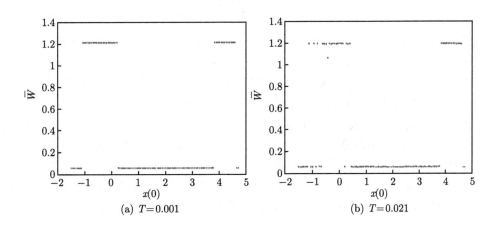

(a) T=0.001　　　　　　　　　　　(b) T=0.021

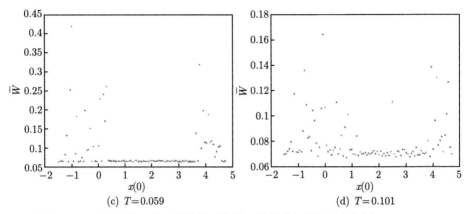

图 2.1.2　不同温度下单一轨线的平均输入能量随初始位置变化图 ($\tau = 0.6$)

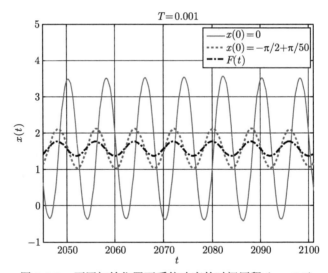

图 2.1.3　不同初始位置下系统响应的时间历程 ($\tau = 0.6$)

的系统响应. 从图 2.1.2(a) 中可以看出, 初值 $x(0) = 0$ 对应的是相外状态, 所以相外状态对应的系统响应幅值较大, 和输入信号之间的相位差大约为 $\phi_1 = -0.5\pi$; 初值 $x(0) = -\pi/2 + \pi/50$ 对应的是相内状态, 所以相内状态对应的系统响应幅值较小, 和输入信号之间的相位差大约为 $\phi_2 = -0.013\pi$.

当噪声强度比较大 ($T = 0.5$) 时, 图 2.1.4 是初值 $x(0) = 0$ 时系统响应的时间历程图, 图中左上角是截取了其中的一部分进行了放大. 可以看到, 随着时间的增加, 系统响应不仅自身在小范围内有幅值和相位的波动, 而且还有大幅度的跳跃. 已有的研究表明 [17], 这种自身小范围的波动叫做阱内运动, 而大幅度的跳跃叫做阱间运动. 通过观察图 2.1.4, 可以看到阱内运动正是由相内和相外状态之间相互转换造成的, 而且每一次的阱间运动都会造成相内和相外状态的转换, 所以阱间运动在某种程度上促进了系统的阱内运动.

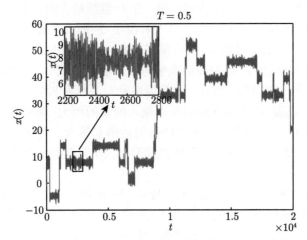

图 2.1.4 $T = 0.5$ 和初值为 $x(0) = 0$ 时, 系统响应的时间历程图 ($\tau = 0.6$)

下面研究系统平均输入能量 $\langle \bar{W} \rangle$ 随着温度 T 的变化规律, 那么当 $T \approx 0.101$ 时, $\langle \bar{W} \rangle$ 应该有一个最小值, 在温度 T 比较大时应该有一个最大值. 我们画出了 $\langle \bar{W} \rangle$ 随着温度 T 变化的曲线, 如图 2.1.5 所示. 从图中可以看出, $\langle \bar{W} \rangle$ 的曲线有一个单峰和一个低谷, $\langle \bar{W} \rangle$ 先是随着 T 的增加而减小, 到 $T \approx 0.105$ 左右时,

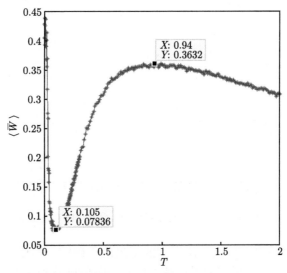

图 2.1.5 系统平均输入能量 $\langle \bar{W} \rangle$ 随温度 T 的变化曲线 ($\tau = 0.6$)

$\langle \bar{W} \rangle$ 达到了低谷, 此时相外状态基本全部转移到相内状态; 随后, $\langle \bar{W} \rangle$ 开始随着 T 的增加而增加, 到 $T \approx 0.94$ 时, $\langle \bar{W} \rangle$ 出现了一个峰值点, 此时相内状态和相外状态之间的转移达到了一个最佳的平衡; 当 T 继续增大时, $\langle \bar{W} \rangle$ 又开始减小, 说明噪声开始降低系统的有序程度. $\langle \bar{W} \rangle$ 和温度 T 的关系曲线表现出的非单调性表明了在温度 T 的增大过程中, 存在随机共振, 并且随机共振会受到抑制和增强. 当温度比较低时, 温度 T 增加会造成平均输入能量的减小, 说明此时噪声对系统的随机共振起着一定的抑制作用, 外简谐激励对系统所做的功是不断减小的; 当温度比较高时, 温度 T 增加会造成平均输入能量的增大, 说明此时噪声对系统起积极促进的作用, 外简谐激励对系统所做的功越来越大. 当 $T \approx 0.94$ 时, 外简谐激励对系统所做的功是最大的; 温度继续升高, 外简谐激励对系统所做的功又开始减小.

　　在图 2.1.2~ 图 2.1.5 中, 通过固定噪声相关时间 $\tau = 0.6$, 主要研究了噪声强度对系统随机共振行为的影响. 在图 2.1.6 中, 通过调节噪声相关时间 τ 的大小, 来研究不同的噪声相关时间对随机共振的影响. 由 $\langle \bar{W} \rangle$ 与温度 T 的关系曲线可见, 随着噪声相关时间 τ 的增大, 取得随机共振时的最优值 T 就越大, 而且随机共振的共振区域越大. 因此, 噪声相关时间 τ 影响了两个稳态之间的相互转移, 进而影响了系统的随机共振.

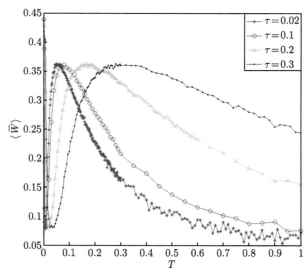

图 2.1.6　不同噪声相关时间下系统平均输入能量 $\langle \bar{W} \rangle$ 随温度 T 的变化曲线

　　为了验证上述由随机能量法得到的结果的正确性, 根据线性响应理论, 检验在弱的外简谐激励下, 系统的平均输出信号的幅值以及相对输入信号的相位差与温度 T 的关系. 而获取平均输出信号的幅值以及相对输入信号的相位差最直接的方法就是将数值模拟的结果相对于不同的初始位置进行平均. 根据线性响应理论, 平均输出信号仍然是和输入信号同频率的余弦函数, 这样就可以用余弦函数对不同的初始位置进行平均之后的信号进行拟合, 获得相应的幅值和相位差. 由式 (1.1.9) 可知, 系统输出信号的幅值和相位差

$$A = \sqrt{A_1^2 + A_2^2}, \quad \phi = -\arctan\frac{A_1}{A_2}, \tag{2.1.9}$$

式中, $A_1 = \langle x(t)\cos(\omega_0 t)\rangle_t$; $A_2 = \langle x(t)\sin(\omega_0 t)\rangle_t$.

利用四阶龙格-库塔方法数值求解方程 (2.1.8), 并结合式 (2.1.9) 计算系统输出信号的幅值和相位差. 图 2.1.7 和图 2.1.8 分别讨论了加性高斯色噪声激励下周期势系统的平均输出信号的幅值及相对输入信号的相位差, 并绘制了 A 和 ϕ 随噪声强度变化的曲线. 在图 2.1.7 和图 2.1.8 中, 实线表示直接通过蒙特卡罗方法计算式 (2.1.8) 得到的 A 和 ϕ, 而。点表示通过运用公式 (2.1.9) 计算得到的 A 和 ϕ. 通过对比发现实线和。点除个别点以外几乎全部重合在一起, 说明线性响应理论在这种情形下是有效的.

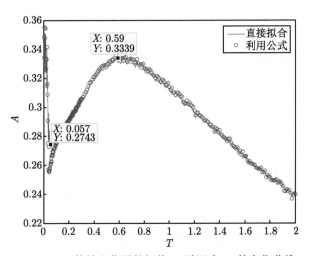

图 2.1.7　平均输出信号的幅值 A 随温度 T 的变化曲线

由图 2.1.7 发现平均输出信号的幅值 A 存在一个低谷和一个峰值, 说明随着温度 T 的增大, 系统存在随机共振的抑制和增强, 这和系统平均输入能量 $\langle \bar{W}\rangle$ 所反映的规律是一样的. 但是值得注意的是, A 取得最大值和最小值时所对应的噪声强度和 $\langle \bar{W}\rangle$ 取得最值时对应的噪声强度是有差异的. 这可以由式 (2.1.5) 来解释, 系统的能量除了外简谐激励对它做功之外, 还和外界的热环境进行着主动和被动的热交换, 是三者共同作用的结果. 但是总体趋势是一样的, 因此可以说由随

机能量法得到的结果可以衡量随机共振. 由图 2.1.8 发现当相位差 ϕ 取峰值的时候所对应的温度 $T = 0.109$, 基本等于 $\langle \bar{W} \rangle$ 取最小值时所对应的温度 $T = 0.105$, 说明在 $\langle \bar{W} \rangle$ 取最小值时, 平均输出信号相对输入信号的相位差取得最大值.

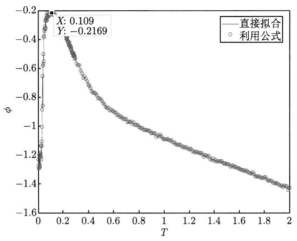

图 2.1.8　平均输出信号与输入信号相位差 ϕ 随温度 T 的变化曲线

2.1.3　乘性高斯色噪声激励下系统的随机共振

若方程 (2.1.1) 中 $g(x) = \cos x$, 则对应于乘性色噪声激励的情形, 此时系统 (2.1.1) 可写为

$$\ddot{x} + \gamma \dot{x} = \cos x + F_0 \cos(\omega_0 t) + \cos x \cdot \eta(t), \qquad (2.1.10)$$

在这里参数取值同上.

在图 2.1.9~ 图 2.1.11 中, 固定噪声相关时间 $\tau = 0.02$, 并分别利用随机能量法和平均输出信号的幅值 A 和相位差 ϕ 作为随机共振的判定标准. 和 2.1.2 节中加性色噪声情形下相关时间取 $\tau = 0.02$ 的情况进行了对比. 从图 2.1.9 中可以看出, 乘性色噪声强度 (温度来衡量) 对系统平均输入能量 $\langle \bar{W} \rangle$ 的影响和加性色噪声 (温度来衡量) 情形下类似, $\langle \bar{W} \rangle$ 对乘性色噪声强度也表现出非单调的依赖关系, 而且既有低谷又有高峰: 在噪声强度比较小时, 随着噪声强度的增加, $\langle \bar{W} \rangle$ 曲线先降低到一个低谷, 在 $T = 0.015$ 时, $\langle \bar{W} \rangle$ 达到最小, 这说明在 $T = 0.015$ 时外简谐激励对系统的做功最小; 随着噪声强度继续增大, $\langle \bar{W} \rangle$ 开始逐渐变大, 直到 $T \approx 0.2$ 时 $\langle \bar{W} \rangle$ 不再增加, 达到了一个局部的最大值, 说明此时外简谐激励对系统的做功最大; 随着噪声强度继续增大, $\langle \bar{W} \rangle$ 开始持续下降, 外简谐激励对系统的做功也就越来越小.

图 2.1.9 中加性噪声和乘性噪声分别对应于 ∗ 线和 ◦ 线, 可以发现乘性噪声对系统的平均输入能量 $\langle \bar{W} \rangle$ 的影响相对加性噪声下的情形来说是比较小的, 发现不论是 $\langle \bar{W} \rangle$ 下降到低谷的速度还是上升到高峰时的速度都要比加性色噪声激励时的要大, 尤其是在 $\langle \bar{W} \rangle$ 达到局部最大值时所对应的乘性噪声强度 ($T \approx 0.2$) 要比加性噪声强度 ($T \approx 0.051$) 大得多. 而且发现系统平均输入能量 $\langle \bar{W} \rangle$ 所能取到的局部最大值要比加性色噪声情形时小得多, 说明相比于乘性色噪声, 加性色噪声更有利于系统的随机共振发生.

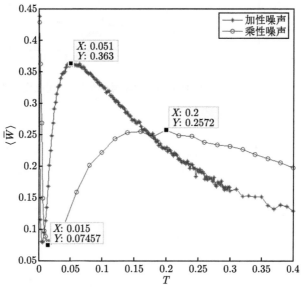

图 2.1.9　相关时间 $\tau = 0.02$ 时系统平均输入能量 $\langle \bar{W} \rangle$ 随温度 T 的变化曲线

在图 2.1.10 中, 由平均输出信号的幅值 A 随温度变化的曲线易发现: A 达到低谷和高峰时所对应的温度和平均输入能量所对应的温度是不一样的, 这一现象在 2.1.2 节中已经解释过了. 从图 2.1.10 可以看到, 乘性色噪声对随机共振的影响很小, 起促进作用的那一段区域很小而且对应的幅值也比较小. 图 2.1.11 是平均输出信号的相位差 ϕ 随着温度变化的曲线, 发现乘性色噪声对 ϕ 的影响也是比较缓慢的, 但是峰值处的 ϕ 和加性噪声时的变化不大, 而且还可以发现 ϕ 的峰值处对应的温度和平均输入能量处于低谷时对应的温度是一样的 ($T \approx 0.015$), 这和加性色噪声中的规律是一样的.

在图 2.1.12~ 图 2.1.14 中将讨论乘性高斯色噪声的相关时间对随机共振的影响. 图 2.1.12 是不同噪声相关时间下系统平均输入能量 $\langle \bar{W} \rangle$ 随着温度变化的曲线. 从图中可以看到, 当相关时间 τ 比较小时 ($\tau = 0.06, 0.1$), 在所取的噪声范围

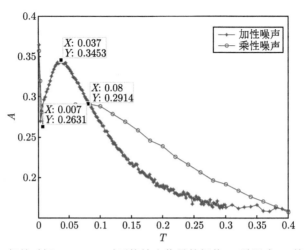

图 2.1.10　相关时间 $\tau = 0.02$ 时平均输出信号的幅值 A 随温度 T 的变化曲线

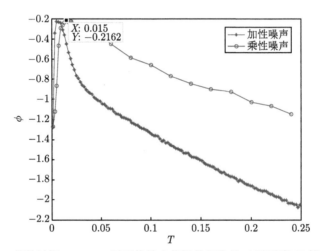

图 2.1.11　相关时间 $\tau = 0.02$ 时平均输出信号的相位差 ϕ 随温度 T 的变化曲线

内都可以先减小再增加再减小, 曲线上同时出现了一个最小值和一个最大值; 而当 $\tau = 0.3$ 和 $\tau = 0.5$ 时, 可以看到在较小的温度处, $\langle \bar{W} \rangle$ 出现了一个极大值, 然后随着温度的增加出现先减小后增加的情况. 这和加性色噪声的相关时间对平均输入能量的影响是一致的, 因为当噪声相关时间比较大时, 平均输入能量随着温度的变化比较缓慢, 所以随机共振对应的区域就越宽.

图 2.1.13 和图 2.1.14 给出了不同噪声相关时间下平均输出信号的幅值 A 和相位差 ϕ 随着温度变化的变化曲线. 在图 2.1.13 中可以观察到和平均输入能量类似的规律: 当 $\tau = 0.06$ 和 $\tau = 0.1$ 时, 曲线 A 在 $T = 0.1$ 处出现共振峰, 然后呈

下降趋势; 当 $\tau = 0.3$ 和 $\tau = 0.5$ 时, 曲线 A 在 $T \ll 0.1$ 处出现共振峰, 还可以看到从最高点到最低点时曲线 A 下降的速度非常快, 然后就呈现非常缓慢的变化. 图 2.1.14 展示的相位差 ϕ 曲线中出现了共振峰. 总体来说, 用平均输出信号的幅值 A 和相位差 ϕ 来判断随机共振比较直接, 但是有时候会受到线性响应理论条件的影响, 不易研究随机共振产生的内在机制, 而用随机能量方法能判定其能量转移的机制.

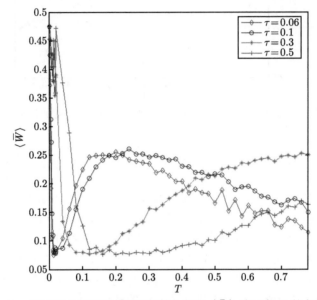

图 2.1.12　不同相关时间下系统平均输入能量 $\langle \overline{W} \rangle$ 随温度 T 的变化曲线

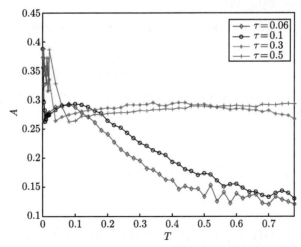

图 2.1.13　不同相关时间下平均输出信号的幅值 A 随温度 T 的变化曲线

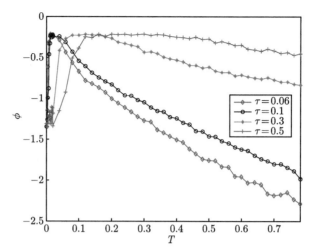

图 2.1.14　不同相关时间下平均输出信号的相位差 ϕ 随温度 T 的变化曲线

2.2　二值噪声激励下欠阻尼周期势系统的随机共振

在 2.1 节中, 主要研究了 OU 噪声激励下周期势系统的随机共振. 二值噪声 (1.3.15) 同样满足色噪声的统计特性 (1.3.6), 在工程实际中有广泛的应用. 比如, Rozenfeld 等 [19] 指出在弱周期信号驱动下的双稳态系统中, 加入二值噪声后随机共振现象显著增强, 信噪比和功率谱增益取值都明显增大. Xu 等 [20] 研究了非对称二值噪声作用下双稳态系统的随机共振, 发现系统响应也会呈现非对称性. 在本节中主要研究二值噪声激励下周期势系统的随机共振.

2.2.1　系统的随机响应特性

考虑在外简谐激励下二值噪声驱动的欠阻尼周期势系统, 其朗之万方程可写为

$$\ddot{x} + \gamma \dot{x} = -V'(x) + F_0 \cos(\omega_0 t) + \eta(t), \qquad (2.2.1)$$

其中, $V'(x) = -\cos x$, $\gamma = 0.12$, $F_0 = 0.2$, $\omega_0 = \pi/4$, $\Delta t = 0.2$. 利用 Heun 算法将式 (2.2.1) 写为

$$\begin{cases} x_1 = x(t) + v(t) \cdot \Delta t, \\ v_1 = v(t) + (-\gamma v(t) + \cos(x(t)) + F(t) + Z) \cdot \Delta t, \\ x(t + \Delta t) = x(t) + \dfrac{1}{2}\Delta t\,(v_1 + v(t)), \\ v(t + \Delta t) = v(t) + \dfrac{1}{2}\Delta t\,[-\gamma(v(t) + v_1) + (\cos(x(t)) + \cos(x_1))] \\ \qquad\qquad\quad + \Delta t\,(F(t) + Z). \end{cases} \qquad (2.2.2)$$

其中 $v(t) = \dot{x}(t)$, Z 为服从二值噪声分布的随机数. 通过数值求解式 (2.2.2) 可得到系统的响应, 讨论系统输出信噪比、平均输入能量等随噪声强度变化的情况, 分析随机共振现象及其发生机理.

图 2.2.1~ 图 2.2.3 分别是二值噪声强度 D 取不同值时对应系统 (2.2.1) 的时间历程图、相图和稳态概率密度 $p(x)$. 在图 2.2.1 中, 当噪声强度 D 取值较小时, 系统响应信号只在一个稳态处振荡, 随着 D 逐渐增大, 响应信号开始在多个稳态之间跃迁. 在图 2.2.2 中, 当噪声强度 D 取值较小时, 从系统的相图可以看出, 系统主要在单个势阱中运动, 而随着 D 的增大, 系统出现阱间跃迁运动, 在多个势阱中运动, 相图轨迹随着噪声强度 D 的增大变得越来越复杂. 图 2.2.3 中, 响应信号的取值在 D 较小时主要集中在稳态 $x = 1$ 和 $x = 2$ 附近, 因此其稳态概率密度如图 2.2.3(a) 所示. 随着 D 的逐渐增大, 系统响应出现多个稳态, 系统在多个势阱之间做跃迁运动, 相应稳态概率密度的峰逐渐增加, 见图 2.2.3(b)~(d). 以上数值分析说明, 随着二值噪声强度逐渐增加达到最优值, 系统在多个稳态之间形成有规律的跳跃, 产生随机共振现象.

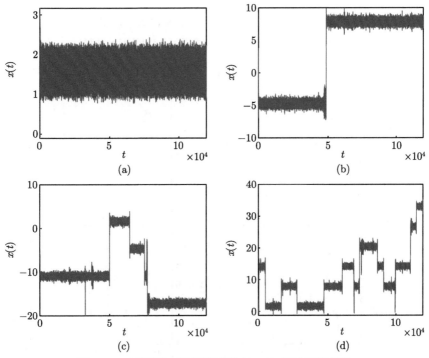

图 2.2.1 不同噪声强度下系统 (2.2.1) 的时间历程图

(a) $D = 0.01$; (b) $D = 0.08$; (c) $D = 0.1$; (d) $D = 0.14$

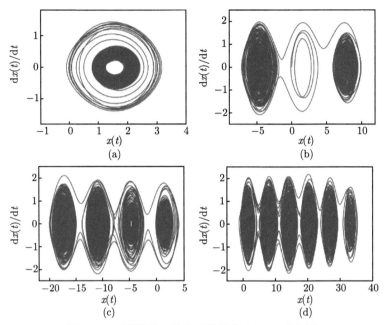

图 2.2.2　不同噪声强度下的系统 (2.2.1) 的相图

(a) $D = 0.01$; (b) $D = 0.08$; (c) $D = 0.1$; (d) $D = 0.14$

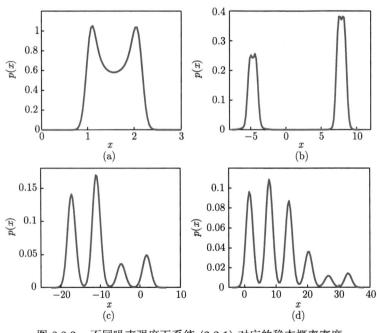

图 2.2.3　不同噪声强度下系统 (2.2.1) 对应的稳态概率密度

(a) $D = 0.01$; (b) $D = 0.08$; (c) $D = 0.1$; (d) $D = 0.14$

2.2.2 二值噪声激励下系统的随机共振

根据 2.1 节中介绍的随机能量法, 利用公式 (2.1.6) 和公式 (2.1.7) 计算系统 (2.2.1) 的平均输入能量. 首先, 在图 2.2.4 和图 2.2.5 中固定噪声相关时间 $\tau = 5$, 研究外简谐激励对系统的输入能量 $\bar{W}$ 随不同初值条件的变化情况, 其中 $x(0)$ 的取值范围为 $[-\pi/2, 3\pi/2]$. 图 2.2.4 给出了在不同的噪声强度 D 下, 输入能量 $\bar{W}$ 随初始位置 $x(0)$ 逐渐增大的变化曲线. 从图 2.2.4 (a) 中可以看到, 在噪声强度非常小时 $(D = 0.001)$, 输入能量 $\bar{W}$ 随初始位置变化的所有取值都集中在 $\bar{W} = 0.062$ 和 $\bar{W} = 1.213$ 两条直线附近, 而两条直线之间没有任何的点, 并且位于直线 $\bar{W} = 0.062$ 附近的点明显多于位于直线 $\bar{W} = 1.213$ 附近的点. 说明在 D 非常小时, 系统存在两个稳定的动力学状态, 分别为相内状态和相外状态, 其中 $\bar{W} = 0.062$ 对应的为相内状态, 而 $\bar{W} = 1.213$ 对应的为相外状态. 在图 2.2.4 (b) 中, 可以看到当二值噪声的强度增大到 $D = 0.01$ 时, 所有的点不再全部位于两条直线上, 位于相外状态 (即 $\bar{W} = 1.213$ 直线) 上的点开始向相内状态 (即 $\bar{W} = 0.062$ 直线) 移动. 这一现象说明系统的两个动力学状态并不是一直稳定的, 随着噪声强度的增大, 两个状态在噪声的激励下开始出现转移. 从图中还可以看到, 处于相外状态位置的点开始大规模地向相内状态移动, 而处于相内状态的点大多数仍位于 $\bar{W} = 0.062$ 直线附近, 只是个别点存在小范围内的移动, 说明此时系统是从输入能量大的稳定状态 (相外状态) 向输入能量小的稳定状态 (相内状态) 进行转移. 在图 2.2.4(c) 中, 随着二值噪声强度增大到 $D = 0.06$, 位于相外状态的点已经全部发生转移, 它们大部分已经转移到相内状态, 小部分仍在向相内状态转移, 而随着 D 的继续增大, 在适当的 D 值处, 相外状态会全部转移到相内状态, 所有的点会全部位于直线 $\bar{W} = 0.062$ 附近. 但这一状态并不稳定, 随着 D 继续增大, 所有处于相内状态的点继续发生转移. 如图 2.2.4(d) 所示, 当二值噪声强度增大到 $D = 0.36$ 时, 所有的点全部转移到两条直线之间的位置, 当这种转移达到最佳时, 所有点对应的纵坐标 (即输入能量) 的平均值会取得一个最大值, 即出现随机能量共振. 但是, 随着 D 的继续增大, 所有点的纵坐标的平均值开始逐渐减小, 噪声开始降低系统的有序程度, 系统随之变得混乱.

图 2.2.5 给出了噪声强度 $D = 0.14$ 和输出信号初值为 $x(0) = 0$ 时系统 (2.2.1) 的时间历程图. 从图 2.2.5 可以看到, 系统响应信号不仅存在小范围内的波动 (即阱内运动), 而且还存在大幅度的稳态跃迁现象 (即阱间运动). 而阱内运动正是由相内状态和相外状态之间的相互转换引起的, 并且阱间运动能够促进阱内运动, 同时也产生了随机能量共振.

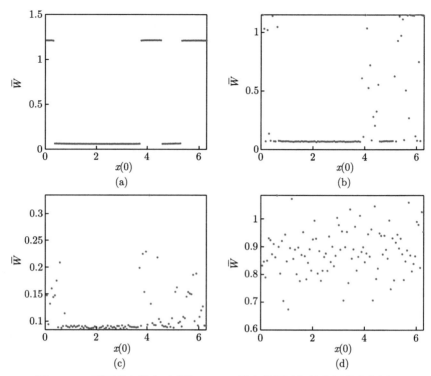

图 2.2.4　不同噪声强度下系统 (2.2.1) 输入能量随初始位置的变化图

(a) $D = 0.001$; (b) $D = 0.01$; (c) $D = 0.06$; (d) $D = 0.36$

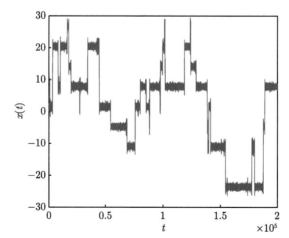

图 2.2.5　系统 (2.2.1) 的时间历程图 ($x(0) = 0$, $D = 0.14$)

系统平均输入能量 $\langle \bar{W} \rangle$ 随着二值噪声强度 D 的变化规律如图 2.2.6(a) 所示.

在图 2.2.6(a) 中, 固定了二值噪声的相关时间 $\tau = 5$ 时, 展示了所有轨迹不同周期的平均输入能量随 D 的变化曲线. 在噪声强度很小时 ($D = 0.001$), 噪声对系统的动力学行为影响很小, 此时系统存在两个稳定的动力学状态. 随着 D 的增大, $\langle \bar{W} \rangle$ 的变化曲线展现出明显的非单调关系, 表明存在随机共振现象. 当 D 较小时, 外简谐激励的输入能量不断由相外状态向相内状态转移, $\langle \bar{W} \rangle$ 随着 D 的增大而减小, 在 $D = 0.06$ 附近出现一个最小值, 此时 $\langle \bar{W} \rangle$ 也完全转移到相内状态, 出现共振抑制现象. 随着 D 的继续增大, $\langle \bar{W} \rangle$ 开始在两个稳态之间转移, 当这个转移同步时, 变化曲线也逐渐上升直到出现一个峰值, 这是典型的随机共振现象. 图 2.2.6(b) 描述了不同 D 下, $\langle \bar{W} \rangle$ 随二值噪声相关时间 τ 的变化关系. 随着 τ 的增大, $\langle \bar{W} \rangle$ 先单调上升出现一个峰值, 然后下降到一个最小值, 再继续上升到一定程度, 然后不再随 τ 的增大而变化, 此变化趋势与平均输入能量随噪声强度的变化趋势不完全相同. 从图 2.2.6(b) 可以发现随着 D 的增大, 曲线取得最大值时对应的最优 τ 也在增大, 且随机共振区域也越大.

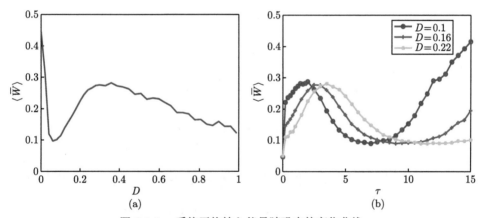

图 2.2.6　系统平均输入能量随噪声的变化曲线

(a) 噪声强度 D; (b) 噪声相关时间 τ

为了验证随机能量法判定随机共振的正确性, 利用信噪比为指标量对随机共振进行了校核. 信噪比是随机共振现象中常用的定量分析指标之一, 输出信噪比定义为输出信号在 f_0 处的功率与噪声在 f_0 处的功率谱密度之比 [21]

$$\text{SNR} = 10 \log_{10} \left(\frac{s(f_0)}{N} \right), \tag{2.2.3}$$

式中, $s(f_0)$ 为输出信号在 f_0 处的功率谱; N 为噪声在 f_0 附近 10 个点的平均功率谱. 利用方程 (2.2.3) 计算信噪比随二值噪声强度 D 变化的曲线, 如图 2.2.7 所示. 从图 2.2.7 中可以看到, 随着 D 的增大, SNR 的曲线出现了显著的单峰, 这是典型的随机共振现象, 证实了二值噪声激励的欠阻尼周期势系统中的确产生了随机共振. 比较图 2.2.6(a) 和图 2.2.7 可以发现, 相同参数下系统的平均输入能量和系统的输出信噪比随 D 变化的曲线的趋势基本一致, 但是两条曲线取得共振值时所对应的最优 D 却有所差别, 图 2.2.6 (a) 中的变化曲线取得最小值时所对应的 D 略大, 并且取得峰值时所对应的 D 显著大于图 2.2.7 中信噪比取得峰值时对应的 D, 产生这种差异的原因在于随机能量法中, 因为噪声做功和系统被动耗散能量的影响, 所以变化曲线取得最值时所对应的 D 较大.

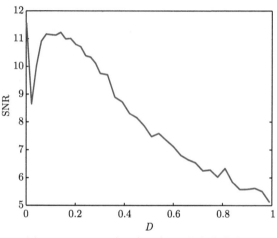

图 2.2.7　SNR 随噪声强度 D 的变化曲线

2.3　三值噪声激励下约瑟夫森结的首次穿越和随机共振

三值噪声满足色噪声的统计特性 (1.3.6), 且能更好地描绘自然界中的环境波动. 三值噪声更复杂, 它包含了所有二值噪声的情形, 并且在一定条件下能转变为二值噪声或高斯白噪声 [22−23]. 因此, 三值噪声激励下非线性系统的随机共振问题也受到了广泛的关注. Soika 等 [24] 揭示了弱周期信号和三值噪声驱动下的广义朗之万方程中的随机共振现象. Zhong 等 [25] 研究了弱周期信号激励下具有随机质量的分数阶振子, 利用三值噪声来描述质量的随机特性, 推导出了系统一阶矩的解析表达式. Jin 等 [26−27] 研究了三值噪声激励下 Harrison 型和 Beddington-DeAngelis 型捕食与被捕食系统解矩的稳定性, 发现当噪声强度较小时, 系统的解矩保持稳定, 随着噪声强度的增加, 系统正平衡点失稳; 系统稳定性也与噪声的自相关时间有关, 当噪声自相关时间较小时, 系统的正平衡点失稳, 说明相比于高斯白噪声, 三值噪声更利于提高系统解的稳定性. 故以下对三值噪声激励下的约瑟夫森结的首次穿越和随机共振进行了研究.

2.3.1　系统的稳态解

约瑟夫森结是 20 世纪 60 年代由约瑟夫森提出的利用了相变序参量特性的超导器件, 基本结构是由超导体、绝缘层和超导体组成的三明治形状, 绝缘层两侧的波函数可以相互作用, 中间的绝缘层起到弱连接的效果, 作为经典的周期势系统, 它被应用到锁相环电路 [28]、超导体电路 [29] 及离子对生物通道的渗透 [30] 等的研究中. 超导弱连接在外源作用下, 一般能简化为由电流源驱动的电阻分路约瑟夫森结模型, 其等效电路如图 2.3.1 所示. 此时, 关于结两侧的量子位相差 φ 满足的方程为 [31]

$$\frac{V}{R} = J - J_c \sin(\varphi), \tag{2.3.1}$$

其中 $V = (\hbar/2e) \cdot (\mathrm{d}\varphi/\mathrm{d}\tilde{t})$ 为弱连接上依赖于时间的电压; J 是依赖于时间的外加电流源; J_c 是弱连接的临界超电流. 通过引入无量纲的时间量 $t = (2eR/\hbar) \cdot \tilde{t}$, 可得无量纲化的方程 (2.3.1) 为

$$\frac{\mathrm{d}\varphi}{\mathrm{d}t} = J - J_c \sin(\varphi), \tag{2.3.2}$$

其中 $\mathrm{d}\varphi/\mathrm{d}t$ 为弱连接上的无量纲电压.

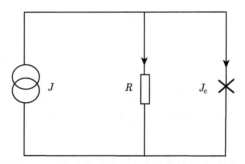

图 2.3.1　电阻分路约瑟夫森结的等效电路图

考虑到随机波动对系统电流参数的影响, 方程 (2.3.2) 中的 J 和 J_c 可写为 [32]

$$J \to J + f_1(t), \quad J_c \to J_c + f_2(t), \tag{2.3.3}$$

其中 $f_i(t)$ $(i = 1, 2)$ 代表独立的三值噪声, 取值分别为 $\{A_i,\ 0,\ -A_i\}$, 噪声从 $\pm A_i$ $(i = 1, 2)$ 到 0 的转迁率为 α_i, 其他之间的转迁率为 β_i. 这样, $f_i(t)$ $(i = 1, 2)$ 对应的转迁率矩阵可写为

$$\boldsymbol{Q}_i = \begin{bmatrix} -(\alpha_i + \beta_i) & \alpha_i & \beta_i \\ \beta_i & -2\beta_i & \beta_i \\ \beta_i & \alpha_i & -(\alpha_i + \beta_i) \end{bmatrix}, \quad i = 1, 2. \tag{2.3.4}$$

将方程 (2.3.3) 代入方程 (2.3.2) 可得

$$\frac{\mathrm{d}\varphi}{\mathrm{d}t} = g(\varphi) + f_1(t) - f_2(t)\sin(\varphi), \tag{2.3.5}$$

其中, $g(\varphi) = J - J_c\sin(\varphi)$.

根据加性和乘性三值噪声的取值不同, 系统 (2.3.5) 的状态可分成九个不同的态, 分别表示为 S_i $(i = 1, 2, \cdots, 9)$, 即每个 $f_i(t)$ $(i = 1, 2)$ 可以取三个值, 其所有可能的组合形式如下: $S_{1,2,3} = \{(A_1, A_2), (A_1, 0), (A_1, -A_2)\}$, $S_{4,5,6} = \{(0, A_2), (0, 0), (0, -A_2)\}$, $S_{7,8,9} = \{(-A_1, A_2), (-A_1, 0), (-A_1, -A_2)\}$. 方程 (2.3.5) 的解 $\varphi(t)$ 可以看作是一个半马尔可夫过程, 其概率密度函数可记为 $p(\varphi, t)$. 为简单起见, 初值取为 $\varphi(0) = 1/9$. 处于状态 S_i $(i = 1, 2, \cdots, 9)$ 的系统在 t 时刻下的截止可以分为两种情况: 一种是系统在初始时刻 t_1 处于状态 S_i, 且一直保持到时刻 t 截止; 另一种是在区间 $[t_1, t]$ 之间的时刻 t_2 之前处于不同于 S_i 的状态 $S_j(i \neq j)$, 在 t_2 时刻转换为状态 S_i, 且一直保持到时刻 t. 假设系统在时间区间 $[t_1, t]$ 处于状态 S_1 的概率为 $\psi_1(t_1, t)$. 那么系统在任意一个大于时刻 t 的时间区间的概率为

$$\varPsi_1(t) = \mathrm{e}^{-(\alpha_1 + \beta_1) \cdot t} \cdot \mathrm{e}^{-(\alpha_2 + \beta_2) \cdot t}. \tag{2.3.6}$$

由式 (2.3.6) 可导出 $\psi_1(t_1, t)$ 的形式

$$\psi_1(t_1, t) = \frac{\mathrm{d}}{\mathrm{d}t}(1 - \varPsi_1(t)) = (\alpha_1 + \beta_1 + \alpha_2 + \beta_2) \cdot \varPsi_1(t). \tag{2.3.7}$$

若系统从一个状态 S_i 转换到另一个不同的状态 $S_j(i \neq j)$ 的概率记为 $P(S_j|S_i)$. 设状态转换在 $t \to t + \Delta t$ 之间完成 (Δt 是一个非常小的正数), 依据各状态之间的转换率, 可以求出 S_2 在 $t \to t + \Delta t$ 之间转换到 S_1 的概率为 $P(S_2 \to S_1) = \mathrm{e}^{-(\alpha_1 + \beta_1)\Delta t} \cdot (1 - \mathrm{e}^{-\beta_2 \Delta t})$. 当 $\Delta t \to 0$ 时, 所有的比率 $P(S_2 \to S_i)/P(S_i|S_2)(i = 1, 3, 4, \cdots, 9)$ 是相等的, 且 $\sum\limits_{i=1, i\neq 2}^{9} p(S_i|S_2) = 1$. 由此可得下列等式

$$P(S_1|S_2) = \frac{\beta_2}{\alpha_1 + \beta_1 + 2\beta_2}, \quad P(S_1|S_3) = \frac{\beta_2}{\alpha_1 + \beta_1 + \alpha_2 + \beta_2},$$

$$P(S_1|S_4) = \frac{\beta_1}{2\beta_1 + \alpha_2 + \beta_2}, \quad P(S_1|S_7) = \frac{\beta_1}{\alpha_1 + \beta_1 + \alpha_2 + \beta_2},$$

$$P(S_1|S_i) = 0(i = 5, 6, 8, 9). \tag{2.3.8}$$

为了求出系统概率密度函数可记其为 $p(\varphi, t)$, 我们需要定义另外九个函数 $\eta_i(\varphi, t)(i = 1, 2, \cdots, 9)$, 它们分别表示系统初始状态处于 S_i 但在 t 时刻截止

并转换为其他不同的状态, 且在 t 时刻 $\varphi(t) = \varphi$ 的联合概率密度. 这样的话, $\eta_1(\varphi, t)$ 的表达式可写为 [33]

$$
\begin{aligned}
\eta_1(\varphi, t) = & \frac{1}{9}\psi_1(0, t) \cdot \delta(\varphi - \varphi_1(t)) \\
& + P(S_1|S_2) \int_{-\infty}^{\infty} \mathrm{d}\varphi' \int_0^t \eta_2(\varphi', \tau)\psi_1(\tau, t)\delta(\varphi - \varphi' - \varphi_1(t - \tau))\mathrm{d}\tau \\
& + P(S_1|S_3) \int_{-\infty}^{\infty} \mathrm{d}\varphi' \int_0^t \eta_3(\varphi', \tau)\psi_1(\tau, t)\delta(\varphi - \varphi' - \varphi_1(t - \tau))\mathrm{d}\tau \\
& + P(S_1|S_4) \int_{-\infty}^{\infty} \mathrm{d}\varphi' \int_0^t \eta_4(\varphi', \tau)\psi_1(\tau, t)\delta(\varphi - \varphi' - \varphi_1(t - \tau))\mathrm{d}\tau \\
& + P(S_1|S_7) \int_{-\infty}^{\infty} \mathrm{d}\varphi' \int_0^t \eta_7(\varphi', \tau)\psi_1(\tau, t)\delta(\varphi - \varphi' - \varphi_1(t - \tau))\mathrm{d}\tau.
\end{aligned}
$$

$$(2.3.9)$$

类似的可得 $\eta_i(i = 2, 3, \cdots, 9)$ 的表达式. 同时, 系统概率密度函数 $p(\varphi, t)$ 可表示为 $p(\varphi, t) = \sum_{i=1}^{9} p_i(\varphi, t)$, 这里 $p_i(\varphi, t)$ 表示系统状态处于 S_i 的概率密度. $p_1(\varphi, t)$ 满足如下表达式:

$$
\begin{aligned}
p_1(\varphi, t) = & \frac{1}{9}\Psi_1(0, t) \cdot \delta(\varphi - \varphi_1(t)) \\
& + P(S_1|S_2) \int_{-\infty}^{\infty} \mathrm{d}\varphi' \int_0^t \eta_2(\varphi', \tau)\Psi_1(\tau, t)\delta(\varphi - \varphi' - \varphi_1(t - \tau))\mathrm{d}\tau \\
& + P(S_1|S_3) \int_{-\infty}^{\infty} \mathrm{d}\varphi' \int_0^t \eta_3(\varphi', \tau)\Psi_1(\tau, t)\delta(\varphi - \varphi' - \varphi_1(t - \tau))\mathrm{d}\tau \\
& + P(S_1|S_4) \int_{-\infty}^{\infty} \mathrm{d}\varphi' \int_0^t \eta_4(\varphi', \tau)\Psi_1(\tau, t)\delta(\varphi - \varphi' - \varphi_1(t - \tau))\mathrm{d}\tau \\
& + P(S_1|S_7) \int_{-\infty}^{\infty} \mathrm{d}\varphi' \int_0^t \eta_7(\varphi', \tau)\Psi_1(\tau, t)\delta(\varphi - \varphi' - \varphi_1(t - \tau))\mathrm{d}\tau.
\end{aligned}
$$

$$(2.3.10)$$

其中

$$
\delta(\varphi - \varphi_1(t)) = \frac{\delta(t - t_1(\varphi|\varphi_0))}{\mathrm{d}\varphi/\mathrm{d}t} = \frac{\delta(t - t_1(\varphi|\varphi_0))}{g(\varphi) + A_1 - A_2 \sin(\varphi)}, \tag{2.3.11}
$$

这里 $t_1(\varphi|\varphi_0)$ 表示在状态 S_1 由 φ_0 转到 φ 所需的时间

$$t_1(\varphi|\varphi_0 = \varphi(0)) = \int_{\varphi_0}^{\varphi} \frac{\mathrm{d}z}{g(z) + A_1 - A_2 \sin(z)}. \tag{2.3.12}$$

根据方程 (2.3.10)~ 方程 (2.3.12) 可以找到 $p_1(\varphi,t)$ 和 $\eta_1(\varphi,t)$ 之间满足的关系式

$$\eta_1(\varphi,t) = (\alpha_1 + \beta_1 + \alpha_2 + \beta_2) \cdot p_1(\varphi,t). \tag{2.3.13}$$

类似地, 可以得到以下等式

$$\eta_2(\varphi,t) = (\alpha_1 + \beta_1 + 2\beta_2) \cdot p_2(\varphi,t), \eta_3(\varphi,t) = (\alpha_1 + \beta_1 + \alpha_2 + \beta_2) \cdot p_3(\varphi,t),$$

$$\eta_4(\varphi,t) = (2\beta_1 + \alpha_2 + \beta_2) \cdot p_4(\varphi,t), \eta_7(\varphi,t) = (\alpha_1 + \beta_1 + \alpha_2 + \beta_2) \cdot p_7(\varphi,t).$$

对方程 (2.3.13) 两边进行拉普拉斯 (Laplace) 变换可得

$$
\begin{aligned}
\hat{p}_1(\varphi,s) = {} & \frac{(s + \alpha_1 + \beta_1 + \alpha_2 + \beta_2) \cdot t_1(\varphi|\varphi_0)}{9[g(\varphi) + A_1 - A_2 \sin(\varphi)]} \\
& + \frac{\beta_2}{\alpha_1 + \beta_1 + 2\beta_2} \cdot \frac{\displaystyle\int_{-\infty}^{\varphi} \mathrm{e}^{-t_1(\varphi|\varphi') \cdot (s + \alpha_1 + \beta_1 + \alpha_2 + \beta_2)} \cdot \hat{\eta}_2(\varphi,s)\mathrm{d}\varphi'}{g(\varphi) + A_1 - A_2 \sin(\varphi)} \\
& + \frac{\beta_2}{\alpha_1 + \beta_1 + \alpha_2 + \beta_2} \cdot \frac{\displaystyle\int_{-\infty}^{\varphi} \mathrm{e}^{-t_1(\varphi|\varphi') \cdot (s + \alpha_1 + \beta_1 + \alpha_2 + \beta_2)} \cdot \hat{\eta}_3(\varphi,s)\mathrm{d}\varphi'}{g(\varphi) + A_1 - A_2 \sin(\varphi)} \\
& + \frac{\beta_1}{2\beta_1 + \alpha_2 + \beta_2} \cdot \frac{\displaystyle\int_{-\infty}^{\varphi} \mathrm{e}^{-t_1(\varphi|\varphi') \cdot (s + \alpha_1 + \beta_1 + \alpha_2 + \beta_2)} \cdot \hat{\eta}_4(\varphi,s)\mathrm{d}\varphi'}{g(\varphi) + A_1 - A_2 \sin(\varphi)} \\
& + \frac{\beta_1}{\alpha_1 + \beta_1 + \alpha_2 + \beta_2} \cdot \frac{\displaystyle\int_{-\infty}^{\varphi} \mathrm{e}^{-t_1(\varphi|\varphi') \cdot (s + \alpha_1 + \beta_1 + \alpha_2 + \beta_2)} \cdot \hat{\eta}_7(\varphi,s)\mathrm{d}\varphi'}{g(\varphi) + A_1 - A_2 \sin(\varphi)}.
\end{aligned}
\tag{2.3.14}
$$

这里 $\hat{p}_1(\varphi,s)$ 和 $\hat{\eta}_i(\varphi,s)$ 分别为 $p_1(\varphi,t)$ 和 $\eta_i(\varphi,t)$ 进行 Laplace 变换后的函数.

在方程 (2.3.14) 两边同乘以 $g(\varphi) + A_1 - A_2 \sin(\varphi)$, 可得 $\hat{p}_1(\varphi,s)$ 满足的偏微分方程如下

$$\frac{\partial}{\partial \varphi}\{[g(\varphi) + A_1 - A_2 \sin(\varphi)]\hat{p}_1(\varphi,s)\}$$

$$= -\frac{s + \alpha_1 + \beta_1 + \alpha_2 + \beta_2}{g(\varphi) + A_1 - A_2 \sin(\varphi)} \{[g(\varphi) + A_1 - A_2 \sin(\varphi)]\hat{p}_1(\varphi, s)\}$$

$$+ \frac{\beta_2}{\alpha_1 + \beta_1 + 2\beta_2} \eta_2(\varphi, s) + \frac{\beta_2}{\alpha_1 + \beta_1 + \alpha_2 + \beta_2} \eta_3(\varphi, s)$$

$$+ \frac{\beta_1}{2\beta_1 + \alpha_2 + \beta_2} \eta_4(\varphi, s) + \frac{\beta_1}{\alpha_1 + \beta_1 + \alpha_2 + \beta_2} \eta_7(\varphi, s). \qquad (2.3.15)$$

在方程 (2.3.15) 两边进行 Laplace 逆变换可得

$$\frac{\partial}{\partial t} p_1(\varphi, t) = -\frac{\partial}{\partial \varphi} \{[g(\varphi) + A_1 - A_2 \sin(\varphi)]p_1(\varphi, t)\} + \beta_2 p_2(\varphi, t) + \beta_2 p_3(\varphi, t)$$

$$+ \beta_1 p_4(\varphi, t) + \beta_1 p_7(\varphi, t) - (\alpha_1 + \beta_1 + \alpha_2 + \beta_2)p_1(\varphi, t). \quad (2.3.16)$$

类似地, 可以得到其他 $p_i(\varphi, t)(i = 2, 3, \cdots, 9)$ 满足的方程

$$\frac{\partial}{\partial t} p_2(\varphi, t) = -\frac{\partial}{\partial \varphi} \{[g(\varphi) + A_1]p_2(\varphi, t)\} + \alpha_2 p_1(\varphi, t) + \alpha_2 p_3(\varphi, t)$$

$$+ \beta_1 p_5(\varphi, t) + \beta_1 p_8(\varphi, t) - (\alpha_1 + \beta_1 + 2\beta_2)p_2(\varphi, t),$$

$$\frac{\partial}{\partial t} p_3(\varphi, t) = -\frac{\partial}{\partial \varphi} \{[g(\varphi) + A_1 + A_2 \sin(\varphi)]p_3(\varphi, t)\} + \beta_2 p_1(\varphi, t) + \beta_2 p_2(\varphi, t)$$

$$+ \beta_1 p_6(\varphi, t) + \beta_1 p_9(\varphi, t) - (\alpha_1 + \beta_1 + \alpha_2 + \beta_2)p_3(\varphi, t),$$

$$\frac{\partial}{\partial t} p_4(\varphi, t) = -\frac{\partial}{\partial \varphi} \{[g(\varphi) - A_2 \sin(\varphi)]p_4(\varphi, t)\} + \beta_2 p_5(\varphi, t) + \beta_2 p_6(\varphi, t)$$

$$+ \alpha_1 p_1(\varphi, t) + \alpha_1 p_7(\varphi, t) - (2\beta_1 + \alpha_2 + \beta_2)p_4(\varphi, t),$$

$$\frac{\partial}{\partial t} p_5(\varphi, t) = -\frac{\partial}{\partial \varphi} [g(\varphi)p_5(\varphi, t)] + \alpha_2 p_4(\varphi, t) + \alpha_2 p_6(\varphi, t)$$

$$+ \alpha_1 p_2(\varphi, t) + \alpha_1 p_8(\varphi, t) - (2\beta_1 + 2\beta_2)p_5(\varphi, t), \qquad (2.3.17)$$

$$\frac{\partial}{\partial t} p_6(\varphi, t) = -\frac{\partial}{\partial \varphi} \{[g(\varphi) + A_2 \sin(\varphi)]p_6(\varphi, t)\} + \beta_2 p_4(\varphi, t) + \beta_2 p_5(\varphi, t)$$

$$+ \alpha_1 p_3(\varphi, t) + \alpha_1 p_9(\varphi, t) - (2\beta_1 + \alpha_2 + \beta_2)p_6(\varphi, t),$$

$$\frac{\partial}{\partial t} p_7(\varphi, t) = -\frac{\partial}{\partial \varphi} \{[g(\varphi) - A_1 - A_2 \sin(\varphi)]p_7(\varphi, t)\} + \beta_2 p_8(\varphi, t) + \beta_2 p_9(\varphi, t)$$

$$+ \beta_1 p_1(\varphi, t) + \beta_1 p_4(\varphi, t) - (\alpha_1 + \beta_1 + \alpha_2 + \beta_2)p_7(\varphi, t),$$

$$\frac{\partial}{\partial t} p_8(\varphi, t) = -\frac{\partial}{\partial \varphi} \{[g(\varphi) - A_1]p_8(\varphi, t)\} + \alpha_2 p_7(\varphi, t) + \alpha_2 p_9(\varphi, t)$$

$$+ \beta_1 p_2(\varphi,t) + \beta_1 p_5(\varphi,t) - (\alpha_1 + \beta_1 + 2\beta_2)p_8(\varphi,t),$$

$$\frac{\partial}{\partial t}p_9(\varphi,t) = -\frac{\partial}{\partial \varphi}\{[g(\varphi) - A_1 + A_2\sin(\varphi)]p_9(\varphi,t)\} + \beta_2 p_7(\varphi,t) + \beta_2 p_8(\varphi,t)$$

$$+ \beta_1 p_3(\varphi,t) + \beta_1 p_6(\varphi,t) - (\alpha_1 + \beta_1 + \alpha_2 + \beta_2)p_9(\varphi,t),$$

令 $\boldsymbol{P}(\varphi,t) = [p_1(\varphi,t), p_2(\varphi,t), \cdots, p_9(\varphi,t)]^{\mathrm{T}}$，方程 (2.3.16) 和方程 (2.3.17) 可以统一写为

$$\frac{\partial}{\partial t}\boldsymbol{P}(\varphi,t) + \frac{\partial}{\partial \varphi}(\boldsymbol{M}(\varphi)\cdot\boldsymbol{P}(\varphi,t)) = \boldsymbol{B}\boldsymbol{P}(\varphi,t), \tag{2.3.18}$$

其中

$$\boldsymbol{M}(\varphi) = \begin{bmatrix} \boldsymbol{M}_1(\varphi) & \boldsymbol{O}_{3\times3} & \boldsymbol{O}_{3\times3} \\ \boldsymbol{O}_{3\times3} & \boldsymbol{M}_2(\varphi) & \boldsymbol{O}_{3\times3} \\ \boldsymbol{O}_{3\times3} & \boldsymbol{O}_{3\times3} & \boldsymbol{M}_3(\varphi) \end{bmatrix}, \quad \boldsymbol{B} = \begin{bmatrix} \boldsymbol{B}_1 & \boldsymbol{B}_2 & \boldsymbol{B}_2 \\ \boldsymbol{B}_3 & \boldsymbol{B}_4 & \boldsymbol{B}_3 \\ \boldsymbol{B}_2 & \boldsymbol{B}_2 & \boldsymbol{B}_1 \end{bmatrix},$$

且

$$\boldsymbol{M}_1(\varphi) = \begin{bmatrix} g(\varphi) + A_1 - A_2\sin(\varphi) & 0 & 0 \\ 0 & g(\varphi) + A_1 & 0 \\ 0 & 0 & g(\varphi) + A_1 + A_2\sin(\varphi) \end{bmatrix},$$

$$\boldsymbol{M}_2(\varphi) = \begin{bmatrix} g(\varphi) - A_2\sin(\varphi) & 0 & 0 \\ 0 & g(\varphi) & 0 \\ 0 & 0 & g(\varphi) + A_2\sin(\varphi) \end{bmatrix},$$

$$\boldsymbol{M}_3(\varphi) = \begin{bmatrix} g(\varphi) - A_1 - A_2\sin(\varphi) & 0 & 0 \\ 0 & g(\varphi) - A_1 & 0 \\ 0 & 0 & g(\varphi) - A_1 + A_2\sin(\varphi) \end{bmatrix},$$

$$\boldsymbol{B}_1 = \begin{bmatrix} -\alpha_1 - \beta_1 - \alpha_2 - \beta_2 & \beta_2 & \beta_2 \\ \alpha_2 & -\alpha_1 - \beta_1 - 2\beta_2 & \alpha_2 \\ \beta_2 & \beta_2 & -\alpha_1 - \beta_1 - \alpha_2 - \beta_2 \end{bmatrix},$$

$$\boldsymbol{B}_2 = \begin{bmatrix} \beta_1 & 0 & 0 \\ 0 & \beta_1 & 0 \\ 0 & 0 & \beta_1 \end{bmatrix}, \quad \boldsymbol{B}_3 = \begin{bmatrix} \alpha_1 & 0 & 0 \\ 0 & \alpha_1 & 0 \\ 0 & 0 & \alpha_1 \end{bmatrix},$$

$$B_4 = \begin{bmatrix} -2\beta_1 - \alpha_2 - \beta_2 & \beta_2 & \beta_2 \\ \alpha_2 & -2\beta_1 - 2\beta_2 & \alpha_2 \\ \beta_2 & \beta_2 & -2\beta_1 - \alpha_2 - \beta_2 \end{bmatrix}.$$

如果条件 $|\boldsymbol{M}(\varphi)| > 0$ 和 $\left[(J + f_1(t)) / (J_c + f_2(t))\right]^2 > 1$ 同时成立, 则方程 (2.3.18) 可进一步表示为

$$\boldsymbol{M}(\varphi)\frac{\mathrm{d}}{\mathrm{d}\varphi}\boldsymbol{P}(\varphi) = \left[\boldsymbol{B} - \frac{\mathrm{d}}{\mathrm{d}\varphi}\boldsymbol{M}(\varphi)\right]\boldsymbol{P}(\varphi). \tag{2.3.19}$$

假设 $p_i^{\mathrm{st}}(\varphi)(i = 1, 2, \cdots, 9)$ 为方程 (2.3.19) 对应的稳态解, 则系统的平均输出电压为

$$
\begin{aligned}
\langle\dot{\varphi}\rangle = \int_{-\pi}^{\pi} &\{[g(\varphi) + A_1 - A_2\sin(\varphi)]p_1^{\mathrm{st}}(\varphi) + [g(\varphi) + A_1]p_2^{\mathrm{st}}(\varphi) \\
&+ [g(\varphi) + A_1 + A_2\sin(\varphi)]p_3^{\mathrm{st}}(\varphi) + [g(\varphi) - A_2\sin(\varphi)]p_4^{\mathrm{st}}(\varphi) \\
&+ g(\varphi)p_5^{\mathrm{st}}(\varphi) + [g(\varphi) + A_2\sin(\varphi)]p_6^{\mathrm{st}}(\varphi) + [g(\varphi) - A_1 - A_2\sin(\varphi)]p_7^{\mathrm{st}}(\varphi) \\
&+ [g(\varphi) - A_1]p_8^{\mathrm{st}}(\varphi) + [g(\varphi) - A_1 + A_2\sin(\varphi)]p_9^{\mathrm{st}}(\varphi)\}\mathrm{d}\varphi.
\end{aligned}
\tag{2.3.20}
$$

由于方程 (2.3.18) 的解析解求解十分困难, 故式 (2.3.20) 的解析表达式不易给出. 以下给出几种特殊情况下式 (2.3.20) 的解析形式.

(1) 系统 (2.3.5) 只受到加性噪声作用时, 在绝热近似条件下 $(\alpha_1 \to 0, \beta_1 \to 0)$, 式 (2.3.20) 可进一步表示为

$$
\langle\dot{\varphi}\rangle = \begin{cases}
\dfrac{1}{\alpha_1 + 2\beta_1}\left[\beta_1\left(\sqrt{(J-A)^2 - J_c^2} + \sqrt{(J+A)^2 - J_c^2}\right) + \alpha_1\sqrt{J^2 - J_c^2}\right], \\
\qquad J - A > J_c \\[2mm]
\dfrac{1}{\alpha_1 + 2\beta_1}\left[\beta_1\sqrt{(J+A)^2 - J_c^2} + \alpha_1\sqrt{J^2 - J_c^2}\right], J - A < J_c, J > J_c \\[2mm]
\dfrac{\beta_1}{\alpha_1 + 2\beta_1}\sqrt{(J+A)^2 - J_c^2}, \quad J + A > J_c, J < J_c \\[2mm]
0, \quad J + A < J_c
\end{cases}
\tag{2.3.21}
$$

(2) 系统 (2.3.5) 只受到乘性噪声作用时, 在绝热近似条件下 $(\alpha_2 \to 0, \beta_2 \to 0)$, 式

(2.3.20) 可进一步表示为

$$
\langle \dot{\varphi} \rangle =
\begin{cases}
\dfrac{1}{\alpha_2 + 2\beta_2} \left[\beta_2 \left(\sqrt{J^2 - (J_c - B)^2} + \sqrt{J^2 - (J_c + B)^2} \right) + \alpha_2 \sqrt{J^2 - J_c^2} \right], \\
\qquad J > J_c + B \\[2mm]
\dfrac{1}{\alpha_2 + 2\beta_2} \left[\beta_2 \sqrt{J^2 - (J_c - B)^2} + \alpha_2 \sqrt{J^2 - J_c^2} \right], \ J < J_c + B, J > J_c \\[2mm]
\dfrac{\beta_2}{\alpha_2 + 2\beta_2} \sqrt{J^2 - (J_c - B)^2}, \quad J > J_c - B, J < J_c \\[2mm]
0, \quad J < J_c - B
\end{cases}
$$

$$(2.3.22)$$

在一般情况下很难直接求出方程 (2.3.19) 的解析解, 而图 2.3.2 对比了区间 $[0, 2\pi]$ 上稳态概率密度函数的理论解 (2.3.19) 和直接从方程 (2.3.5) 获得的数值解. 可以看出, 在噪声一定的条件下, 系统稳态概率密度函数表现出了单峰的结构, 并且理论解和数值结果保持一致, 证明了系统理论解 (2.3.19) 和 (2.3.20) 的正确性.

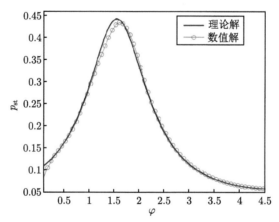

图 2.3.2　系统 (2.3.5) 的稳态概率密度函数的理论解和数值解对比
$J = 1.3, J_c = 1.0, A_1 = A_2 = 0.1, \tau_1 = \tau_2 = 0.3$

2.3.2　系统的随机共振

对于较小的 J, 系统 (2.3.1) 仅可以在其平衡位置附近进行小幅振动, 当 J 较大时, 系统可进行大幅振动[32]. 因此, 我们分别对 $J > J_c$ 和 $J < J_c$ 两种情况进行讨论. 图 2.3.3 和图 2.3.4 讨论了无乘性噪声激励下 ($\alpha_2 = \beta_2 = A_2 = 0$), 加性三值噪声对系统平均输出电压 $\langle \dot{\varphi} \rangle$ 的影响. 由图 2.3.3 (a) 可见, 对于固定的 $J = 0.7, J_c = 1.0$ 和小的相关时间 τ_1, $\langle \dot{\varphi} \rangle$ 随着加性噪声强度 D_1 的增加而单调

递增. 当 τ_1 取较大的值时 ($\tau_1 = 3.3$ 和 $\tau_1 = 6.7$), 曲线 $\langle \dot{\varphi} \rangle$ 在 $\ln D_1 = 2.7$ 和 $\ln D_1 = 3.3$ 处分别存在一个极大值, 即系统出现随机共振现象. 由图 2.3.3(b) 可见, 对于固定的 $J = 1.3, J_c = 1.0$, 当 τ_1 取较大的值时 ($\tau_1 = 3.3$ 和 $\tau_1 = 6.7$), 曲线 $\langle \dot{\varphi} \rangle$ 先出现一个极小值并随着加性噪声强度 $\ln D_1$ 的增大出现一个极大值, 说明当 $J > J_c$ 时系统同时存在抑制共振和随机共振现象, 这与图 2.3.3(a) 在 $J < J_c$ 条件下描述的现象不同. 当 $\tau_1 < 3.3$ 时, 系统中抑制现象消失, 仅存在随机共振. 因此, 加性噪声的相关时间 τ_1 对系统的动力学行为有重要影响. 图 2.3.4 展示了系统的平均输出电压 $\langle \dot{\varphi} \rangle$ 在不同的加性噪声幅值 A_1 下随加性噪声相关时间 τ_1

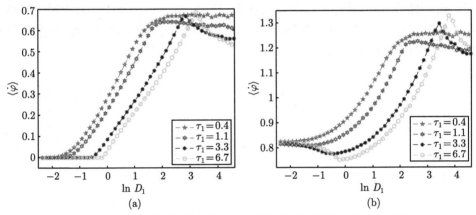

图 2.3.3 系统的平均输出电压 $\langle \dot{\varphi} \rangle$ 随加性噪声的强度的变化曲线

(a) $J = 0.7, J_c = 1.0$; (b) $J = 1.3, J_c = 1.0$

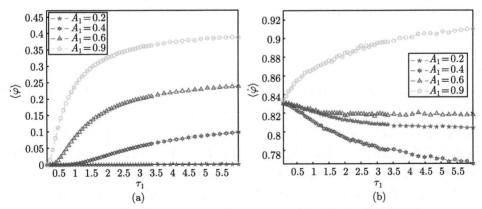

图 2.3.4 系统的平均输出电压 $\langle \dot{\varphi} \rangle$ 随加性噪声的相关时间的变化曲线

(a) $J = 0.7, J_c = 1.0$; (b) $J = 1.3, J_c = 1.0$

的变化曲线. 在图 2.3.4(a) 中, 取 $J = 0.7$, $J_c = 1.0$ 和 $A_1 = 0.2$ 时, $\langle \dot{\varphi} \rangle$ 的值很小并趋向于 0; 当 A_1 较大时, $\langle \dot{\varphi} \rangle$ 随 τ_1 和 A_1 的增加单调增加. 在图 2.3.4 (b) 中, 取 $J = 1.3$, $J_c = 1.0$, 当 $A_1 = 0.9$ 时, $\langle \dot{\varphi} \rangle$ 曲线随 τ_1 的增加而单调增加, 但对于 $A_1 \leqslant 0.6$ 的情况, $\langle \dot{\varphi} \rangle$ 曲线随着 τ_1 的增加而减小.

图 2.3.5 展示了在没有加性噪声的情况下 ($\alpha_1 = \beta_1 = A_1 = 0$), 乘性噪声对系统平均输出电压 $\langle \dot{\varphi} \rangle$ 的影响. 在图 2.3.5(a) 中, 取 $J = 0.7$, $J_c = 1.0$, $\langle \dot{\varphi} \rangle$ 曲线随乘性噪声相关时间 τ_2 和幅值 A_2 的增加而单调增加. 在图 2.3.5(b) 中, 取 $J = 1.3$, $J_c = 1.0$, 当乘性噪声幅值 A_2 较小时, $\langle \dot{\varphi} \rangle$ 曲线随着 τ_2 的增加而单调减小. 随着乘性噪声幅值增加到 $A_2 = 0.9$, $\langle \dot{\varphi} \rangle$ 曲线存在一个最大值, 同时随着乘性噪声相关时间 τ_2 的增大, $\langle \dot{\varphi} \rangle$ 值逐渐减小. 所以, 当 $J > J_c$ 和 A_2 较大时, 乘性噪声相关时间可以诱导系统产生随机共振现象. 换言之, 较大的乘性噪声幅值能够增强系统的平均输出电压.

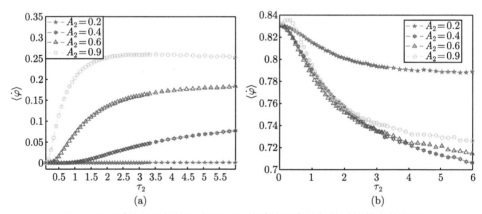

图 2.3.5   系统的平均输出电压 $\langle \dot{\varphi} \rangle$ 随乘性噪声的相关时间的变化曲线

(a) $J = 0.7$, $J_c = 1.0$; (b) $J = 1.3$, $J_c = 1.0$

图 2.3.6 讨论了加性和乘性三值噪声激励对系统产生的共同影响, 其中系统参数取 $J = 0.7$, $J_c = 1.0$. 图 2.3.6(a) 中展示了在不同乘性噪声强度下, $\langle \dot{\varphi} \rangle$ 随 $\ln D_1$ 的变化情况. 可以看出, 当加性噪声强度取最优值时, 曲线存在最大值, 这时系统出现了随机共振现象. 随着乘性噪声幅值 A_2 的增加, $\langle \dot{\varphi} \rangle$ 曲线出现两个共振峰, 这是随机多共振现象的特征. 图 2.3.6(b) 中给出了在不同加性噪声幅值 A_1 的情况下系统平均输出 $\langle \dot{\varphi} \rangle$ 随乘性噪声强度 $\ln D_2$ 的变化关系. 在加性噪声幅值 A_1 较小的情况下, 曲线随着 $\ln D_2$ 的增加单调增加或减小. 当 A_1 取较大值时 ($A_1 = 3.0$), $\langle \dot{\varphi} \rangle$ 曲线在最优的乘性噪声强度处出现峰值, 此时系统发生了随机共振现象, 因此较大的加性噪声幅值可以增强系统输出.

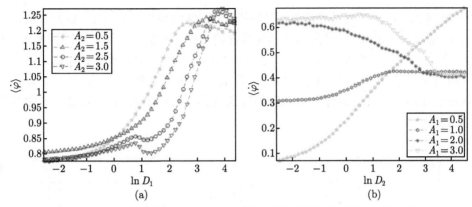

图 2.3.6 系统的平均输出电压 $\langle\dot\varphi\rangle$ 随加性和乘性噪声强度的变化曲线

$J = 0.7, J_c = 1.0, \tau_1 = \tau_2 = 1.1$: (a) 不同的乘性噪声幅值情况下; (b) 不同的加性噪声幅值情况下

2.3.3 系统的平均首次穿越时间

作为刻画噪声增强稳定性和共振激活现象的重要指标量, 平均首次穿越时间 (Mean First-passage Time, MFPT) 定义为系统粒子从一个稳定状态逃逸到另一个稳定状态的首次使用时间的平均值. 在数值模拟中, 参数取为 $J = 0.7, J_c = 1.0$, 系统从初始稳定状态 x_1 开始出发, 一直进行到第一次到达或穿越稳定状态 x_2 为止, 然后重复此过程 10^4 次. 因此, 首次穿越时间可以表示为

$$f(x_1 \to x_2) = \inf\{t > 0 | x(0) = x_1, x(t) > x_2\}. \tag{2.3.23}$$

对式 (2.3.23) 取平均值可得到平均首次穿越时间

$$T = \langle f(s_1 \to s_2)\rangle. \tag{2.3.24}$$

根据式 (2.3.24), 图 2.3.7 研究了不同乘性噪声幅值 A_2 和加性噪声幅值 A_1 下, 平均首次穿越时间 $\ln T$ 随乘性噪声各态转迁率 α_2 的变化情况. 从图 2.3.7(a) 可见, 随着乘性三值噪声转迁率 α_2 的增加, $\ln T$ 曲线先减小到最小值接着增大, 表明系统出现了激活共振现象. 该现象产生的原因可以解释为随着乘性噪声各态转迁率 α_2 的增加, 乘性三值噪声强度增加, 从而使得系统势垒高度减小并最终达到极限, 进而使得系统的平均首次穿越时间减小. 因此, 随着 α_2 的增加, $\ln T$ 的值先减小, 接着存在一个 α_2 的临界值, 在该处 $\ln T$ 取得最小值, 此时系统具有足够的能量来穿越势垒并能快速在势阱之间穿越. 对于较大的乘性噪声幅值 $A_2 = 3$, $\ln T$ 随着 α_2 的增加而单调减小, 这时激活共振现象消失. 图 2.3.7(b) 研究了系统在加性三值噪声作用时, 加性噪声幅值 A_1 对平均首次穿越时间 $\ln T$ 的影响. 当 A_1 取较小值时 ($A_1 = 0.1$ 或 $A_1 = 0.4$), $\ln T$ 曲线随着 α_2 的增加出现一个极小

值, 此时系统存在激活共振现象. 但是随着 A_1 继续增加 $(A_1 = 1)$, $\ln T$ 曲线随着 α_2 的增加单调递减, 此时激活共振现象逐渐消失, 如图 2.3.7 (b) 的子图所示. 因此, 较大的加性三值噪声或乘性三值噪声幅值可以触发更不稳定的阱间运动并对激活共振现象存在消极影响. 此外, $\ln T$ 曲线随加性噪声幅值 A_1 的增加而减小, 意味着较强的加性三值噪声对状态的转换具有较大的影响, 但相对独立于乘性噪声的转迁率.

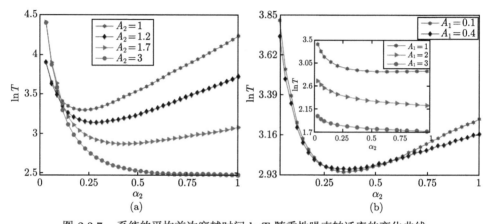

图 2.3.7　系统的平均首次穿越时间 $\ln T$ 随乘性噪声转迁率的变化曲线

(a) 不同的乘性噪声幅值情况下 $(A_1 = \alpha_1 = 0)$; (b) 不同的加性噪声幅值情况下 $(\alpha_1 = 0.1, A_2 = 1.5)$

在不同乘性噪声幅值 A_2 和加性噪声转迁率 α_1 的情况下, 图 2.3.8 讨论了加性三值噪声强度 D_1 对系统平均首次穿越时间 $\ln T$ 的影响. 从图 2.3.8 (a) 中可见, 在无乘性三值噪声或乘性三值噪声幅值 A_2 较小时 $(A_2 \leqslant 0.9)$, $\ln T$ 曲线随着 D_1 的增加而单调减小. 但是, 对于较大的乘性三值噪声幅值 $(A_2 \geqslant 1.7)$, $\ln T$ 曲线随着 $D_1(D_1 \geqslant 2.2)$ 的增加存在极大值, 这是典型的噪声增强稳定性现象. 因此, 在适当的乘性噪声辅助下, 存在最优的加性噪声强度可以增强系统的稳定性. 随着乘性噪声幅值 A_2 继续增加, $\ln T$ 的峰值也会变大且最大值处对应的加性噪声强度也会有所变化, 这表明对于固定的加性噪声强度, 乘性噪声对系统的稳定性增强有积极作用. 此外, 当乘性噪声幅值足够大之后 $(A_2 > 3)$, 其对系统 $\ln T$ 的极小值的影响明显, 但是对极大值的影响不再明显. 这种现象的一个合理解释是, 当乘性噪声强度变得更大的时候, 在穿越势垒的过程中三值加性噪声的作用会明显降低. 通过对比图 2.3.7(a) 和图 2.3.8(a), 乘性三值噪声对系统出现激活共振现象和噪声提高稳定性现象起着重要的作用. 图 2.3.8(b) 讨论了加性三值噪声转迁率 α_1 对平均首次穿越时间 $\ln T$ 的影响. 由图可见, 随着加性噪声转迁率 α_1 的增加, $\ln T$ 曲线的峰值减小, 并且峰值的位置向 D_1 减小的方向移动. 因此, 增加加性三值噪声转迁率 α_1, 可以缩短阱间的过渡时间, 并导致噪声增强稳定性现象减弱. 有趣的是, 较大的加性噪声转迁率对应于噪声增强稳定性下较小的加性噪声强度. 在图 2.3.8 中还发现, 当 D_1 较小时, $\ln T$ 曲线存在一个局部极小值, 该现象在文献 [34-35] 中也报道过. 可以理解为, 对于很小的 D_1, 系统粒子困于其中一个势阱中, 随着噪声强度 D_1 增加, 粒子从势阱中逃逸. 这样的话, 当 D_1 约等于势垒高度时, $\ln T$ 曲线出现一个极小值. 当 D_1 大于该临界值时, $\ln T$ 开始逐渐增大.

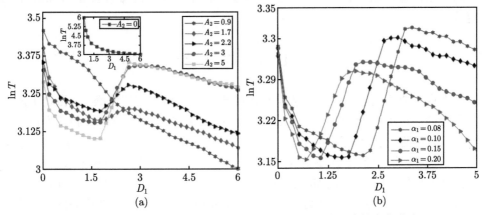

图 2.3.8　系统的平均首次穿越时间 $\ln T$ 随加性噪声强度的变化曲线

(a) 不同的乘性噪声幅值情况下 ($\alpha_1 = \alpha_2 = 0.1$); (b) 不同的加性噪声转迁率情况下 ($\alpha_2 = 0.1, A_2 = 3.0$)

图 2.3.9 展示了在不同加性噪声幅值 A_1 下, 平均首次穿越时间 $\ln T$ 随乘性噪

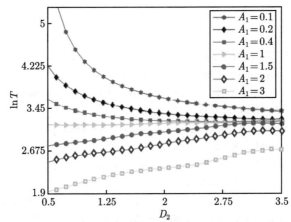

图 2.3.9　不同的加性噪声幅值下系统的平均首次穿越时间 $\ln T$ 随 D_2 的变化曲线

($\alpha_1 = \alpha_2 = 0.1$)

声强度 D_2 变化的情况. 可以看到, 在加性噪声幅值较弱时 $(A_1 \leqslant 0.4)$, $\ln T$ 随着 D_2 的增大而单调减小, 这表明增加乘性噪声强度导致了系统噪声诱导稳定性的减弱. 相反地, 当加性噪声幅值较强时 $(A_1 \geqslant 1.5)$, 随着 D_2 的增加, $\ln T$ 单调增加, 意味着系统噪声诱导稳定性也随之增强. 特别是, 对于中等的加性噪声幅值 $(A_1 = 1)$, $\ln T$ 曲线随着乘性噪声强度的改变几乎没有变化, 说明适度的加性噪声可以抑制乘性噪声在逃逸过程中的作用, 并决定系统的状态转换. 此外, 乘性三值噪声对系统在穿越势垒中的作用跟加性三值噪声有着密切的关系. 通过选择适当的乘性三值噪声强度和加性三值噪声强度可以提高约瑟夫森结系统 (2.3.5) 的稳定性.

2.4　本 章 小 结

本章主要研究了色噪声 (包括 OU 噪声、二值噪声和三值噪声) 激励下周期势系统的随机动力学特性. 一方面, 由于周期势结构形状的特殊性和色噪声统计特性的复杂性, 系统中噪声诱导动力学的研究存在非常大的困难. 另一方面, 周期势函数和色噪声的结合使系统出现了一些有趣的非线性随机动力学现象, 比如, 激活共振现象、噪声提高稳定性、随机分岔、随机共振等. 利用随机能量法、主方程方法和蒙特卡罗数值方法讨论了色噪声对系统的稳态响应、随机共振和平均首次穿越时间的影响. 特别是, 率先推导出加性和乘性三值噪声激励下约瑟夫森结系统稳态响应的解析表达式, 揭示了不同类型加性噪声激励和乘性噪声激励对系统噪声诱导共振现象的影响. 本章的结论对研究非高斯白噪声激励下周期势系统的动力学具有一定的指导作用.

参 考 文 献

[1] Sakaguchi H. A Langevin simulation for the Feynman ratchet model[J]. Journal of the Physical Society of Japan, 1998, 67(3): 709-712.

[2] Hu G. Stochastic resonance in a periodic potential system under a constant force[J]. Physics Letters A, 1993, 174(3): 247-249.

[3] Fronzoni L, Mannella R. Stochastic resonance in periodic potentials[J]. Journal of Statistical Physics, 1993, 70(1-2): 501-512.

[4] Woon Kim Y, Sung W. Does stochastic resonance occur in periodic potentials?[J]. Physical Review E, 1998, 57(6): R6237.

[5] Kallunki J, Dubé M, Ala-Nissila T. Stochastic resonance and diffusion in periodic potentials[J]. Journal of Physics: Condensed Matter, 1999, 11(49): 9841-9849.

[6] Stocks N G, Stein N D, McClintock P V E. Stochastic resonance in monostable systems[J]. Journal of Physics A, 1993, 26(7): L385-L390.

[7] Berdichevsky V, Gitterman M. Stochastic resonance in linear systems subject to multi-plicative and additive noise[J]. Physical Review E, 1999, 60(2): 1494-1499.

[8] Jin Y F, Xu W, Xu M, et al. Stochastic resonance in linear system due to dichotomous noise modulated by bias signal[J]. Journal of Physics A, 2005, 38(17): 3733-3742.

[9] 靳艳飞, 胡海岩. 一类线性阻尼振子的随机共振研究 [J]. 物理学报, 2009, 58(5): 2895-2901.

[10] Liu K H, Jin Y F. Stochastic resonance in periodic potentials driven by colored noise[J]. Physica A, 2013, 392(21): 5283-5288.

[11] 马正木, 靳艳飞. 二值噪声激励下欠阻尼周期势系统的随机共振 [J]. 物理学报, 2015, 64(24): 240502.

[12] 马正木. 周期势系统中由二值噪声诱导的随机共振研究 [D]. 北京理工大学硕士学位论文, 2015.

[13] Sekimoto K. Langevin equation and thermodynamics[J]. Progress of Theoretical Physics Supplement, 1998, 130: 17-27.

[14] Sekimoto K. Stochastic Energetics[M]. Heidelberg: Springer, 2010.

[15] 林敏, 张美丽, 黄咏梅. 双稳系统的随机能量共振和作功效率 [J]. 物理学报, 2011, 60(8): 080509.

[16] Saikia S, Jayannavar A M, Mahato M C. Stochastic resonance in periodic potentials[J]. Physical Review E, 2011, 83(6): 061121.

[17] Alfonsi L, Gammaitoni L, Santucci S, et al. Intrawell stochastic resonance versus inter-well stochastic resonance in underdamped bistable systems[J]. Physical Review E, 2000, 62(1):299-302.

[18] Fuliński A. Relaxation, noise-induced transitions, and stochastic resonance driven by non-Markovian dichotomic noise[J]. Physical Review E, 1995, 52(4): 4523-4526.

[19] Rozenfeld R, Neiman A, Schimansky-Geier L. Stochastic resonance enhanced by di-chotomic noise in a bistable system[J]. Physical Review E, 2000, 62: R3031-R3034.

[20] Xu Y, Wu J, Zhang H Q, et al. Stochastic resonance phenomenon in an underdamped bistable system driven by weak asymmetric dichotomous noise[J]. Nonlinear Dynamics, 2012, 70(1): 531-539.

[21] 康艳梅, 徐健学, 谢勇. 弱噪声极限下二维布朗运动的随机共振现象 [J]. 物理学报, 2005, 52(4): 802-808.

[22] Mankin R, Ainsaar A, Haljas A, et al. Trichotomous-noise-induced catastrophic shifts in symbiotic ecosystems[J]. Physical Review E, 2002, 65: 051108.

[23] Sancho J M. External dichotomous noise: the problem of the mean-first-passage time[J]. Physical Review A, 1985, 31(5): 3523-3525.

[24] Soika E, Mankin R, Priimets J. Response of a generalized Langevin system to a mul-tiplicative trichotomous noise[J]. Recent Advances in Fluid Mechanics, Heat & Mass Transfer and Biology, 2011: 87-93.

[25] Zhong S C, Wei K, Gao S L, et al. Trichotomous noise induced resonance behavior for a fractional oscillator with random mass[J]. Journal of Statistical Physics, 2015, 159(1): 195-209.

[26] Jin Y F, Niu S Y. Stability of a Beddington-DeAngelis type predator-prey model with tri-chotomous noises[J]. International Journal of Modern Physics B, 2016, 30(17): 1650102.

[27] 牛嗣永, 靳艳飞. 一类随机 Harrison 型捕食与被捕食系统的稳定性分析 [J]. 动力学与控制学报, 2016, 14(3): 276-282.

[28] Viterbi A J. Principles of Coherent Communications[M]. New York: McGrawHill Book Co., 1966.

[29] Shapiro B Y, Gitterman M, Dayan I, et al. Shapiro steps in the fluxon motion in superconductors[J]. Physical Review B, 1992, 46(13): 8416.

[30] Chen B X, Dong J M. Thermally assisted vortex diffusion in layered hight T_c supercon-ductors[J]. Physical Review B, 1991, 44(18): 10206.

[31] 姚希贤. 关于电阻分路约瑟夫森结的解析解 [J]. 物理学报, 1978, 27: 559-568.

[32] Berdichevsky V, Gitterman M. Josephson junction with noise[J]. Physical Review E, 1997, 56(6): 6340-6354.

[33] Weiss G H, Gitterman M. Motion in a periodic potential driven by rectangular pulses[J]. Journal of Statistical Physics, 1993, 70(1/2): 93-105.

[34] Fiasconaro A, Spagnolo B, Boccaletti S. Signatures of noise enhanced stability in metast-able states[J]. Physical Review E, 2005, 72(6): 061110.

[35] Valenti D, Magazzù L, Caldara P, et al. Stabilization of quantum metastable states by dissipation[J]. Physical Review B, 2015, 91(23): 235412.

第 3 章 乘性和加性噪声激励下周期势系统的噪声诱导共振

在随机动力系统的研究中, 一个弱的噪声不仅对原有的确定性方程结果产生微小的改变, 而且能对系统的演化起到决定性作用并且诱导许多新现象. 噪声根据其来源大体可分为内噪声和外噪声两种. 当假设乘性和加性噪声具有不同的噪声源时, 它们之间是相互独立的, 即乘性和加性噪声是不相关的. 人们发现在某些情况下, 乘性和加性噪声可能来自于同一个噪声源, 它们之间具有某种形式的互关联. 噪声之间的互关联通常具有两种形式: 一种是白关联; 另一种是色关联. 噪声之间的互关联性被引入随机动力系统的研究中 [1-11], 比如 Jia 等 [1-2] 首次发现乘性和加性噪声之间的互关联性能够诱导双稳系统的非平衡相变和重返回现象, 并证明了互关联性的存在使双稳系统的信噪比依赖于其初始条件. Madureira 等 [3] 发现乘性和加性噪声之间的白关联性对双稳态系统的激活率产生了一个巨大的抑制作用. 王俊等 [4-5] 分别研究了关联乘性和加性噪声激励下对称双稳系统和锯齿双稳系统的平均首次穿越时间和随机共振, 研究结果表明噪声之间的互关联性能够导致平均首次穿越时间对称性的破裂. 罗晓琴等 [6-7] 研究了关联色噪声激励下双稳系统和光学系统的随机共振. Li 等 [8-9] 讨论了乘性和加性噪声之间的互关联性对非线性系统的非平衡相变和输运的影响. Jin 等 [10-11] 分别研究了色关联乘性和加性噪声激励下, 双稳系统的平均首次穿越时间和单模激光模型的弛豫时间, 发现增加噪声之间的互关联强度可以使平均首次穿越时间增加, 且当噪声之间的互关联时间非零时, 在阈值以上噪声之间的互关联强度加速了光强涨落的衰减. 同时, 当互关联强度为正时, 互关联时间的增加抑制了激光光强的涨落; 当互关联强度为负时, 互关联时间的增加增强了激光光强的涨落.

上述研究大多是针对经典双稳系统开展的, 通过第 2 章的介绍, 我们知道周期势系统是一类应用十分广泛的系统, 很多工程实际问题建模后都是周期势系统, 因此研究乘性和加性噪声激励下周期势系统的随机动力学特性, 发展相应的理论方法和数值算法, 揭示系统存在的相干共振和随机共振现象等都是非线性随机动力学研究中值得关注的热点问题. 本章主要考虑了白关联、色关联乘性和加性噪声作用下周期势系统的噪声诱导共振行为 [12-15], 讨论不同类型的噪声及噪声之间的互关联性对周期势系统相干共振和随机共振的影响.

3.1　白关联噪声激励下欠阻尼周期势系统的相干共振和随机共振

考虑一维情形下简谐激励和随机噪声共同作用的周期势系统, 其运动微分方程的无量纲形式为

$$\ddot{x} + \gamma\dot{x} = -V'(x) + F(t) + \cos x \cdot \xi(t) + \eta(t), \tag{3.1.1}$$

式中, γ 是阻尼系数; $V(x) = -\sin x - bx$ 是周期势函数, b 是偏置系数; $F(t) = F_0\cos(\omega_0 t)$, F_0 和 ω_0 分别为外简谐激励的振幅和频率; $\xi(t)$ 和 $\eta(t)$ 是具有零均值的关联高斯白噪声, 其统计性质满足如下条件:

$$\begin{aligned}
&\langle\xi(t)\rangle = \langle\eta(t)\rangle = 0, \\
&\langle\xi(t)\xi(t')\rangle = 2Q\delta(t-t'), \\
&\langle\eta(t)\eta(t')\rangle = 2D\delta(t-t'), \\
&\langle\xi(t)\eta(t')\rangle = \langle\xi(t')\eta(t)\rangle = 2\lambda\sqrt{DQ}\delta(t-t'),
\end{aligned} \tag{3.1.2}$$

这里乘性和加性噪声强度分别为 Q 和 D, $\lambda(|\lambda|\leqslant 1)$ 是噪声之间的互关联系数.

令 $y(t) = \mathrm{d}x(t)/\mathrm{d}t$, 方程 (3.1.1) 可写为以下 Itô 方程:

$$\begin{cases}
\mathrm{d}x = y\mathrm{d}t, \\
\mathrm{d}y = (-\gamma y - A_1(x) - F_0\cos(\omega_0 t))\mathrm{d}t + [2A_2(x)]^{\frac{1}{2}}\mathrm{d}B(t),
\end{cases} \tag{3.1.3}$$

式中, $A_1(x) = -\cos x - b + Q\sin x\cos x + \lambda\sqrt{DQ}\sin x$; $A_2(x) = Q\cos^2 x + 2\lambda\sqrt{DQ}\cos x + D$; $B(t)$ 是标准 Wiener 过程.

方程 (3.1.1) 对应的 FPK 方程为

$$\frac{\partial p}{\partial t} = -\frac{\partial}{\partial x}(yp) - \frac{\partial}{\partial y}[(-\gamma y - A_1 - F_0\cos\omega_0 t)p] + \frac{\partial^2}{\partial y^2}(A_2 p), \tag{3.1.4}$$

其中转移概率密度 $p = p(x, y, t|x_0, y_0, t_0)$.

3.1.1　系统概率密度函数的演化

方程 (3.1.4) 为时间依赖的 Fokker-Planck-Kolmogorov (FPK) 方程, 无法求得其解析解. 为了观察由方程 (3.1.4) 确定的概率密度函数的演化过程, 我们将系统参数选为 $b = 0.2$, $D = 0.1$, $Q = 0.2$, $\lambda = 0.1$, $\omega_0 = \pi/4$, 对方程 (3.1.3) 进行

蒙特卡罗数值模拟. 在计算过程中, 在区域 $\{(x, y) : (-2\pi, 2\pi) \times (-2\pi, 2\pi)\}$ 选取 200×200 个初始点, 每个初始点计算 500 个样本. 为了揭示简谐力和系统参数对系统输出统计特性和概率密度演化的影响, 计算了系统平均稳态联合概率密度函数和在一个周期内的瞬态联合概率密度函数.

图 3.1.1 和图 3.1.2 分别给出了方程 (3.1.4) 在不同阻尼系数下, 简谐力振幅 F_0 对系统的平均稳态联合概率密度函数的影响. 在图 3.1.1 中, 令 $\gamma = 0.12$, 平均稳态联合概率密度函数在一个周期内具有两个非对称的峰值, 且随着 F_0 的增加, 在两个峰之间的转换频率更加频繁. 在图 3.1.2 中, 令 $\gamma = 0.6$, 平均稳态联合概率密度函数在一个周期内呈现出两个独立的单峰 (图 3.1.2(a)). 当 F_0 增大到 1.4 后, 由图 3.1.2(b) 可见平均稳态联合概率密度函数出现火山口形状的结构, 该现象与随机 P-分岔类似.

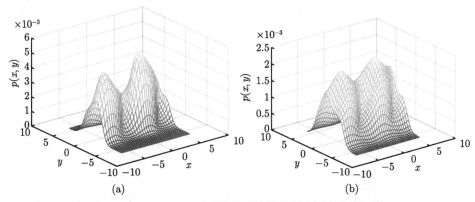

图 3.1.1 $\gamma = 0.12$ 时系统的平均稳态联合概率密度函数

(a) $F_0 = 0.4$; (b) $F_0 = 1.4$

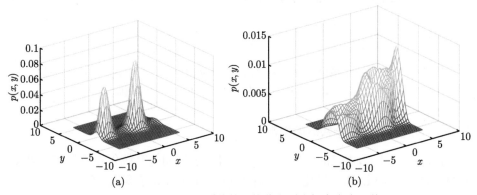

图 3.1.2 $\gamma = 0.6$ 时系统的平均稳态联合概率密度函数

(a) $F_0 = 0.4$; (b) $F_0 = 1.4$

固定参数 $\gamma = 0.6$, $F_0 = 1.4$, 图 3.1.3 展示了系统的瞬态联合概率密度函数在一个周期内的演化过程, 给出了在一个周期内的不同时刻, 系统瞬态联合概率密度函数在 (x, y) 平面内的投影, 反映了联合概率密度函数的演化过程. 由投影图可见, 概率密度函数峰的位置之间相互连接, 随着时间的增加, 概率密度函数峰的位置和个数逐步演化.

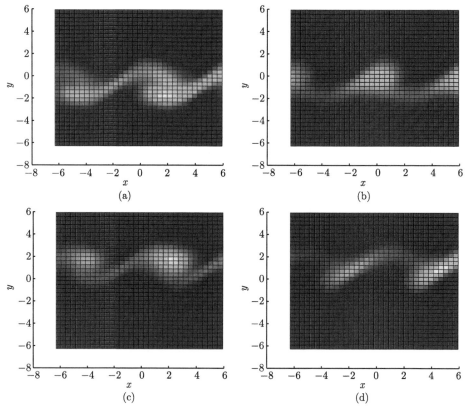

图 3.1.3　一个周期内不同时刻瞬态联合概率密度函数在 (x, y) 平面的投影

(a) 初始时刻; (b) 1/4 周期; (c) 1/2 周期; (d) 3/4 周期

3.1.2　噪声强度对相干共振的影响

若方程 (3.1.1) 中 $F_0 = 0$, 此时我们研究了周期势系统仅在乘性和加性噪声激励下的相干共振. 为了简化计算, 对式 (3.1.2) 进行如下变换. 令

$$\zeta(t) = \eta(t) - \lambda \sqrt{\frac{D}{Q}} \xi(t), \tag{3.1.5}$$

利用式 (3.1.5) 将式 (3.1.1) 变换为

$$\ddot{x} + \gamma\dot{x} = -V'(x) + \left(\cos x + \lambda\sqrt{\frac{D}{Q}}\right)\cdot\xi(t) + \zeta(t), \qquad (3.1.6)$$

下面将证明 $\xi(t)$ 和 $\zeta(t)$ 是不相关的高斯白噪声, 且 $\zeta(t)$ 是强度为 $D(1-\lambda^2)$ 的高斯白噪声:

$$\langle\xi(t)\zeta(t')\rangle = \left\langle\xi(t)\left[\eta(t') - \lambda\sqrt{D/Q}\xi(t')\right]\right\rangle$$

$$= \langle\xi(t)\eta(t')\rangle - \lambda\sqrt{D/Q}\,\langle\xi(t)\xi(t')\rangle$$

$$= 2\lambda\sqrt{DQ}\delta(t-t') - \lambda\sqrt{D/Q}\cdot 2Q\delta(t-t') = 0,$$

$$\langle\zeta(t)\zeta(t')\rangle = \left\langle\left[\eta(t) - \lambda\sqrt{D/Q}\xi(t)\right]\left[\eta(t') - \lambda\sqrt{D/Q}\xi(t')\right]\right\rangle$$

$$= \langle\eta(t)\eta(t')\rangle - 2\lambda\sqrt{D/Q}\cdot\langle\eta(t)\xi(t')\rangle + \lambda^2 D/Q\,\langle\xi(t)\xi(t')\rangle$$

$$= 2D\delta(t-t') - 4\lambda^2 D\delta(t-t') + 2\lambda^2 D\delta(t-t')$$

$$= 2D(1-\lambda^2)\delta(t-t').$$

这样, 方程 (3.1.6) 就转化成了互不相关的乘性和加性白噪声激励下的周期势系统, 采用 Heun 方法对式 (3.1.6) 进行数值计算, 所选参数分别为 $b = 0.2$, $\gamma = 0.12$, $\lambda = 0$, $\Delta t = 0.1$. 选取的初值是 $x_0 \in [-\pi : \pi/50 : \pi], \dot{x}_0 = 0$, 对每一个不同初值条件下的系统轨线进行平均即可. 系统的相干共振现象可通过数值计算 $\{\sin x(t)\}$ 的功率谱密度 (Power Spectrum Density, PSD) 和品质因子来衡量. 在本小节中, 令参数 $b = 0.2$, $\gamma = 0.12$, $\lambda = 0$, 采用 Hu 等定义的品质因子的表达式 (1.1.11) 来刻画相干共振. 图 3.1.4 展示了功率谱密度作为频率的函数随不同加性噪声强度 D 和乘性噪声强度 Q 的变化曲线. 显然, 功率谱密度曲线中存在两个峰, 一个峰处于频率非常小的地方, 另一个峰则对应较大的频率. 第一个峰是由于稳定焦点之间的转换导致系统的非周期性而产生的 [16], 且峰的高度随着 Q 或 D 的增加均呈现下降的变化趋势. 因此, 在图 3.1.5 中, 将第二个峰的值代入品质因子 β 的表达式 (1.1.11) 中, 经计算可发现 β 随着乘性噪声强度 Q 的增加出现共振峰, 意味着相干共振的发生.

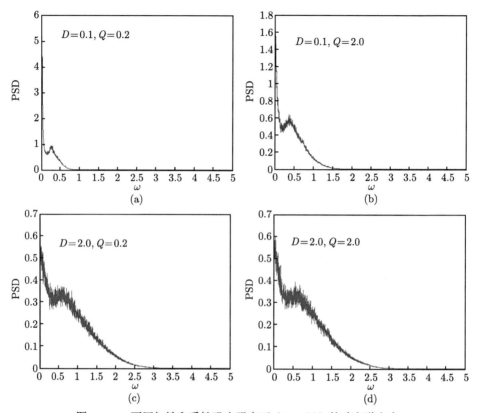

图 3.1.4　不同加性和乘性噪声强度下 $\{\sin x(t)\}$ 的功率谱密度

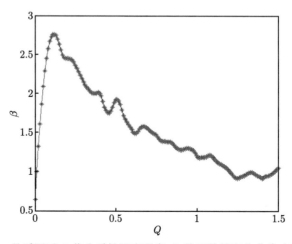

图 3.1.5　品质因子 β 作为乘性噪声强度 Q 的函数的变化曲线 ($D = 0.1$)

3.1.3 噪声强度和相关系数对随机共振的影响

当方程 (3.1.1) 中 $F_0 \neq 0$ 时, 我们研究在乘性和加性噪声及外简谐力共同激励下周期势系统的随机共振, 即

$$\ddot{x} + \gamma \dot{x} = -V'(x) + \left(\cos x + \lambda \sqrt{\frac{D}{Q}} \right) \xi(t) + \zeta(t) + F(t), \qquad (3.1.7)$$

其中 $F(t)$, $\xi(t)$ 和 $\zeta(t)$ 如式 (3.1.1) 和 (3.1.5) 中的定义.

对式 (3.1.7) 仍采用 Heun 方法进行数值计算, 所选参数分别为 $b = 0$, $\gamma = 0.12$, $\Delta t = 0.1$. 因为存在外加的简谐力 $F(t)$, 所以如果系统在噪声的作用下会产生随机共振, 那么系统 (3.1.7) 的平均输出信号应该和输入信号的频率相等, 因此平均输出信号的功率谱密度在频率 $\omega = 1/T_0 = \omega_0/2\pi = 0.125$ 处一定有一个峰值, 而且在产生随机共振时对应的最优噪声强度下, $\omega = 0.125$ 附近的功率谱密度一定也是最大的, 故可以把 $\omega = \omega_0$ 处的功率谱密度值作为随机共振的一个标准.

另外, 按照线性响应理论, 系统平均输出响应的幅值和相位差也可以作为随机共振的判断标准. 根据线性响应理论, 平均输出响应可以写为

$$\langle x(t) \rangle = A \cos(\omega_0 t + \phi), \qquad (3.1.8)$$

对于输出响应的幅值, 既可以根据式 (3.1.7) 进行数值计算得到, 又可以根据式 (3.1.8) 计算, 其中幅值 A 和相位差 ϕ 可以由式 (1.1.10) 确定.

首先, 仅考虑在加性噪声强度 $D = 0.002$ 和关联系数 $\lambda = 0.9$ 都固定不变的情况下, 乘性噪声强度 Q 对系统 (3.1.7) 随机共振的影响. 图 3.1.6 给出了乘性噪声强度 Q 对平均输出响应 $x(t)$ 的功率谱密度的影响. 当 $Q = 0.03$ 时, 功率谱密度在 $\omega = 0.125$ 时的峰值是最高的, 由此可以初步判断在该组参数设定下, 随机共振发生, 并且在 $Q = 0.03$ 时达到最大.

为了进一步确认随机共振是否发生, 我们还对式 (3.1.8) 中的 A 和 ϕ 进行了计算, 并绘制了它们和 Q 的关系曲线, 如图 3.1.7 所示. 可以看到当 $Q \leqslant 0.03$ 时, 如果增大 Q, A 整体也是增大的; 当 $Q = 0.03$ 时, A 达到了一个最大值. 随着 Q 继续增大, A 开始下降, 这说明能量从噪声向信号的转移开始变少. 当 Q 继续增大 ($Q \geqslant 0.15$) 时, 发现 A 开始小于输入信号的幅值, 说明此时的噪声不再增强系统的有序程度, 而是开始增大系统的无序程度. 此外, 我们还研究了相位差 ϕ 与乘性噪声强度 Q 的关系. 在图 3.1.7(b) 中, ϕ 曲线随着 Q 的增大出现一个最大值. 因此, A 和 ϕ 随 Q 的变化趋势说明系统确实存在随机共振.

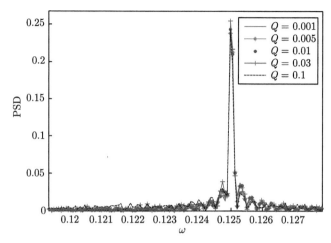

图 3.1.6　系统输出响应的功率谱密度作为频率 ω 的函数随不同乘性噪声强度变化的曲线

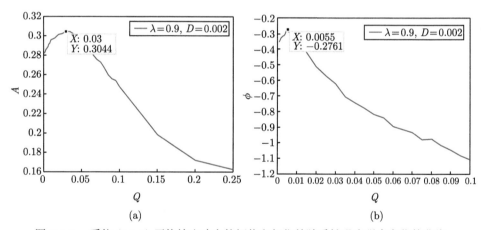

图 3.1.7　系统 (3.1.7) 平均输出响应的幅值和相位差随乘性噪声强度变化的曲线

　　下面讨论加性和乘性噪声之间的关联系数 λ 对系统 (3.1.7) 的随机共振的影响. 在图 3.1.8 中, 固定 $Q = 0.1$, $D = 0.002$, 给出了 $\lambda = \pm 0.8$ 时系统 (3.1.7) 的时间历程图. 在图 3.1.8 中, 可以看出随着时间的增长, 平均输出响应有着多次的反转 (即上升或是下降), 而当 λ 互为相反数时, 系统的平均输出响应走势基本是相反的, 但是它们每次上升或者下降的幅度基本一致, 而且在相同的时间段内, 它们的幅值基本也是一样的, 故 λ 的正负对 A 的影响不大.

　　固定 $D = 0.002$, 图 3.1.9 展示了系统 (3.1.7) 的平均输出响应的幅值和相位差受 $\pm \lambda$ 的影响. 在图 3.1.9(a) 中, 曲线 A 在 $\lambda = \pm 0.8$ 时整体的变化趋势是一致的, 由此可见只要关联系数的绝对值一样, 那么 A 的大小基本是不变的, 与图

3.1.8 得到的结论一致. 图 3.1.9(b) 绘制了 $\lambda = \pm 0.9$ 时, ϕ 随乘性噪声强度 Q 变化的曲线. 从图中可以观察到, $\lambda = \pm 0.9$ 所对应的曲线 ϕ 几乎完全重合在了一起, 峰值处所对应的 Q 也是相同的. 这就说明了关联系数的正负对 ϕ 的影响很小. 另外, $\lambda = 0.9$ 所对应的平均输出响应相位差和平均速度相位差的变化规律是一样的, 只是拉开了一个距离, 这个距离正好等于 $\pi/2$, 而且正好是符合线性响应理论的. 图 3.1.9 中 A 和 ϕ 随 Q 的变化说明系统存在最优的乘性噪声强度, 在该处系统出现随机共振现象.

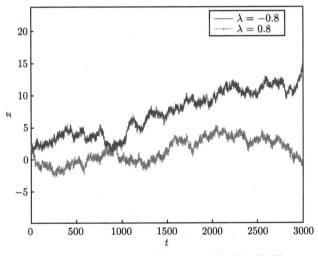

图 3.1.8 $\lambda = \pm 0.8$ 时系统 (3.1.7) 的时间历程图

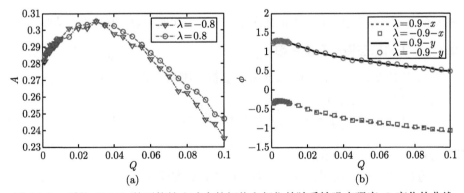

图 3.1.9 系统 (3.1.7) 的平均输出响应的幅值和相位差随乘性噪声强度 Q 变化的曲线

(a) $\lambda = \pm 0.8$; (b) $\lambda = \pm 0.9$

3.2　加性白噪声与乘性二值噪声激励下过阻尼周期势系统的相干共振和随机共振

考虑过阻尼情形下简谐激励和随机力 (加性白噪声与乘性二值噪声) 共同作用的周期势系统, 其运动微分方程的无量纲形式为

$$\frac{\mathrm{d}x}{\mathrm{d}t} = -\frac{\partial V(x)}{\partial x} + \xi(t)\cos x + \eta(t) + F(t), \tag{3.2.1}$$

其中, 势函数 $V(x) = -a\sin x + a$, a 是常数; $F(t)$ 同式 (3.1.1) 中的定义; $\xi(t)$ 和 $\eta(t)$ 分别是具有零均值的二值噪声和高斯白噪声, 其统计性质满足如下条件:

$$\begin{aligned}
&\langle \xi(t)\rangle = \langle \eta(t)\rangle = 0, \\
&\langle \xi(t)\xi(t')\rangle = \sigma\exp(-\lambda|t-t'|), \\
&\langle \eta(t)\eta(t')\rangle = 2D\delta(t-t'), \\
&\langle \xi(t)\eta(t')\rangle = \langle \xi(t')\eta(t)\rangle = 0,
\end{aligned} \tag{3.2.2}$$

其中, σ 和 λ 分别是乘性噪声的强度和自相关系数; D 是加性噪声强度.

假设二值噪声 $\xi(t)$ 取两个固定值 $\xi(t) \in \{M_1, -M_2\}$, $\xi(t)$ 由 M_1 跃迁到 $-M_2$ 的概率为 p_1, $-M_2$ 跃迁到 M_1 的概率为 p_2. 其满足二值噪声的性质 (1.3.13)~ 性质 (1.3.15), 故可得到以下关系式:

$$\sigma = M_1 M_2, \quad \lambda = p_1 + p_2, \quad \Delta = M_1 - M_2, \tag{3.2.3}$$

其中, Δ 表示二值噪声 $\xi(t)$ 的非对称性, 当 $\Delta = 0$ 时, $\xi(t)$ 为对称二值噪声.

3.2.1　系统的稳态概率密度函数

若方程 (3.2.1) 中 $F_0 = 0$, 其对应的随机刘维尔方程可写为

$$\frac{\partial \rho(x,t)}{\partial t} = -\frac{\partial}{\partial x}\left\{[(a+\xi(t))\cos x + \eta(t)]\rho\right\}, \tag{3.2.4}$$

其中, $\rho(x,t) = \delta(x - x(t))$.

对方程 (3.2.4) 两边取平均, 则对应的 FPK 方程为

$$\frac{\partial P(x,t)}{\partial t} = -\frac{\partial}{\partial x}\left[a\cos x\cdot P(x,t) + \langle\xi(t)\rho\rangle\cdot\cos x + \langle\eta(t)\rho\rangle\right] = -\frac{\partial W(x,t)}{\partial x}, \tag{3.2.5}$$

其中, 概率密度函数 $P(x,t) = \langle \rho(x,t) \rangle$, $W(x,t)$ 是概率流函数.

由于方程 (3.2.5) 中包含 $\langle \xi(t)\rho \rangle$ 和 $\langle \eta(t)\rho \rangle$, 首先必须确定 $\langle \xi(t)\rho \rangle$ 和 $\langle \eta(t)\rho \rangle$ 满足的微分方程. 在方程 (3.2.4) 两边分别乘以 $\xi(t)$ 和 $\eta(t)$, 并利用 Shapiro-Loginov 公式 [17] 可得

$$\frac{\partial \langle \xi\rho \rangle}{\partial t} = -\lambda \langle \xi\rho \rangle - \frac{\partial}{\partial x}[(a+\Delta)\cos x \cdot \langle \xi\rho \rangle$$
$$+ \sigma \cos x \cdot P(x,t) + \langle \xi\eta\rho \rangle], \tag{3.2.6}$$

$$\frac{\partial \langle \eta\rho \rangle}{\partial t} = -\langle \eta\rho \rangle - D\frac{\partial}{\partial x}P(x,t), \tag{3.2.7}$$

$$\frac{\partial \langle \xi\eta\rho \rangle}{\partial t} = -\langle \xi\eta\rho \rangle - D\frac{\partial}{\partial x}\langle \xi\rho \rangle. \tag{3.2.8}$$

令方程 (3.2.6)~ 方程 (3.2.8) 两边分别等于零, 可得系统稳态解满足的方程

$$\begin{cases} W = a\cos x \cdot Y_1 + \cos x \cdot Y_2 + Y_3, \\ \lambda Y_2 = -\dfrac{\mathrm{d}}{\mathrm{d}x}\left[(a+\Delta)\sin x \cdot Y_2 + \sigma \cos x \cdot Y_1 + Y_4\right], \\ Y_3 = -D\dfrac{\mathrm{d}Y_1}{\mathrm{d}x}, \\ Y_4 = -D\dfrac{\mathrm{d}Y_2}{\mathrm{d}x}. \end{cases} \tag{3.2.9}$$

式中, $Y_1 = P_{\mathrm{st}}(x)$; $Y_2 = \langle \xi\rho \rangle_{\mathrm{st}}$; $Y_3 = \langle \eta\rho \rangle_{\mathrm{st}}$; $Y_4 = \langle \xi\eta\rho \rangle_{\mathrm{st}}$. 这里需要指出的是, 在平稳状态下 W 为常数. 故可以将方程 (3.2.9) 化简为以下的一个关于 Y_1 的三阶线性微分方程

$$b_1\frac{\mathrm{d}^3Y_1}{\mathrm{d}x^3} + b_2\frac{\mathrm{d}^2Y_1}{\mathrm{d}x^2} + b_3\frac{\mathrm{d}Y_1}{\mathrm{d}x} + b_4Y_1 + b_5 = 0, \tag{3.2.10}$$

其中, $b_1 = D^2\cos^2 x$, $b_2 = -D\cos x[a\cos^2 x + (a+\Delta)\sin x\cos x - 2D\sin x]$,

$b_3 = -[\sigma\cos^4 x - a(a+\Delta)\sin x\cos^3 x + (\lambda+D)D\cos^2 x + D(a+\Delta)\cos x - 2D^2]$,

$b_4 = \cos^3 x[a(a+\Delta)\cos x + \sigma\sin x + \lambda a]$,

$b_5 = -W[(D+\lambda)\cos^2 x + (a+\Delta)\cos x - 2D]$.

虽然方程 (3.2.10) 属于线性非齐次微分方程, 但是其解 Y_1 的解析表达式非常复杂. 因此, 我们采用四阶龙格-库塔方法来求解方程 (3.2.10) 并分析稳态概率密度 $P_{\mathrm{st}}(x)$. 这里, 方程 (3.2.10) 中的常数 W 可以由周期性条件 $P(-\pi) = P(\pi)$ 和归一化条件 $\displaystyle\int_{-\pi}^{\pi} P(x)\mathrm{d}x = 1$ 来确定. 图 3.2.1 讨论了参数 a、乘性噪声的强度 σ

和自相关系数 λ 对稳态概率密度 $P_{\mathrm{st}}(x)$ 的影响. 由图 3.2.1(a) 可见, $P_{\mathrm{st}}(x)$ 的峰值随着 σ 的增加而减小, 且其结构由单峰变为双峰, 说明乘性噪声强度 σ 能诱导系统发生由单稳态到双稳态的相变. 或者也称为乘性噪声强度 σ 作为分岔参数, 系统发生了随机 P-分岔. 图 3.2.1(b) 和 (c) 中, 随着乘性噪声的自相关系数 λ 和参数 a 的增加, $P_{\mathrm{st}}(x)$ 的峰值位置由右向左移动, 但是其结构不发生变化, 仍然保持单峰结构. 因此, 在该组参数下, λ 和 a 不能诱导 $P_{\mathrm{st}}(x)$ 发生形状的改变.

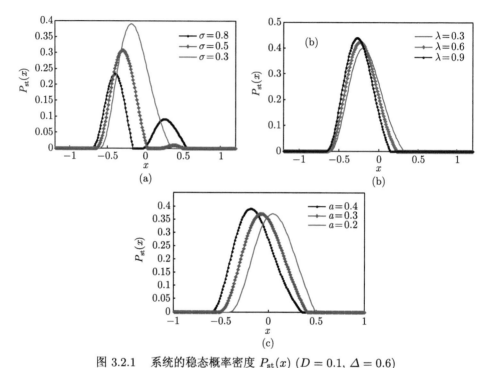

图 3.2.1　　系统的稳态概率密度 $P_{\mathrm{st}}(x)$ $(D = 0.1, \Delta = 0.6)$

(a) $\lambda = 0.2$, $a = 0.4$ 和不同的 σ; (b) $\sigma = 0.3$, $a = 0.4$ 和不同的 λ; (c) $\sigma = 0.3$, $\lambda = 0.2$ 和不同的 a

3.2.2　噪声对相干共振和随机共振的影响

在下面的分析中, 通过对方程 (3.2.10) 进行数值计算来研究相干共振和随机共振. 根据文献 [18] 提出的算法, 对朗之万方程 (3.2.10) 进行如下数值计算:

$$x(t + \Delta t) = x(t) + \frac{1}{2}\left[G_1 + G_2\right]\Delta t + \frac{1}{2}\left[\cos x + \cos \hat{x}\right] Z + W, \qquad (3.2.11)$$

式中, $\hat{x} = x(t) + G_1 \Delta t + \cos x \cdot Z + W$; $W = \sqrt{2D\Delta t}R_1$ (R_1 是均值为 0 和方差为 1 的高斯随机数); $G_1 = a \cos x + F_0 \cos \omega_0 t$; $G_2 = a \cos \hat{x} + F_0 \cos \omega_0 t$; Δt 为时间步长; Z 为服从二值噪声 $\xi(t)$ 的随机数, 如图 3.2.2 所示.

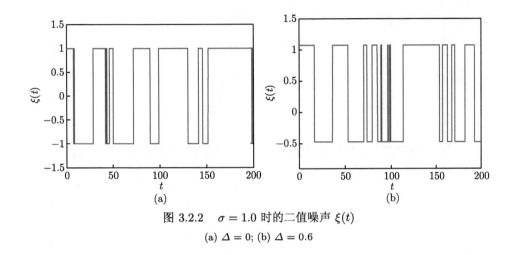

图 3.2.2 $\sigma = 1.0$ 时的二值噪声 $\xi(t)$

(a) $\Delta = 0$; (b) $\Delta = 0.6$

利用式 (3.2.11) 可得到系统的响应信号 $x(t)$, 然后基于 $x(t)$ 再计算衡量相干共振和随机共振的指标量, 如功率谱密度、品质因子、平均输入能量及系统平均响应的振幅和相位差. 讨论系统参数及噪声对相干共振和随机共振的影响.

1. 加性白噪声与乘性二值噪声对相干共振的影响

在方程 (3.2.11) 中令 $F_0 = 0$, 固定参数 $a = 0.4$, $\Delta = 0.6$, $\lambda = 0.2$, 按照 3.1.2 节中系统 $\{\sin x(t)\}$ 的功率谱密度和品质因子的计算方法得到图 3.2.3 中的结果. 图 3.2.3(a)~(c) 给出了 $D = 0.1$ 时系统的功率谱密度随乘性噪声强度 σ 的变化曲线. 由图 3.2.3(b) 可以观察到当 σ 取合适的噪声强度时, 功率谱密度曲线在有限的频率 ω 处存在一个单峰. 对于较大或较小的 σ 值, 功率谱密度曲线随着频率 ω 的变化单调递减, 如图 3.2.3(a) 和 (c) 所示. 图 3.2.3(d) 展示了系统品质因子 β 随加性噪声强度 D 的变化曲线. 容易发现存在一个最优的 D 使得在此处曲线上有一个明显的峰值, 说明此时系统运动呈现的规律性及相干共振发生. 从图 3.2.3 可见, 加性白噪声和乘性二值噪声对系统相干共振的产生起重要的作用.

2. 加性白噪声与乘性二值噪声对随机共振的影响

若方程 (3.2.11) 中 $F_0 \neq 0$, 固定参数 $a = 1$, $\lambda = 0.2$, $\Delta = 0$, $F = 0.2$, $\omega_0 = \pi/4$, 按照式 (3.2.11) 进行计算可得到系统的响应. 图 3.2.4 和图 3.2.5 讨论了加性和乘性噪声强度对系统时间历程和稳态概率密度的影响. 在图 3.2.4(a) 中固定 $D = 0.1$ 和 $\sigma = 0.1$, 此时系统停留在其中一个势阱中做阱内运动. 这是由于在弱简谐信号和弱噪声的作用下, 系统没有足够的能量越过势垒进行阱间运动, 相应的稳态概率密度具有单峰结构, 如图 3.2.4(c) 所示. 在图 3.2.4(b) 和 (d)

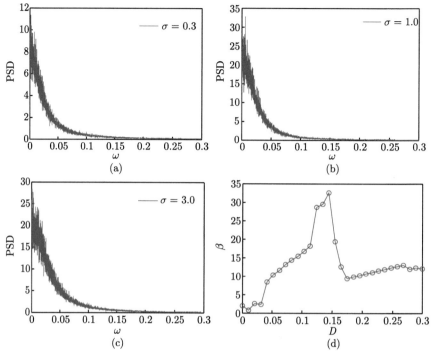

图 3.2.3　(a)~(c): $D = 0.1$ 时系统的功率谱密度随乘性噪声强度 σ 的变化曲线; (d) $\sigma = 1.5$ 时系统品质因子 β 随加性噪声强度 D 的变化曲线

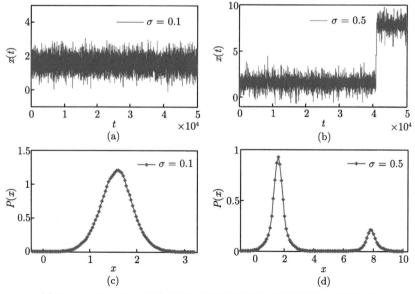

图 3.2.4　$D = 0.1$ 时系统的时间历程图和稳态概率密度函数曲线

中, 固定 $D = 0.1$ 和 $\sigma = 0.5$, 此时系统开始穿越势垒在两个势阱间做阱间运动, 相应的稳态概率密度具有双峰结构. 换言之, 乘性噪声强度能诱导系统稳态概率密度产生单峰到双峰的变化. 图 3.2.5 给出了 $D = 0.2$ 时系统随机响应随 σ 的变化曲线. 在图 3.2.5(a) 和 (c) 中, 令 $\sigma = 0.1$, 此时系统在两个势阱间做阱间跃迁运动, 相应的稳态概率密度具有双峰结构. 当 σ 增加到 $\sigma = 0.5$ 时, 系统在多个势阱间做阱间跃迁运动, 相应的稳态概率密度具有多峰结构, 如图 3.2.5(b) 和 (d) 所示. 即当噪声诱导的阱间跃迁运动和外简谐信号同步时, 系统 (3.2.1) 发生随机共振.

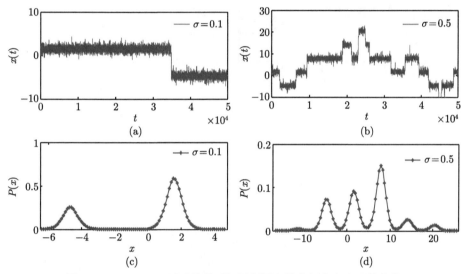

图 3.2.5　$D = 0.2$ 时系统的时间历程图和稳态概率密度函数曲线

　　为了进一步研究随机共振现象, 对系统平均输入能量和平均输出响应的振幅进行分析, 其定义和计算方法与 2.1 节中的相同. 在下面的计算中, 取 $N = 2500$, 初始条件为 $x_j = -\pi/2 + 2\pi j/200$, $j = 1, 2, \cdots, 200$. 图 3.2.6 给出了系统平均输入能量 $\langle \bar{W} \rangle$ 作为乘性二值噪声强度 σ 的函数随着加性噪声强度 D 变化的情况. 由图 3.2.6(a) 可以看到, 当 $D = 0.1$ 和 $D = 0.2$ 时, $\langle \bar{W} \rangle$ 随着 σ 的增大存在一个极大值, 出现随机共振现象. 特别地, 当 $D = 0.006$ 时, $\langle \bar{W} \rangle$ 随着 σ 的增大同时存在一个极大值和一个极小值, 并且在 σ 取非常大的值时再度达到最大值, 如图 3.2.6(b) 所示. 换言之, 当 σ 在一个较大的区间取值时, $\langle \bar{W} \rangle$ 曲线存在双峰结构, 此时系统有随机多共振现象发生, 该现象可以解释为阱内随机共振和阱间随机共振的结果 [19]. 图 3.2.6(c) 分析了仅在乘性二值噪声和外简谐激励下, 系统 (3.2.1) 的 $\langle \bar{W} \rangle$ 随着 σ 的变化情况, 其整体变化趋势类似于图 3.2.6(a) 中

$D = 0.006$ 的情况, 但是要达到第二个峰值需要更大的 σ 值. 在图 3.2.7 中展示了系统平均输出响应的振幅 A 作为 σ 的函数随不同 D 的变化曲线. 对于 $D = 0.1$ 和 $D = 0.2$, A 随着 σ 的增加出现单峰状结构, 且峰值和其位置随着 D 的增加向左移, 说明此时系统有随机共振现象, 该结果与图 3.2.6(a) 一致.

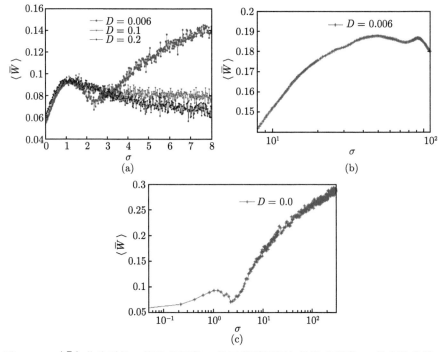

图 3.2.6 $\langle \bar{W} \rangle$ 作为乘性二值噪声强度 σ 的函数随不同加性噪声强度 D 的变化曲线

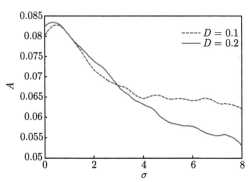

图 3.2.7   系统平均输出响应的振幅 A 作为乘性二值噪声强度 σ 的函数随不同加性噪声强度 D 的变化曲线

3.3　加性和乘性三值噪声激励下欠阻尼周期势系统的随机动力学

在方程 (3.1.1) 中, 将加性噪声 $\eta(t)$ 与乘性噪声 $\xi(t)$ 考虑为不相关的三值噪声, 其统计性质满足如下条件:

$$\langle \xi(t) \rangle = \langle \eta(t) \rangle = 0,$$

$$\langle \eta(t)\eta(t') \rangle = \frac{D_1}{2\tau_1} \cdot \exp\left(\frac{-|t-t'|}{\tau_1}\right),$$

$$\langle \xi(t)\xi(t') \rangle = \frac{D_2}{2\tau_2} \cdot \exp\left(\frac{-|t-t'|}{\tau_2}\right),$$

(3.3.1)

式中, τ_i 为噪声自相关时间; $D_i(i=1,2)$ 为噪声强度. 对于三值噪声 (3.3.1), 其满足式 (1.1.16) 的性质.

3.3.1　系统响应的演化特性

针对方程 (3.1.1) 和方程 (3.3.1), 本节主要研究系统的随机响应及其演化特性. 在图 3.3.1 和图 3.3.2 中, 固定噪声强度 $D_1 = 0.4$, $D_2 = 0.2$, $b = 0.2$, $\omega_0 = \pi/4$, $\alpha_1 = \alpha_2 = 10$. 通过数值计算方程 (3.1.1) 和方程 (3.3.1) 给出系统响应的时间历程图、稳态概率密度函数. 从图 3.3.1 来看, 当系统阻尼系数和外简谐力振幅均较小时, 系统响应在 $x = 1.5$ 附近振荡, 即系统仅在一个稳态势阱内运动, 其对应的稳态概率密度是单峰结构. 在图 3.3.2 中, 当 F_0 增大到 0.4 时, 可以看到系统开始在多个稳态之间跃迁, 其对应的稳态概率密度是多峰结构. 上述现象可以解释为, 对于固定的噪声强度, 通过增加外简谐激励的振幅能够诱导系统在多个势阱间的跃迁运动.

下面为了研究系统的联合概率密度函数的演化, 对方程 (3.1.1) 和方程 (3.3.1) 采用蒙特卡罗方法进行数值模拟, 令 $D_1 = 0.2$, $D_2 = 0.1$, 系统的其他参数选取如上. 取计算区域 $\{(x, \dot{x}) : (-2\pi, 2\pi) \times (-2\pi, 2\pi)\}$ 和 200×200 组初始值, 每个初始值计算 500 组样例, 计算系统平均稳态联合概率密度函数和瞬态联合概率密度函数. 图 3.3.3∼ 图 3.3.5 显示了平均稳态联合概率密度函数图像在外简谐力作用下的演变情况. 在图 3.3.3 中, 对于 $\gamma = 0.1$, 一个周期内的平均稳态联合概率密度具有三个不对称的峰. 随着 F_0 的增加, 峰之间的跃迁更加频繁, 三个峰变得更加扁平, 且由于 F_0 的增加, 系统有更大的概率运动到离稳定点更远的地方, 如

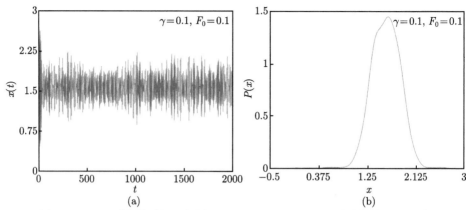

图 3.3.1　　(a) 系统的时间历程图 $(\gamma = 0.1, F_0 = 0.1)$; (b) 稳态概率密度函数
$(\gamma = 0.1, F_0 = 0.1)$

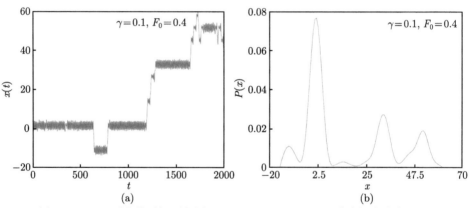

图 3.3.2　　(a) 系统的时间历程图 $(\gamma = 0.1, F_0 = 0.4)$; (b) 稳态概率密度函数
$(\gamma = 0.1, F_0 = 0.4)$

图 3.3.3(b) 所示. 图 3.3.4 中固定 $\gamma = 0.9$, 可以看出, 此时的平均稳态联合概率密度函数呈现三个独立的尖峰结构, 说明随着系统阻尼系数的增加, 势阱之间的跃迁运动变得困难, 符合物理直观. 对比图 3.3.3 和图 3.3.4, 可以发现阻尼系数和外简谐力振幅的变化可以引起联合概率密度函数的形态发生拓扑结构的变化, 这种现象类似于随机 P-分岔现象. 图 3.3.5 显示了在一个周期内的不同时刻, 系统瞬态联合概率密度函数在 (x, y) 平面内的投影, 反映了联合概率密度函数的演化过程. 可以清晰地看出, 概率密度函数峰的位置之间相互连接, 其界限比较模糊, 随着时间的增加, 概率密度函数峰的位置逐步演化成三个相互独立的 "吸引子", 显示了瞬态概率密度函数在一个周期内的演化过程.

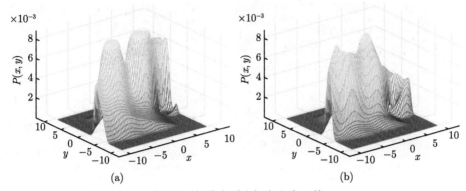

图 3.3.3 系统的平均稳态联合概率密度函数 ($\gamma = 0.1$)

(a) 外简谐激励的振幅 ($F_0 = 0.1$); (b) 外简谐激励的振幅 ($F_0 = 1.5$)

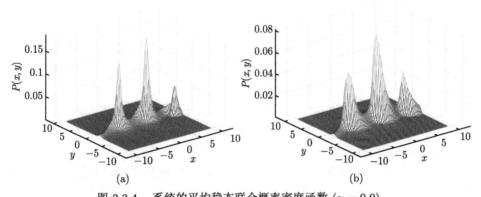

图 3.3.4 系统的平均稳态联合概率密度函数 ($\gamma = 0.9$)

(a) 外简谐激励的振幅 ($F_0 = 0.1$); (b) 外简谐激励的振幅 ($F_0 = 1.5$)

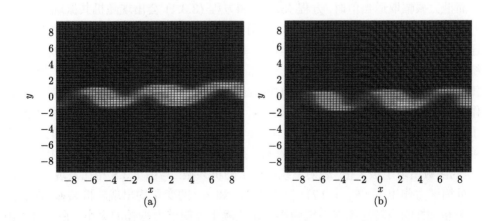

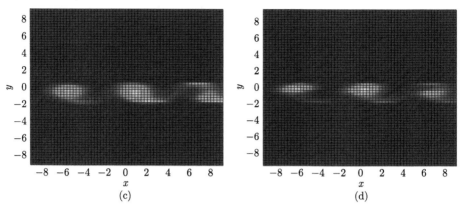

图 3.3.5　一个周期内不同时刻瞬态联合概率密度函数在 (x, y) 平面的投影

$(\gamma = 0.6, F_0 = 1.4)$

(a) 初始时刻; (b) 1/4 周期; (c) 1/2 周期; (d) 3/4 周期

3.3.2　系统的随机共振

利用第 2 章中提到的随机能量法, 在方程 (3.1.1) 和方程 (3.3.1) 中, 取 $\gamma = 0.3$, $\omega_0 = \pi/4$, $N = 2000$, 将不同初始位置下所有的外简谐激励对应的输入能量 (2.1.7) 进行平均, 得到系统的平均输入能量 $\langle \bar{W} \rangle$. 图 3.3.6～ 图 3.3.10 分别讨论了加性噪声强度、加性噪声转迁率和乘性噪声转迁率对 $\langle \bar{W} \rangle$ 的影响. 图 3.3.6 和图 3.3.7 描述了系统分别在加性噪声激励、加性和乘性噪声共同激励下, $\langle \bar{W} \rangle$ 随加性三值噪声强度 D_1 的变化规律. 在图 3.3.6 中, 当 F_0 分别取 0.1, 0.2, 0.3 时, $\langle \bar{W} \rangle$ 随 D_1 的增加呈现非单调变化, 有共振峰出现, 即出现随机共振. 随着 F_0 的进一步增加, $\langle \bar{W} \rangle$ 随 D_1 的增加出现单调递减变化, 此时随机共振消失. 类似地, 在图 3.3.7 中固定 $F_0 = 0.3$, 系统在乘性和加性噪声共同作用下, $\langle \bar{W} \rangle$ 随 D_1 的增加出现共振峰, 但是 $\langle \bar{W} \rangle$ 和最优的 D_1 的值较图 3.3.6 变小. 总之, 当噪声强度和外简谐力振幅取适当值时, 方程 (3.1.1) 和方程 (3.3.1) 会出现随机共振现象.

图 3.3.8 和图 3.3.9 分别给出了不同简谐力振幅下, $\langle \bar{W} \rangle$ 随加性和乘性噪声转迁率变化的曲线. 在图 3.3.8 中, 当 $F_0 = 0.3$ 时, 外简谐力对系统的做功较小, 系统不能克服势垒只能做阱内运动, 当 F_0 分别取 0.4 和 0.5 时曲线出现了极小值, $\langle \bar{W} \rangle$ 随着加性噪声转迁率 α_1 的增加先减小再增加, 表明 α_1 对系统有抑制共振的作用. 当 $F_0 = 0.7$ 时曲线出现了极大值, $\langle \bar{W} \rangle$ 随 α_1 先增大再减小, 此时系统出现了随机共振. 在图 3.3.9 中, 当 $F_0 = 0.1$ 时, $\langle \bar{W} \rangle$ 随乘性噪声转迁率 α_2 的增加而单调递减, 但幅度非常小, 未发现随机共振. 当 F_0 分别取 0.6 和 0.7 时, $\langle \bar{W} \rangle$ 作为 α_2 的函数出现了极大值, 表明系统出现了随机共振. 与图 3.3.8 相比发现, 在同样的外简谐力作用下 $(F_0 = 0.7)$, $\langle \bar{W} \rangle$ 随 α_1 和 α_2 的变化均出现随机共振, 即加性噪声和乘性噪声转迁率对系统的影响是依赖于外简谐力振幅的大小. 在图 3.3.10

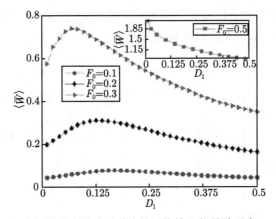

图 3.3.6 仅在加性噪声激励下系统的平均输入能量随强度 D_1 的变化

$\alpha_1 = 0.5, A_2 = \alpha_2 = 0.0$

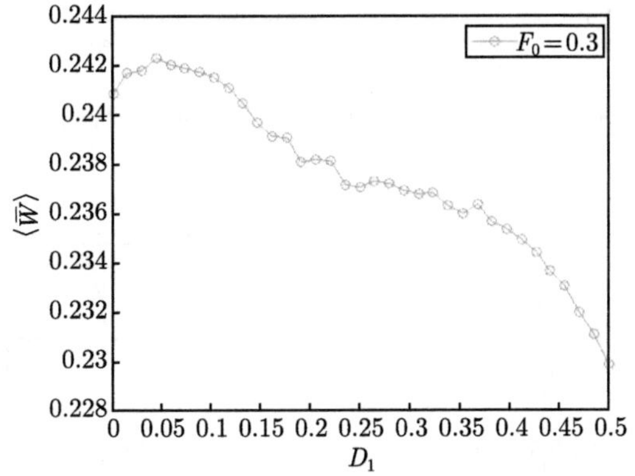

图 3.3.7 在加性和乘性噪声共同激励下系统的平均输入能量随强度 D_1 的变化

$\alpha_1 = \alpha_2 = 0.5, A_2 = 2.5$

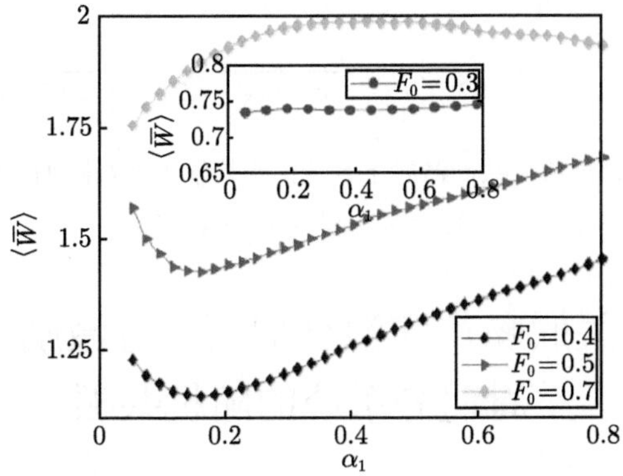

图 3.3.8 仅在加性噪声激励下系统的平均输入能量随加性噪声转迁率 α_1 的变化

$A_1 = 0.3, A_2 = \alpha_2 = 0.0$

中, 同时考虑了加性和乘性噪声的影响, 发现 $\langle \overline{W} \rangle$ 作为 α_1 的函数呈现单调变化趋势, 在此情形下, 系统无随机共振现象出现.

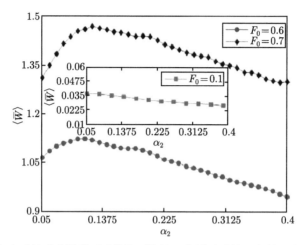

图 3.3.9　仅在乘性噪声激励下系统的平均输入能量随乘性噪声转迁率 α_2 的变化

$A_2 = 3.0, A_1 = \alpha_1 = 0.0$

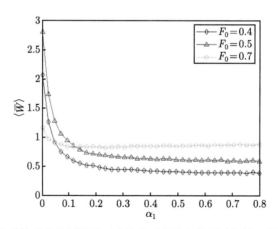

图 3.3.10　在加性和乘性噪声共同激励下系统的平均输入能量随加性噪声转迁率 α_1 的变化

$A_1 = 3.0, \alpha_2 = 0.5, A_2 = 2.5$

3.4　色关联噪声和混合周期信号激励下欠阻尼周期势系统的随机共振

在方程 (3.1.1) 中, 考虑混频信号和色关联噪声的共同作用, 此时 $F(t) = F_1 \cos(\omega_1 t) + F_2 \cos(\omega_2 t)$, F_i 和 ω_i ($i = 1, 2$) 分别为外加周期信号的振幅和频

率, $\xi(t)$ 和 $\eta(t)$ 是具有零均值的色关联噪声, 其统计性质满足如下条件:

$$\langle \xi(t) \rangle = \langle \eta(t) \rangle = 0,$$

$$\langle \xi(t)\xi(t') \rangle = \frac{Q_1}{\tau_1} \exp\left(-\frac{|t-t'|}{\tau_1}\right),$$

$$\langle \eta(t)\eta(t') \rangle = \frac{Q_2}{\tau_2} \exp\left(-\frac{|t-t'|}{\tau_2}\right), \tag{3.4.1}$$

$$\langle \xi(t)\eta(t') \rangle = \langle \xi(t')\eta(t) \rangle = \frac{\lambda\sqrt{Q_1 Q_2}}{\tau_3} \exp\left(-\frac{|t-t'|}{\tau_3}\right),$$

其中乘性、加性噪声强度和自相关时间分别为 Q_i 和 $\tau_i(i=1,2)$, λ ($|\lambda| \leqslant 1$) 是噪声之间的互关联系数, τ_3 为互关联系数.

3.4.1 加性与乘性噪声强度对随机共振的影响

在这一节中, 令 $\lambda = 0.8$, $\tau_1 = \tau_2 = \tau_3 = \tau = 5$, $F_1 = 0.2$, $F_2 = 0.25$, $\omega_1 = \pi/4$, $\omega_2 = \pi/2$, 研究平均输入能量随乘性噪声强度 Q_1 和加性噪声强度 Q_2 变化的情况. 本节主要讨论平均输入能量、输出信号振幅及相对输入信号相位差随 Q_1 和 Q_2 的变化关系, 并比较相同条件下, 相同取值的 Q_1 和 Q_2 对系统响应及随机共振的影响, 如图 3.4.1 和图 3.4.2 所示.

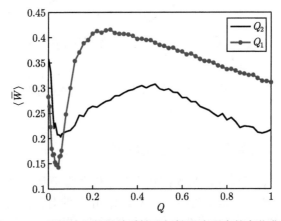

图 3.4.1   平均输入能量随乘性及加性噪声强度的变化曲线

在图 3.4.1 中, 平均输入能量随 Q_2 (直线表示) 的变化曲线与平均输入能量随 Q_1 的变化曲线 (带点直线表示) 趋势类似, 均出现了先低谷再高峰的典型随机共振现象. 在 Q_2 取值较小时, 曲线首先在 $Q_2 = 0.06$ 附近取得一个最小值, 此时平均输入能量最小, 说明此时外加周期信号对系统做功也最小; 而随着 Q_2 的增大, 变化曲线首先在 $Q_2 = 0.48$ 附近取得一个峰值, 此时外加周期信号对系统做功最多; 而随着 Q_2 的继续增大, 平均输入能量逐渐减小, 外加周期信号对系统做的功也逐渐减小. 同时, 对比平均输入能量随 Q_1 及 Q_2 的变化曲线可以发现: 同等条件下, 相对于 Q_1 对平均输入能量的影响, Q_2 的影响较小. 平均输入能量随 Q_1 的变化无论是减小还是增大趋势都更为明显, 当噪声强度较小时, 两条曲线取得最小值所对应的噪声强度相差不大, 但随 Q_1 的变化, 曲线中平均输入能量取得的最小值更小; 随着噪声强度的增大, 随 Q_1 的变化曲线在 $Q_1 = 0.28$ 处更快速地取得峰值, 而随 Q_2 的变化曲线在 $Q_2 = 0.48$ 处才取得峰值, 而且平均输入能量随 Q_1 的变化曲线取得的峰值更大. 所以, 乘性噪声对随机共振的影响大于加性噪声. 从图 3.4.2 中可以看出, 输出响应的振幅和相位差随噪声强度的变化曲线再次验证了随机共振的产生. 而且, 经过对比输出振幅随 Q_2 的变化曲线 (直线表示) 和随 Q_1 的变化曲线 (点线表示), 发现乘性噪声强度对输出振幅的影响更为显著, 即乘性噪声强度对系统的影响更大, 与前面的分析一致.

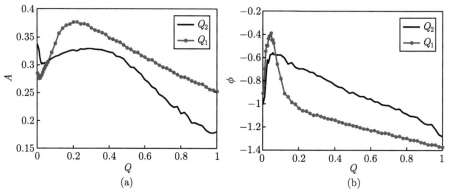

图 3.4.2　平均输出响应随乘性及加性噪声强度的变化曲线

(a) 振幅; (b) 相位差

3.4.2　噪声的互关联系数对随机共振的影响

这一部分采用随机能量法来观察加性和乘性色噪声互关联系数对随机共振的影响. 互关联系数的取值范围为 $-1 \leqslant \lambda \leqslant 1$, 由 λ 的对称性, 只需要讨论 λ 由 0 变化到 1 对平均输入能量随噪声强度变化的影响. 首先, 固定了系统参数与加性噪声强度, 数值模拟出了 λ 对平均输入能量随乘性噪声强度 Q_1 的变化曲线的影响, 如图 3.4.3(a) 所示. 在图 3.4.3 (a) 中可以观察到, 在 λ 从 0 增大到 1 的过程中, 当 λ 较小时 $(\lambda = 0.2)$, 平均输入能量曲线最开始没有先减小的过程, 而随着 λ 的增大, 能量曲线会出现先减小后增加的现象, 整体来说当 λ 增大时, 平均输入能量随 Q_1 的变化曲线基本上相同, 平均输入能量取得峰值所对应的 Q_1 略微增大,曲线整体稍微向上移动, 说明平均输入能量随 Q_1 的变化过程中, λ 对随机共振的影响很小. 然后, 固定乘性噪声强度, 数值讨论了 λ 对平均输入能量随加性噪声强度 Q_2 的变化曲线的影响, 如图 3.4.3(b) 所示. 在图 3.4.3(b) 中可以观察到, 在 λ 从 0 增大到 1 的过程中, 当 λ 较小时 ($\lambda = 0.2$), 平均输入能量随 Q_2 的变化曲线的变化同样很小, 只是变化曲线略微上移, 随机共振的区域稍微增大. 随着 λ 逐渐增大, 变化曲线的变化趋势也越来越明显, λ 由 0.6 增大到 0.8 的过程中, 平均输入能量取得的最小值先减小然后再回升到原先值的位置, 峰值同样如此, 而随机共振区域则一直在显著增大, 共振峰的位置右移. 比较图 3.4.3(a) 和 (b), 发现 λ 对系统平均输入能量随 Q_2 的变化曲线的影响较大, 说明平均输入能量随 Q_2 的变化过程中, λ 对随机共振的影响明显, 不同于图 3.4.3(a) 中的结论.

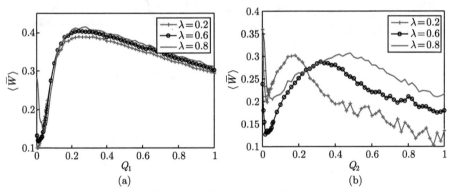

图 3.4.3 不同 λ 下平均能量随噪声强度的变化曲线

(a) 乘性噪声强度 Q_1; (b) 加性噪声强度 Q_2

3.4.3 混频周期信号对随机共振的影响

由于方程 (3.4.1) 中考虑了两个具有不同振幅和频率的混合周期信号, 故在这一节讨论平均输入能量随乘性噪声强度的变化过程中, 混合周期信号的振幅和频率对随机共振的影响. 在图 3.4.4 和图 3.4.5 中, 两个周期信号取相同的频率 $\omega_1 = \omega_2 = \pi/4$, 其他参数不变, 依然令 $\lambda = 0.8$, $\tau = 5$, $Q_2 = 0.05$. 由于此时两个周期信号的频率相同, 所以可以看成系统只受到一个振幅为 $F = F_1 + F_2$, 频率为 $\omega = \pi/4$ 的单周期信号作用. 图 3.4.4 展示了乘性噪声强度较小时, 系统输出响应随混合周期信号的振幅变化的响应特性. 即当 $Q_1 = 0.001$ 时, F 从 0.2 增大到 0.4 时系统响应的时间历程图和稳态概率密度. 从图 3.4.4(a) 中可以看出, 随着混合周期信号振幅的增大, 系统平均输出信号的幅值并没有随着一直增大, 在 $F = 0.3$ 时响应振幅达到最大. 系统响应呈周期性的振荡, 故稳态概率密度也同样反映了这一规律, 呈现双峰结构. 同时, 我们数值分析了混合周期信号振幅 F 从 0.2 逐渐增大到 0.24 的过程中, 平均输入能量随乘性噪声强度的变化曲线, 如图 3.4.5 所示. 从图 3.4.5 中可以看到, 随着 F 的逐渐增大, 平均输入能量曲线整体上移, 且曲线取得峰值所对应的噪声强度 Q_1 逐渐减小, 共振区域也逐渐减小, 共振峰值左移, 直到 F 取 0.24 时, 能量曲线上的最小值消失, 即只存在共振峰.

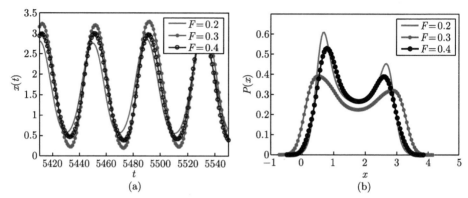

图 3.4.4　不同 F 下系统响应的时间历程图和稳态概率密度

(a) 时间历程; (b) 稳态概率密度

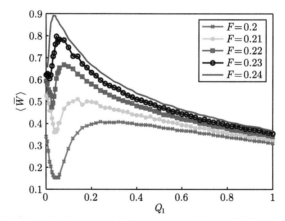

图 3.4.5　不同 F 下平均输入能量随乘性噪声强度 Q_1 的变化曲线

在图 3.4.6 和图 3.4.7 中, 讨论了混合周期信号频率对系统随机共振的影响, 此时取相同的振幅 $F_1 = F_2 = 0.2$, 其他参数不变, 令 $\omega_1 = \pi/4$, ω_2 逐渐由 $\omega_2 = 2\omega_1$ 增大到 $\omega_2 = 8\omega_1$, 即 ω_2 由 $\pi/2$ 增大到 2π. 图 3.4.6 中给出了 $Q_1 = 0.001$ 时, ω_2 从 $\pi/2$ 增大到 2π 时系统的时间历程图和稳态概率密度. 从图中可以看出, 当混合周期信号其中的一个信号的频率变化时, 系统平均输出信号的幅值和稳态概率密度也随之相应变化. 图 3.4.6(a) 说明当 $\omega_2 = 2\omega_1$ 时, 系统输出信号的幅值最大; 当 $\omega_2 = 4\omega_1$ 时, 系统输出信号的幅值最小; 时间历程图出现周期性振荡变化; 图 3.4.6(b)

中的稳态概率密度呈现双峰结构, 其峰值和位置与图 3.4.6(a) 反映的规律一致. 在图 3.4.7 中, 绘制了 ω_2 取不同值时平均输入能量随乘性噪声强度的变化曲线. 可以看出当 ω_2 取 $\pi/2$、π、$3\pi/2$、2π 时, 其变化曲线基本上重合在一起, 与前面平均输出信号和稳态概率密度变化完全一致, 即在混合周期信号激励的周期势系统中, 控制一个周期信号的频率不变, 另外一个周期信号的频率变化对系统随机共振的影响不大.

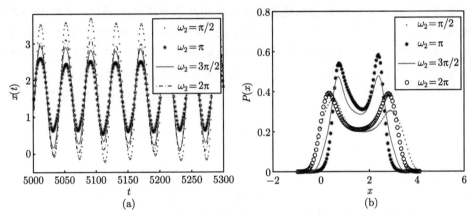

图 3.4.6　混合周期信号频率不同时系统的时间历程图和稳态概率密度

(a) 时间历程; (b) 稳态概率密度

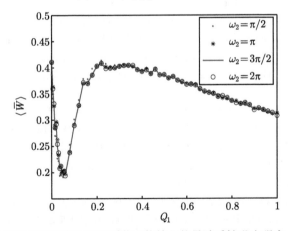

图 3.4.7　混合周期信号频率不同时系统平均输入能量随乘性噪声强度 Q_1 的变化曲线

3.5　本章小结

在系统建立数学模型的过程中, 根据考虑随机力的不同, 通常可分为加性噪声 (也称为随机外激) 和乘性噪声 (也称为随机参激), 且在一定情形下两者之间还可能具有相关性. 由于随机参激下系统 (即使是线性系统) 本质上是非线性的, 故加性噪声和乘性噪声对系统随机动力学的影响是不同的. 因此, 本章主要研究了加性和乘性噪声 (包括高斯白噪声、OU 噪声、二值噪声和三值噪声) 共同激励下周期势系统的随机动力学行为. 针对加性白噪声与乘性二值噪声激励下的过阻尼周期势系统, 利用 FPK 方程求出其稳态概率密度的解析式, 而对于加性和乘性噪声激励下的欠阻尼二阶周期势系统, 其理论求解较为困难, 主要利用随机能量法和蒙特卡罗数值方法计算出系统的稳态和瞬态联合概率密度函数、系统的功率谱密度、品质因子和平均输入能量, 讨论了加性噪声强度、乘性噪声强度、噪声之间的相关系数、噪声相关时间等对系统的随机响应、相干共振和随机共振的影响. 特别是, 对比了周期势系统在仅受加性噪声激励、仅受乘性噪声激励、同时受加性和乘性噪声激励的情形, 分析了不同情形下噪声对系统随机动力学的影响.

参 考 文 献

[1] Jia Y, Li J R. Reentrance phenomena in a bistable kinetic model driven by correlated noise[J]. Physical Review Letters, 1997, 78(6): 994-997.

[2] Jia Y, Yu S N, Li J R. Stochastic resonance in a bistable system subject to multiplicative and additive noise[J]. Physical Review E, 2000, 62(2): 1869-1878.

[3] Madureira A J R, Hänggi P, Wio H S. Giant suppression of the activation rate in the presence of correlated white noise sources[J]. Physics Letters A, 1996, 217(415): 248-252.

[4] Wang J, Cao L, Wu D J. Effect on the mean first passage time in symmetrical bistable systems by cross-correlation between noises[J]. Physics Letters A, 2003, 308(1): 23-30.

[5] Wang J, Cao L, Wu D J. Stochastic resonance in a bistable sawtooth potential driven by correlated multiplicative and additive noise[J]. Chinese Physics Letters, 2002, 19(10): 1416-1419.

[6] Luo X Q, Zhu S Q. Stochastic resonance driven by two different kinds of colored noise in a bistable system[J]. Physical Review E, 2003, 67: 021104-021116.

[7] 罗晓琴, 朱士群. 非线性系统中的关联色噪声 [J]. 物理学报, 2002, 51：977-981.

[8] Li J H, Huang Z Q. Nonequilibrium phase transition in the case of correlated noises[J]. Physical Review E, 1996, 53(4): 3315-3318.

[9] Li J H, Huang Z Q. Transport of particles caused by correlation between additive and multiplicative noise[J]. Physical Review E, 1998, 57: 3917-3922.

[10] Jin Y F, Xu W. Mean first-passage time of a bistable kinetic model driven by two different kinds of coloured noises[J]. Chaos, Solitons & Fractals, 2005, 23(1): 275-280.

[11] Jin Y F, Xu W, Xie W X, Xu M. The relaxation time of a single-mode dye laser system driven by cross-correlated additive and multiplicative noises [J]. Physica A, 2005, 354: 143-152.

[12] Jin Y F, Ma Z M, Xiao S M. Coherence and stochastic resonance in a periodic potential driven by multiplicative dichotomous and additive white noise[J]. Chaos, Solitons &

Fractals, 2017, 103: 470-475.

[13] Jin Y F, Xie W X, Liu K H. Noise-induced resonances in a periodic potential driven by correlated noises[J]. Procedia IUTAM, 2017, 22: 267-274.

[14] 刘开贺, 靳艳飞, 马正木. 相关乘性和加性高斯白噪声激励下周期势系统的随机共振 [J]. 动力学与控制学报, 2016, 14(1): 59-63.

[15] 靳艳飞, 王贺强. 加性和乘性三值噪声激励下周期势系统的动力学分析 [J]. 力学学报, 2021, 53(3): 865-873.

[16] Zhang X J. Stochastic resonance in second-order autonomous systems subjected only to white noise[J]. Journal of Physics A, 2001, 34(49): 10859-10868.

[17] Shapiro V E, Loginov V M. "Formulae of differentiation" and their use for solving stochastic equations[J]. Physica A, 1978, 91(3/4): 563-574.

[18] Doering C R, Sargsyan K V, Smereka P. A numerical method for some stochastic differential equations with multiplicative noise[J]. Physics Letters A, 2005, 344: 149-155.

[19] Alfonsi L, Gammaitoni L, Santucci S, Bulsara A R. Intrawell stochastic resonance versus interwell stochastic resonance in underdamped bistable systems[J]. Physical Review E, 2000, 62(1): 299-302.

第 4 章   时滞三稳态系统的随机动力学特性

时滞普遍存在于自然科学和工程实际中 [1-5], 如自动控制中的数字控制器、滤波器、人机交互环节、通信和信息领域的网络控制系统、高层建筑主动拉锁、可控的振动冲击系统、非线性切削系统、生物神经系统等都存在明显的时滞. 由于时滞动力系统需用时滞微分方程 (DDE) 来描述, 其解空间是无限维的, 这大大增加了时滞动力学系统研究的难度. 因此, 为了避免求解时滞动力系统, 在过去的实际建模和分析中, 人们很自然地忽略小时滞, 将时滞动力系统约简为普通动力系统, 然而简单地忽略时滞来研究系统的动力学行为往往会导致错误结论. 为了提高系统动力学控制的精度和反映客观实际, 必须考虑时滞因素对系统的影响. 同时, 大量的动力系统都与随机涨落环境或噪声密切相关, 从而在数学模型中采用随机时滞微分方程 (SDDE) 来描述时滞与噪声对系统的共同影响. 由于随机时滞微分方程具有非马尔可夫特征, 其稳态解难以直接求解, 故时滞随机动力系统的理论研究成为非线性动力学的重要课题, 国内外学者对该课题展开了探索并得到了一些极为重要的结果 [6-13], 但这些成果基本上都是针对经典的双稳系统或单稳系统进行的, 而对于含时滞的随机多稳态系统的理论分析结果还非常有限.

这一章主要研究了不同类型乘性和加性噪声激励下时滞三稳态系统的动力学行为 [14-16]. 针对过阻尼时滞三稳态系统, 分别从理论分析和数值模拟方面讨论了高斯白噪声和三值噪声作用的情形, 揭示了时滞、反馈增益、噪声强度和噪声关联系数对系统稳态概率密度、平均首次穿越时间、品质因子和输出响应振幅的影响, 发现了噪声诱导跃迁及重入现象、噪声增强稳定性效应、相干共振和随机共振等非线性现象, 有助于更加全面地理解由不同类型噪声诱导的时滞系统共振现象发生的机理和特性.

4.1   关联噪声激励下时滞三稳态系统的跃迁和相干共振

4.1.1   过阻尼时滞三稳态系统

考虑相关乘性和加性高斯白噪声及外简谐激励共同驱动的过阻尼时滞三稳态系统, 其对应的朗之万方程可表示为

$$\frac{\mathrm{d}x}{\mathrm{d}t} = -[ax_\tau^5 - b(1+h)x^3 + hx] + \varepsilon_0 \sin(\omega t) + x\xi(t) + \eta(t), \qquad (4.1.1)$$

其中 $x_\tau = x(t-\tau)$, τ 表示时滞. 系统的运动情况不仅依赖于其当前状态 $x(t)$, 还密切相关于其在过去某段时间的状态 $x(t-\tau)$. ε_0 和 ω 分别代表系统中外简谐激励的振幅和频率, 参数 a、b 和 h 的取值决定了系统三稳态势函数的形状特征, 当 $\tau = 0$ 时, 即 $V_1(x) = ax^6/6 - b(1+h)x^4/4 + hx^2/2$. 不失一般性, 选择 $a = 1/30$, $b = 1/5$ 和 $h > 0$. 此时, 三稳态势函数具有三个稳定平衡点 s_m 和两个不稳定平衡点 u_n:

$$-s_1 = s_3 = [3 + 3h + \sqrt{9h^2 - 12h + 9}]^{\frac{1}{2}}, \quad s_2 = 0,$$

$$-u_1 = u_2 = [3 + 3h - \sqrt{9h^2 - 12h + 9}]^{\frac{1}{2}}. \tag{4.1.2}$$

为方便分析, 平衡点 s_1、s_2 和 s_3 所在的势阱分别称为左侧势阱、中间势阱和右侧势阱. 这里, 乘性噪声 $\xi(t)$ 和加性噪声 $\eta(t)$ 均为高斯白噪声, 且两者之间存在互关联性, 满足下列统计性质:

$$\langle \xi(t) \rangle = 0, \quad \langle \eta(t) \rangle = 0,$$

$$\langle \xi(t)\xi(t') \rangle = 2D\delta(t - t'),$$

$$\langle \eta(t)\eta(t') \rangle = 2Q\delta(t - t'),$$

$$\langle \xi(t)\eta(t') \rangle = \langle \xi(t')\eta(t) \rangle = 2\lambda\sqrt{DQ}\delta(t - t'). \tag{4.1.3}$$

其中 D 和 Q 分别表示乘性噪声强度和加性噪声强度, λ 为乘性噪声与加性噪声之间的互关联强度, 即 $|\lambda| \leqslant 1$.

方程 (4.1.1) 中的三势阱结构在不同的领域都有广泛应用, 比如, 机械故障检测[17]、图像锐化改进[18]、加速蛋白质折叠[19] 等. 特别地, 在平行反应中[20], 该三稳态系统的中间势阱代表了反应物的状态, 而两侧势阱是指反应中的产物状态. 图 4.1.1(a) 给出了不同参数 h 下的三稳态势函数 $V_1(x)$, 其中势阱的深度和位置

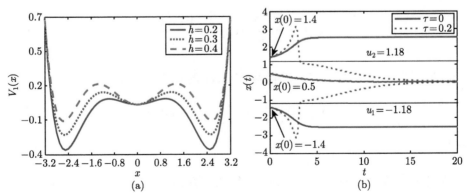

图 4.1.1　(a) 三稳态势函数 $V_1(x)$ 随不同参数 h 的变化曲线；(b) 无噪声和简谐激励作用下系统的时间历程随不同时滞 τ 和初始位置 $x(0)$ 的变化情况 $(h = 0.3)$

出现了一定的变化. 当没有噪声和外简谐激励时, 图 4.1.1(b) 描述了不同时滞 τ 和初始位置 $x(0)$ 下的时间历程. 由图 4.1.1 可见, 尽管系统的初始位置处于不同的势阱内, 但在时滞项的影响下均能够进入中间势阱的吸引域内, 并最终达到稳定状态. 但是, 这种现象随着时滞项的消失而不存在了.

4.1.2　噪声诱导跃迁行为

根据小时滞近似理论 [6], 方程 (4.1.1) 可以表示为下列 Itô 方程:

$$dx(t) = \alpha(x)dt + \sqrt{2}\beta(x)dB(t), \tag{4.1.4}$$

其中 $B(t)$ 表示单位 Wiener 过程. 漂移项 $\alpha(x)$ 和扩散项 $\beta(x)$ 分别为

$$\alpha(x) = [-ax^5 + b(1+h)x^3 - hx + \varepsilon_0 \sin(\omega t)](1 + 5a\tau x^4),$$
$$\beta(x) = [Dx^2 + 2\lambda(DQ)^{\frac{1}{2}}x + Q]^{\frac{1}{2}}(1 + 5a\tau x^4). \tag{4.1.5}$$

运用 Fox 方法 [21] 和 Novikov 理论 [22], 方程 (4.1.4) 对应的 Fokker-Planck 方程可写为如下形式:

$$\frac{\partial\rho}{\partial t} = \left\{ -\frac{\partial}{\partial x}\left[\alpha(x) + \beta(x)\frac{d\beta(x)}{dx}\right] + \frac{\partial^2}{\partial x^2}\beta^2(x) \right\}\rho, \tag{4.1.6}$$

方程 (4.1.6) 描述了扩散过程的转移概率密度 $\rho = \rho(x,t|x_0,t_0)$ 的演化或流动. 当 $\omega \ll 1$ 时, 可以认为系统在各个吸引域达到局域平衡所需的时间远小于吸引域之间概率整体平衡所需的时间, 也远小于系统随简谐信号变化所需的时间, 故近似认为在 ω^{-1} 的时间尺度内方程 (4.1.6) 已到达了准平稳解 [23]. 令 $\partial\rho/\partial t \to 0$, 从方程 (4.1.6) 中可解出系统的准稳态概率密度函数 $\rho_{st}(x)$:

$$\rho_{st}(x) = \frac{N}{\beta(x)}\exp\left[-\frac{\tilde{V}(x,t)}{D}\right], \tag{4.1.7}$$

其中 N 是归一化常数, 且广义势函数 $\tilde{V}(x,t)$ 的具体表达式为

$$\tilde{V}(x,t) = V(x) - \varepsilon_0 g(x)\sin(\omega t), \tag{4.1.8}$$

其中

$$V(x) = \int^x [au^5 - b(1+h)u^3 + hu][(u^2 + 2\lambda\sqrt{R}u + R)(1 + 5a\tau u^4)]^{-1}du,$$
$$g(x) = \int^x [(u^2 + 2\lambda\sqrt{R}u + R)(1 + 5a\tau u^4)]^{-1}du, \tag{4.1.9}$$

其中 $R = Q/D$ 是加性噪声强度与乘性噪声强度的比率.

当系统 (4.1.1) 仅考虑噪声激励 ($\varepsilon_0 = 0$) 时, 方程 (4.1.7) 代表系统的稳态概率密度函数 (SPD). 此外, 方程 (4.1.7) 的极值分布可通过求解下列方程得到

$$\alpha(x) - \beta(x)\frac{\mathrm{d}\beta(x)}{\mathrm{d}x} = 0. \tag{4.1.10}$$

由方程 (4.1.10) 可以确定非平衡相变或随机 P-分岔的临界参数, 故根据方程 (4.1.7) 和方程 (4.1.10), 在图 4.1.2 ～ 图 4.1.4 中分析了乘性噪声强度 D、噪声强度比率 R、噪声的互关联强度 λ 以及时滞 τ 对稳态概率密度函数 $\rho_{\mathrm{st}}(x)$ 的影响. 在图 4.1.2(a) 中, 考虑不相关的噪声作用 ($\lambda = 0$), 固定 $R = 1$ 和 $\tau = 0.02$. 当 $D = 0.01$ 时, $\rho_{\mathrm{st}}(x)$ 呈现等高的三峰结构, 随着 D 增加, 曲线 $\rho_{\mathrm{st}}(x)$ 中的两侧峰高度出现快速下降, 中间位置的峰宽度增大, 直接从三峰结构变为单峰结构, 这种变化可以看作是系统发生噪声诱导跃迁现象的标志, 也可以称为由乘性噪声强度诱导的随机 P-分岔. 同时, 图 4.1.2(b) 展示了 $\rho_{\mathrm{st}}(x)$ 在平面 D-x 上的等高线图, 可以清晰地发现, 当乘性噪声强度处于范围 $0 < D < 0.1$ 时, $\rho_{\mathrm{st}}(x)$ 存在三峰结构, 而当乘性噪声强度大于该临界值 ($D = 0.1$) 时, $\rho_{\mathrm{st}}(x)$ 变为单峰结构. 在图 4.1.2(a) 中, 主要讨论了乘性噪声强度和加性噪声强度相等 ($R = 1$) 时的情况. 在图 4.1.2(c) 中给出了乘性噪声强度和加性噪声强度不相等时, $\rho_{\mathrm{st}}(x)$ 的形状结构变化情况. 当 R 从 0.4 增加到 4 时, $\rho_{\mathrm{st}}(x)$ 经历了从单峰结构向三峰结构的转变. 对于较大的 R, 中间势阱对应的峰高度明显低于两侧势阱所对应的峰高度. 也就是说, 加性噪声强度的增加将使得系统更加容易地从中间势阱向左侧或右侧势阱跳跃. 图 4.1.2(a) 和 (c) 说明了在不相关的乘性噪声和加性噪声作用下, 噪声强度对系统跃迁和随机分岔的影响. 为了说明噪声之间关联系数的影响, 在图 4.1.2(d) 中给出了不同 λ 值下的 $\rho_{\mathrm{st}}(x)$ 曲线. 可以看到, 增大 λ 导致左侧势阱对应的峰消失, $\rho_{\mathrm{st}}(x)$ 曲线从三峰结构变为双峰结构, 即乘性和加性噪声之间的互关联性破坏了系统稳态概率密度的对称性. 这是因为当乘性噪声与加性噪声之间存在较强的正互关联性时, 从中间势阱朝向左侧势阱的势垒通常变得非常大, 以致系统不能较容易地从中间势阱向左侧势阱跃迁. 所以, 在关联噪声的作用下, 系统主要集中于中间势阱与右侧势阱之间跳跃, 这也可能导致在三稳态系统中出现两相邻势阱间噪声诱导的共振现象. 由于稳态概率密度函数的表达式 (4.1.7) 是在小时滞近似条件下得到的, 为了验证理论结果的有效性, 在图 4.1.2 中同样给出了由方程 (4.1.1) 确定的蒙特卡罗数值模拟结果, 通过比较发现数值结果与理论结果一致.

图 4.1.3 分析了时滞 τ 和噪声互关联系数 λ 对稳态概率密度函数 $\rho_{\mathrm{st}}(x)$ 的影响. 根据方程 (4.1.10), 图 4.1.3(a) 给出了在 τ-λ 平面内 $\rho_{\mathrm{st}}(x)$ 的极值点分布, R_1、R_2 和 R_3 分别对应 $\rho_{\mathrm{st}}(x)$ 具有一个、三个和五个极值点的区域. 由图 4.1.3 可见, 对于固定的 λ 和较小的 τ 值, $\rho_{\mathrm{st}}(x)$ 具有三峰结构; 随着 τ 的增加并大于

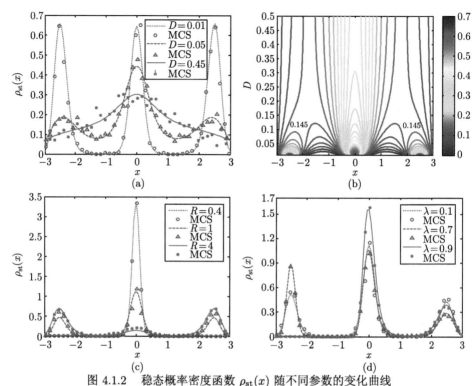

图 4.1.2　稳态概率密度函数 $\rho_{st}(x)$ 随不同参数的变化曲线

(a) 和 (b) $\lambda = 0$, $h = 0.28$, $R = 1$, $\tau = 0.02$ 和乘性噪声强度 D；(c)$\lambda = 0$, $h = 0.3$, $D = 0.01$, $\tau = 0.01$ 和噪声强度比率 R；(d)$h = 0.3$, $\tau = 0.01$, $D = 0.01$, $R = 1$ 和噪声互关联强度 λ

对应的临界值后, $\rho_{st}(x)$ 变为双峰结构, 系统出现跃迁现象；随着 τ 的继续增加, $\rho_{st}(x)$ 在 $\lambda \in (0, 0.57)$ 内最终变为单峰结构. 故在关联噪声的作用下, 时滞诱导系统连续发生两次跃迁现象. 为了更进一步对该现象进行说明, 在图 4.1.3(a) 中的区域 R_3、R_2 和 R_1 分别取点 A、B 和 C, 并且在图 4.1.3(b) 和图 4.1.3(c) 中分别绘制了这三个点对应的理论 $\rho_{st}(x)$ 曲线和数值 $\rho_{st}(x)$ 曲线. 可以看到, 随着 τ 的增加, $\rho_{st}(x)$ 曲线中右侧的峰首先消失, 然后左侧的峰消失, 该现象是由噪声的互关联性破坏 $\rho_{st}(x)$ 的对称性造成的. 但是, 增加的 τ 能够抑制较小的 λ 引起的非对称性效应, 即足够大的时滞导致 $\rho_{st}(x)$ 具有单峰结构. 特别地, 在不相关的噪声作用下, 时滞诱导系统发生了从三峰结构向单峰结构变化的跃迁现象. 这说明系统在时滞的影响下能够更容易地从左侧或右侧势阱向中间势阱跳跃, 但很难再返回到两侧势阱中. 此外, 图 4.1.3(c) 的数值结果验证了图 4.1.3(b) 中理论结果的正确性.

　　类似地, 图 4.1.4 展示了在 D-Q 平面内稳态概率密度函数的极值点分布及相关噪声对系统跃迁现象的影响. 在图 4.1.4(a) 中, 对于固定的 $\lambda = 0.2$ 和任意的

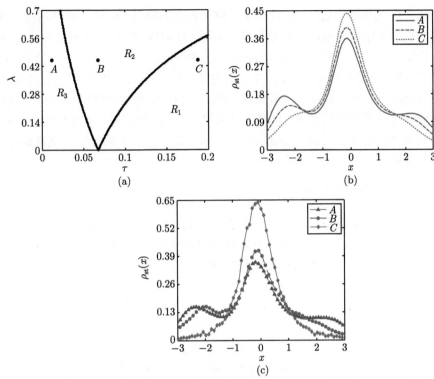

图 4.1.3 (a) 稳态概率密度函数 $\rho_{\mathrm{st}}(x)$ 的极值点分布图, R_1、R_2 和 R_3 分别对应 $\rho_{\mathrm{st}}(x)$ 具有一个、三个和五个极值点的区域, 出现时滞 τ 诱导跃迁现象; (b) 同一 λ 值下不同区域中点 A、B 和 C 对应的 $\rho_{\mathrm{st}}(x)$; (c) $\rho_{\mathrm{st}}(x)$ 的蒙特卡罗模拟结果. 其他参数选择为 $h = 0.3$, $D = 0.11$ 和 $Q = 0.12$

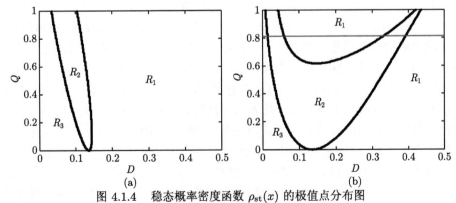

图 4.1.4 稳态概率密度函数 $\rho_{\mathrm{st}}(x)$ 的极值点分布图

$h = 0.3$, $\tau = 0.05$; (a)$\lambda = 0.2$; (b)$\lambda = 0.8$, 其中 R_1、R_2 和 R_3 分别对应 $\rho_{\mathrm{st}}(x)$ 具有一个、三个和五个极值点的区域

Q, 随着 D 的增加, $\rho_{\mathrm{st}}(x)$ 出现了从三峰结构到双峰结构, 再到单峰结构的变化, 即乘性噪声强度诱导系统连续发生跃迁现象. 特别地, 当 λ 增加到 0.8 时, 观察到了噪声诱导跃迁中的重入现象 (Reentrance Phenomenon)[24], 即对于给定的加性噪声强度取值范围 $(0.62 < Q < 1)$, 如图 4.1.4(b) 中水平线所示, $\rho_{\mathrm{st}}(x)$ 随着 D 的增加快速从三峰结构变为双峰结构. 然而, 随着 D 的继续增加, $\rho_{\mathrm{st}}(x)$ 首先经历了从双峰到单峰结构的转变, 再变回到双峰结构, 最后保持了单峰结构. 可见, 在强相关噪声作用下的时滞三稳态系统中, 系统连续出现了乘性噪声强度诱导跃迁的重入现象.

4.1.3　平均首次穿越时间

在仅有噪声激励的时滞三稳态系统 (4.1.1) 中 $(\varepsilon_0 = 0)$, 首次穿越时间定义为粒子首次从一个势阱逃逸到另一个势阱中的持续时间. 通过对首次穿越时间进行平均得到统计意义上的平均首次穿越时间. 不同于单稳态或双稳态系统, 多稳态系统具有多个吸引子, 故在随机噪声的激励下, 系统会在不同的势阱之间跃迁, 那么从一个稳态出发越过势垒进入其他势阱所用的时间和跃迁路径在各次试验中可能是不同的. 因此, 对于三稳态系统, 从左侧稳定点 s_1 到右侧稳定点 s_3 的平均首次穿越时间是否等于左侧稳定点 s_1 到中间稳定点 s_2 的平均首次穿越时间与中间稳定点 s_2 到右侧稳定点 s_3 的平均首次穿越时间之和? 如果相等的话, 那么只需要考虑起始稳定点到终止稳定点的平均首次穿越时间即可, 这将大大简化多稳态系统中平均首次穿越时间的计算. 下面将详细分析噪声和系统参数对平均首次穿越时间的影响并对上述问题进行解答.

显然, 平均首次穿越时间依赖于系统势函数中势阱和势垒的变化. 图 4.1.5 展示了相关噪声和时滞对方程 (4.1.9) 中定义的势函数 $V(x)$ 的影响, 这里固定势函数参数 $h = 0.3$. 在图 4.1.5(a) 中, 当噪声之间的互关联强度 λ 由零变为正值或负值时, $V(x)$ 的形状结构从对称性变为非对称性, 而这种非对称性表明两侧势阱关于中间势阱的相对稳定性存在差异. 根据 Fokker-Planck 方程 (4.1.6), 可发现相关噪声作用下的非对称激活扩散发生, 从而导致了系统在两侧势阱中的非对称分布. 由于噪声的正互关联性和负互关联性所引起的势函数形状变化具有反对称性, 所以在本节中仅研究单方向的平均首次穿越时间. 此外, 在图 4.1.5(b) 中, 时滞 τ 的出现导致左右两侧势阱的深度同时下降, 即时滞作用下的系统更容易进入到中间势阱内. 可见, 与中间势阱相比, 时滞减弱了两侧势阱的稳定性. 从图 4.1.5(c) 中可以看到, 中间势阱朝向两侧势阱的势垒高度随着噪声强度比率 R 的增加而下降. 这表明随着加性噪声强度的增加或乘性噪声强度的减小, 系统从中间势阱向两侧势阱的跳跃将变得容易. 在系统 (4.1.1) 中, 加性噪声的存在使得势阱出现随机性倾斜, 而乘性噪声能够诱导有效势垒高度的涨落. 因此, 系统中相关的加性噪声和乘性噪声将对倾斜势阱和调制势垒高度产生十分复杂的影响. 为了更好地理解系统越过稳定状态后的瞬态性质, 下面将分析相关噪声和时滞对平均首次穿越时间的影响.

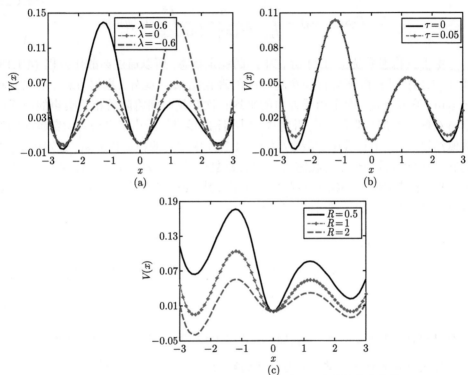

图 4.1.5　方程 (4.1.9) 中的势函数 $V(x)$ 随不同参数的变化曲线

(a) $R=1$, $\tau=0.01$ 和噪声互关联强度 λ; (b)$\lambda=0.4$, $R=1$ 和时滞 τ; (c) $\lambda=0.4$, $\tau=0.01$ 和噪声强度比率 R

根据方程 (4.1.4) 中随机过程 $x(t)$ 对应的后向 Kolmogorov 方程, 得到平均首次穿越时间 $T(x)$ 满足的 Pontryagin-Vitt 方程 [25]:

$$-1=\left[\alpha(x)+\beta(x)\frac{\mathrm{d}\beta(x)}{\mathrm{d}x}\right]\frac{\partial}{\partial x}T(x)+\beta^2(x)\frac{\partial^2}{\partial x^2}T(x), \tag{4.1.11}$$

其中边界条件:

$$T(x)|_{x=s_1}=0, \quad \frac{\mathrm{d}T(x)}{\mathrm{d}x}\bigg|_{x=s_2}=0. \tag{4.1.12}$$

通过求解方程 (4.1.11) 和 (4.1.12), 得到系统从如图 4.1.1(a) 所示的稳定状态 s_1 向 s_2 跃迁的平均首次穿越时间:

$$T(s_1\rightarrow s_2)=\int_{s_1}^{s_2}\frac{\mathrm{d}x}{\beta^2(x)\rho_{\mathrm{st}}(x)}\int_{-\infty}^{x}\rho_{\mathrm{st}}(y)\mathrm{d}y. \tag{4.1.13}$$

类似地, 可以得到

$$T(s_2 \to s_3) = \int_{s_2}^{s_3} \frac{\mathrm{d}x}{\beta^2(x)\rho_{\mathrm{st}}(x)} \int_{-\infty}^{x} \rho_{\mathrm{st}}(y)\mathrm{d}y,$$

$$T(s_1 \to s_3) = \int_{s_1}^{s_3} \frac{\mathrm{d}x}{\beta^2(x)\rho_{\mathrm{st}}(x)} \int_{-\infty}^{x} \rho_{\mathrm{st}}(y)\mathrm{d}y. \tag{4.1.14}$$

由于三稳态系统 (4.1.1) 存在中间的稳定状态, 所以通过离散化方程 (4.1.13) 和 (4.1.14) 可获得平均首次穿越时间的理论结果. 此外, 根据方程 (4.1.7) 和 (4.1.14) 容易证明, 两个相反方向的平均首次穿越时间将随着相关噪声的出现而不再对称. 为验证理论结果, 并考虑到小时滞的限制, 给出了平均首次穿越时间的数值结果. 在数值计算中, 系统从方程 (4.1.3) 中初始的稳定状态 s_m 开始运动, 直到它首次到达另一个稳定状态 s_n, 然后重复该过程. 为最小化统计误差, 采用四阶龙格–库塔 (Runge-Kutta) 方法计算了 10^4 条不同的样本轨迹, 其中时间步长 $\mathrm{d}t = 0.01$. 给出首次穿越时间的定义如下:

$$f(s_m \to s_n) = \inf\{t > 0 | x(0) = s_m, x(t) = s_n\}. \tag{4.1.15}$$

对方程 (4.1.15) 中的首次穿越时间进行平均获取相应的平均首次穿越时间:

$$T(s_m \to s_n) = \langle f(s_m \to s_n) \rangle, \tag{4.1.16}$$

从而得到对应于平均首次穿越时间方程 (4.1.13) 和 (4.1.14) 的数值结果.

1. 关联噪声对平均首次穿越时间的影响

根据方程 (4.1.13)、(4.1.14) 和 (4.1.16), 图 4.1.6 绘制了平均首次穿越时间作为乘性噪声强度 D 的函数随不同噪声互关联强度 λ 的变化曲线. 从图 4.1.6(a) 中可看到, 系统从左侧势阱到中间势阱的平均首次穿越时间 $T(s_1 \to s_2)$ 随着 λ 的增加而上升. 特别地, 当 λ 是负值或零时, $T(s_1 \to s_2)$ 随着 D 的变化单调递减, 而当 λ 大于零时, 曲线 $T(s_1 \to s_2)$ 作为 D 的函数展示了显著的共振峰, 其峰的位置随着 λ 的增加朝 D 增大的方向转移. 换言之, 平均首次穿越时间随噪声强度变化所出现的这类单峰形状是典型的噪声增强稳定性现象, 故在相关噪声作用下的时滞三稳态系统中发现了稳定性增强的行为. 事实上, 乘性噪声反映了系统与外部随机涨落环境的耦合, 能够显著影响到系统势垒高度的变化. 如图 4.1.5(a) 所示, 随着 λ 的增加, 势阱 s_1 的有效势垒高度增加, 且最终达到一个极限值, 这导致了平均首次穿越时间的增加. 但是, 乘性噪声强度的进一步增大将使得粒子拥有足够的能量快速穿越势垒, 从而减少平均首次穿越时间. 另外, 当系统的初始状态选择为中间稳定状态 s_2 时, 图 4.1.6(b) 中的平均首次穿越时间 $T(s_2 \to s_3)$ 在具有较大正值或负值的 λ 作用下均呈现出非单调的变化趋势 (如 $\lambda = \pm 0.8$). 这表明当系统初始状态处于中间势阱开始向两侧势阱运动时, 强相关噪声作用下的系统总是存在噪声增强稳定性现象, 且这种行为在经典的双稳态模型中是不存在的. 同时, 这些共振行为说明乘性噪声强度与有效势垒高度的相互作用随着不同的噪声互关联性而显著变化. 从图 4.1.6(b) 中还可以发现, 在 λ 从 -0.8 到 0.8 的变化过程中, $T(s_2 \to s_3)$ 先减少, 再增加. 在中间稳定状态的影响下, 通过调制噪声的互关联性, 可使系统向两侧势阱的跃迁时间达到最小值, 增强系统的状态转移. 此外, 从方程 (4.1.16) 中获得的数值结果与图 4.1.5 中对应的理论结果基本一致. 理论和数值的结果均证实了系统在两侧势阱间的平均首次穿越时间 $T(s_1 \to s_3)$ 等于 $T(s_1 \to s_2)$ 与 $T(s_2 \to s_3)$ 的总和. 由此可见, 在三稳态系统的状态转移过程中, 相关噪声对系统中噪声增强稳定性现象的发生起着积极建设性的作用. 噪声中较强的正互关联性导致系统 (4.1.1) 连续出现两次噪声增强稳定性现象, 而该现象对于负的互关联性噪声仅出现一次.

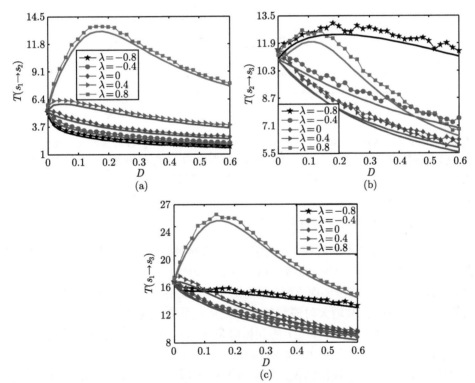

图 4.1.6 平均首次穿越时间作为乘性噪声强度 D 的函数随不同噪声互关联强度 λ 的变化曲线, 观察到噪声增强稳定性效应 ($\tau = 0.01$, $Q = 1$), 其中实线表示方程 (4.1.13) 和方程 (4.1.14) 中的理论结果, 含符号的实线表示方程 (4.1.16) 中的数值结果

对于给定的噪声互关联强度和时滞, 图 4.1.7 描述了平均首次穿越时间 $T(s_1 \to s_3)$ 对乘性噪声强度 D 和加性噪声强度 Q 的依赖性. 在图 4.1.7(a) 中, $T(s_1 \to s_3)$ 随 D 变化所展示出的共振峰随着 Q 的增加而下降, 但峰值对应的最优 D 值增大. 所以, 选择合适强度的乘性噪声和加性噪声将显著延长系统在两侧势阱间的转迁时间, 提高其稳定性. 在图 4.1.7(b) 中, 对于较弱的乘性噪声 ($D \leqslant 0.2$), $T(s_1 \to s_3)$ 随着 Q 的变化先出现一个极小值, 再呈现一个峰值, 即加性噪声对系统的稳定性先后产生减弱和增强效应. 当 D 继续增大时, $T(s_1 \to s_3)$ 随 Q 变化的曲线下降, 且出现单调递减的趋势. 由于当 D 变得足够大时, 抑制了加性噪声在系统穿越势垒过程中的作用, 意味着降低了噪声互关联性的影响, 噪声增强稳定性现象减弱, 甚至消失.

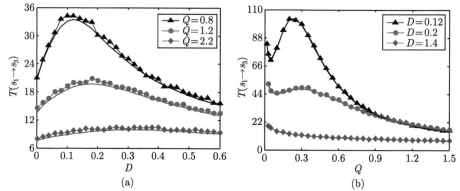

图 4.1.7 平均首次穿越时间 $T(s_1 \to s_3)$ 分别作为乘性噪声强度 D 和加性噪声强度 Q 的函数的变化曲线 ($\lambda = 0.8$, $\tau = 0.01$), 其中实线表示方程 (4.1.14) 中的理论结果, 含符号的实线表示方程 (4.1.16) 中的数值结果

2. 时滞对平均首次穿越时间的影响

图 4.1.8 分析了不同时滞 τ 下的平均首次穿越时间以及它们的变化关系. 从图 4.1.8(a) 和 (b) 中看到, 曲线 $T(s_1 \to s_2)$ 和 $T(s_2 \to s_3)$ 作为乘性噪声强度 D 的函数均随着 τ 的增加而下降, 这是由于时滞的存在导致如图 4.1.5(b) 所示的两侧势阱深度变浅, 故增大时滞将加速系统从一个势阱到另一个势阱的状态转移. 同时, 当 τ 增大时, $T(s_1 \to s_2)$ 的共振峰位置向左边移动, 但是峰的形状变得平坦, 引起噪声增强, 稳定性现象逐渐消失. 由于小时滞的限制, 图 4.1.8(a) 和 (b) 中仅给出 $\tau = 0.03$ 的理论结果. 如图 4.1.8(d) 所示, 当 τ 超过 0.05 时, 平均首次穿越时间在数值与理论结果之间的相对误差快速增大. 此外, 从图 4.1.8(c) 中发现, 当 τ 变得足够大时 (如 $\tau = 0.12$), $T(s_1 \to s_3)$ 明显小于图中虚线表示的 $T(s_1 \to s_2)$ 与 $T(s_2 \to s_3)$ 的总和. 可见, 对于含时滞项的三稳态系统, 其在左右

两侧势阱间的状态转移概率增加, 导致稳定性降低, 而中间稳定状态在系统转移跃迁过程中的作用得到增强.

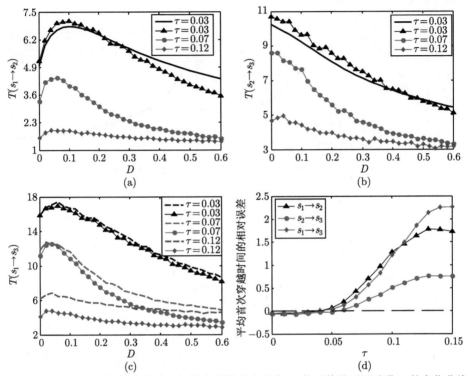

图 4.1.8 (a)~(c) 平均首次穿越时间作为乘性噪声强度 D 的函数随不同时滞 τ 的变化曲线, 其中实线表示方程 (4.1.13) 和 (4.1.14) 中的理论结果, 含符号的实线表示方程 (4.1.16) 中的数值结果, 虚线表示数值结果 $T(s_1 \to s_2)$ 与 $T(s_2 \to s_3)$ 的总和; (d) 平均首次穿越时间中数值与理论结果的相对误差随 τ 的变化情况 ($D = 0.1$). 其他参数选择为 $\lambda = 0.6$ 和 $Q = 1$

对于不同的噪声互关联强度 λ 和时滞 τ, 图 4.1.9 给出了平均首次穿越时间随加性噪声强度 Q 的变化曲线. 当系统 (4.1.1) 中的乘性噪声和加性噪声具有强关联时, 即图 4.1.9(a) 和 (b) 中固定 $\lambda = \pm 0.9$, $T(s_1 \to s_2)$ 随着 Q 的变化分别展示出共振峰结构和单调递减行为, 类似于图 4.1.6(a) 中平均首次穿越时间随 D 变化的结果. 在图 4.1.9(a) 中, 尽管时滞的增加缩短了平均首次穿越时间, 但共振峰的位置向 Q 增大的方向变化, 与图 4.1.8(a) 中乘性噪声的情况相反. 另外, 从图 4.1.9(c) 中看到, 当 $\lambda = 0.9$ 和 $\tau = 0.01$ 时, $T(s_2 \to s_3)$ 展示出了与图 4.1.7(b) 中 $D \leqslant 0.2$ 所对应曲线的相似行为, 表明加性噪声诱导的稳定性减弱和增强行为是由于中间稳定状态与强关联噪声的相互作用造成的. 同时, 当 $\tau = 0.06$ 时, 这些现象消失. 而当 $\lambda = -0.9$ 时, $T(s_2 \to s_3)$ 变成了加性噪声强度的单调递减函数, 如图 4.1.9(d) 所示, 不同于图 4.1.6(b) 中负的互关联情形下 $T(s_2 \to s_3)$ 与乘性噪声的关系. 可见, 相关的乘性噪声和加性噪声以及时滞在系统 (4.1.1) 的逃逸过程中起着不同的作用.

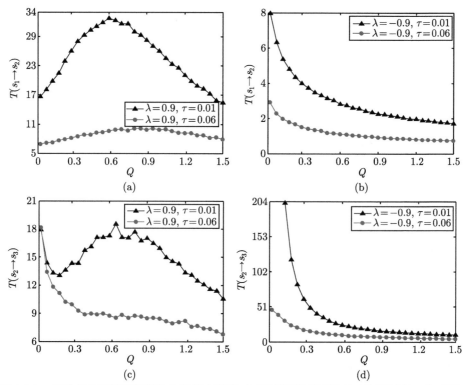

图 4.1.9　平均首次穿越时间作为加性噪声强度 Q 的函数随不同噪声互关联强度 λ 和时滞 τ 的变化曲线 $(D = 0.3)$, 发现加性噪声对平均首次穿越时间的影响不同于乘性噪声, 其中含符号的实线表示方程 (4.1.16) 中的数值结果

　　为了进一步阐明噪声的互关联强度 λ 和时滞 τ 对三稳态系统中平均首次穿越时间的影响, 图 4.1.10 绘制了平均首次穿越时间作为 λ 的函数随不同 τ 的变化曲线. 从图 4.1.10(a) 中可观察到, 当噪声的互关联性呈现出由负值到正值的变化时, $T(s_1 \to s_2)$ 对任意的时滞均展示出单调递增的行为. 相反地, 对于固定的 λ, $T(s_1 \to s_2)$ 随着 τ 的增加而逐渐下降, 这是由于时滞和噪声的互关联性对左侧势阱 s_1 的深度变化起着相反的作用, 如图 4.1.5 所示. 然而, 当系统从中间势阱向右侧势阱跃迁时, 图 4.1.10(b) 中的 $T(s_2 \to s_3)$ 随着 λ 的变化出现了最小值, 这种现象类似于共振激活, 归因于噪声的互关联性与有效势垒高度的相互作用. 从图 4.1.5(a) 中可知, 势阱 s_2 到 s_3 的势垒高度随着 λ 的增加而下降, 因而导致了 $T(s_2 \to s_3)$ 减少. 但是, 对于足够大的 λ, 系统穿越势垒的频率

因子表现出比势垒高度更快的下降速度[26], 使得平均首次穿越时间增加. 在图 4.1.10(b) 中, 平均首次穿越时间的最小值位置随着 τ 的增加从正的互关联性转变成了负的互关联性, 进而这种现象对于不断增大的时滞将逐渐消失. 此外, 从图 4.1.10(c) 中发现, 当 λ 变为负值或较小的正值时, $T(s_1 \to s_3)$ 随着时滞的增加将显著小于图中虚线表示的 $T(s_1 \to s_2)$ 与 $T(s_2 \to s_3)$ 的两者总和. 但是, 若 λ 取较大的正值, 则 $T(s_1 \to s_3)$ 又恢复了与这两个平均首次穿越时间之和的等价关系, 且不依赖于时滞的变化. 这种变化关系的合理解释在于: 当 λ 增加到较大的正值时, 系统从中间势阱朝向右侧势阱的有效势垒高度将远远低于从中间势阱朝向左侧势阱的, 如图 4.1.5(a) 所示. 因此, 相对于中间势阱, 系统在左、右两侧势阱的稳定性具有更加显著性的差异. 同时, 在足够大的正互关联性范围内, $T(s_1 \to s_2)$ 和 $T(s_2 \to s_3)$ 均随着 λ 的变大而同步增加, 故左侧和中间状态的稳定性提升, 而右侧状态的稳定性减弱, 意味着噪声互关联性对平均首次穿越时间的影响是完全不同于系统的时滞对其的影响. 换言之, 平均首次穿越时间所满足

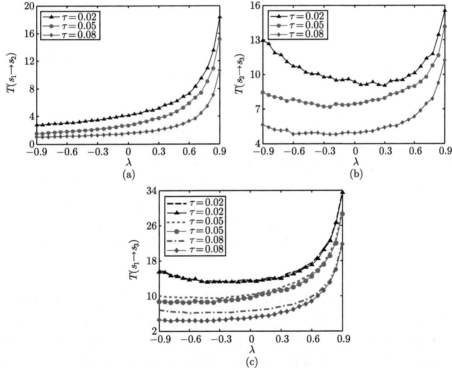

图 4.1.10 平均首次穿越时间作为噪声互关联强度 λ 的函数随不同时滞 τ 的变化曲线 ($D = 0.1$, $Q = 1$), 其中含符号的实线表示方程 (4.1.16) 中的数值结果, 虚线表示数值结果 $T(s_1 \to s_2)$ 与 $T(s_2 \to s_3)$ 的总和

的关系, 即 $T(s_1 \rightarrow s_3) = T(s_1 \rightarrow s_2) + T(s_2 \rightarrow s_3)$, 随着时滞的增加而受到破坏, 然后又在足够强的噪声正互关联性作用下恢复至原来的等价关系. 也就是说, 等式 $T(s_1 \rightarrow s_3) = T(s_1 \rightarrow s_2) + T(s_2 \rightarrow s_3)$ 是否成立依赖系统时滞和噪声之间互关联系数的取值.

4.1.4　相干共振

相干共振指的是可激系统的功率谱或品质因子在最优噪声强度处达到最大值. 当模型 (4.1.1) 中仅含有加性和乘性噪声时, 即 $\varepsilon_0 = 0$, 系统的相干共振现象可通过数值计算功率谱密度和品质因子来衡量. 在本小节中, 采用品质因子 (1.1.11) 的表达式来刻画相干共振. 在数值计算中, 采样频率选择为 $F_s = 100\text{Hz}$, 获取 10^4 条不同的样本轨线, 每条样本轨线选取相同的数据长度, 即 5×10^4. 这里, 图 4.1.11 展示了功率谱密度作为频率的函数随不同加性噪声强度 Q 和乘性噪声强度 D 的变化曲线. 显然, 功率谱密度中峰的高度随着 Q 或 D 的增加均呈现先上升再下降的变化趋势, 即功率谱密度的峰值将在某个最优的加性或乘性噪声强度处达到最大值, 意味着相干共振现象的发生.

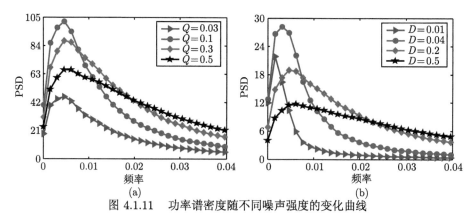

图 4.1.11　功率谱密度随不同噪声强度的变化曲线

(a) $D = 0.1$ 和加性噪声强度 Q；(b) $Q = 0.01$ 和乘性噪声强度 D. 其他参数选择为 $h = 0.3, \tau = 0.03$ 和 $\lambda = 0.5$

图 4.1.12 分析了关联噪声对相干共振效应的影响. 当乘性噪声强度的取值较小时 (如 $D = 0.01$), 如图 4.1.12(a) 所示, 品质因子 β 随加性噪声强度 Q 的变化曲线展示出了振荡特征. 在三稳态系统中, 单势阱中的阱内共振和两侧势阱的阱间共振通常可以共存. 在较弱的乘性噪声作用下, 系统主要表现出在三个势阱中的阱内运动, 而两侧势阱间的跳跃行为较少, 导致了曲线 β 的多个共振峰现象. 同时, 随着 λ 的增大, β 随 Q 变化的最大峰值下降, 但诱导共振的最优噪声强度保持不变, 表明在给定的噪声强度下, 噪声的互关联性对相干共振现象产生抑制作用.

相反地, 当 D 变得足够大时 (如 $D = 0.1$), 从图 4.1.12(b) 中可知, 品质因子的峰值随着 λ 的变大而上升, 相干共振效应得到增强, 且共振峰的位置朝向 Q 增大的方向转移. 由此可见, 相干共振现象在三稳态系统中非常依赖于关联的加性噪声和乘性噪声的变化, 即相关噪声能够显著影响到系统运动的规律性.

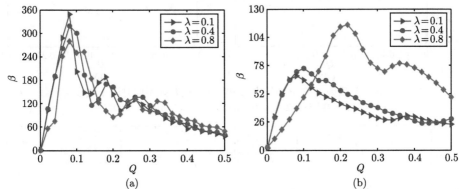

图 4.1.12 品质因子 β 作为加性噪声强度 Q 的函数随不同噪声互关联强度 λ 的变化曲线 $(\tau = 0)$
(a) 乘性噪声强度 $D = 0.01$; (b) 乘性噪声强度 $D = 0.1$

图 4.1.13 主要讨论了时滞 τ 对相干共振效应的影响. 当 τ 增加时, 品质因子 β 随加性噪声强度 Q 和乘性噪声强度 D 变化的峰值均下降. 因此, 根据相干共振效应, 时滞的增加导致了系统规律性减弱. 此外, 相干共振产生时对应的最优 Q 值在图 4.1.13(a) 中变化非常小, 而图 4.1.13(b) 中的最优 D 值随着时滞的增大而变小. 乘性噪声对动力学行为的影响依赖于系统的状态, 而该三稳态系统中存在的时滞将增强乘性噪声在动力学规律性中的作用.

为探讨相关噪声和时滞对相干共振的共同影响, 图 4.1.14 给出了品质因子 β 作为噪声互关联强度 λ 的函数随不同时滞 τ 和加性噪声强度 Q 的变化曲线. 显然, β 随 λ 变化的曲线展示了对称性结构, 说明噪声的正、负互关联性对系统的相干共振效应具有相同的影响. 当 Q 从 0.03 变化到 0.3 时, 曲线 β 在 $\lambda = 0$ 处的单峰结构转变为波谷形状, 如图 4.1.14(a) 和 (b) 所示. 即对于较小的 Q, 在不相关噪声激励下的系统比相关噪声能够展示出更突出的规律性变化. 但是, 当 Q 增加到足够大时, 存在最优的 λ 导致系统产生最大化的相干性运动, 故由图 4.1.12 和图 4.1.14 可知, 噪声互关联性对相干共振行为的影响密切依赖于噪声强度. 此外, 随着 τ 的增加, 图 4.1.14(a) 和 (b) 中波峰和波谷的形状均变得平缓, β 在 $\lambda = 0$ 处达到一个不显著的极值. 所以, 在含时滞项的三稳态系统中, 增大的时滞抑制了较小的噪声互关联强度对系统相干性的影响.

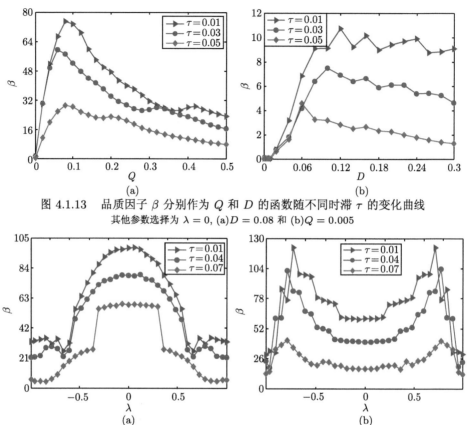

图 4.1.13　品质因子 β 分别作为 Q 和 D 的函数随不同时滞 τ 的变化曲线

其他参数选择为 $\lambda = 0$, (a)$D = 0.08$ 和 (b)$Q = 0.005$

图 4.1.14　品质因子 β 作为噪声互关联强度 λ 的函数随不同时滞 τ 的变化曲线 $(D = 0.03)$

(a) 加性噪声强度 $Q = 0.03$; (b) 加性噪声强度 $Q = 0.3$

4.2　关联噪声和周期信号激励下时滞三稳态系统的响应和随机共振

　　系统 (4.1.1) 表示相关噪声和外简谐信号共同作用下的过阻尼时滞三稳态系统, 其对应的 Fokker-Planck 方程 (4.1.6) 描述了系统在三势阱中的一个复合运动过程, 主要包括两部分: 每个稳定状态附近的小范围扩散和两个相邻稳定状态之间穿越中间不稳定状态的大范围跃迁. 在绝热近似条件下 [27], 方程 (4.1.6) 可转化为一个离散状态的马尔可夫 (Markov) 过程, 其中系统在方程 (4.1.3) 中稳定状态 s_i 处的吸引域内的概率 p_i 依赖于方程 (4.1.6) 中的概率密度函数, 且 $p_i(i = 1, 2, 3)$ 满足如下概率交换的主方程:

$$\frac{\mathrm{d}p_i}{\mathrm{d}t} = \sum_{j=1}^{3} W_{ij} p_j, \tag{4.2.1}$$

其中跃迁概率矩阵 $\boldsymbol{W}$ 可写为下列形式:

$$\boldsymbol{W} = \begin{pmatrix} -k_{1,2} & k_{2,1} & 0 \\ k_{1,2} & -(k_{2,1}+k_{2,3}) & k_{3,2} \\ 0 & k_{2,3} & -k_{3,2} \end{pmatrix}. \tag{4.2.2}$$

具体地, 系统从一个势阱到另一个势阱的跃迁概率借助方程 (4.1.7) 可表示为

$$k_{m,m+1} = (2\pi)^{-1}\sqrt{V''(s_m)\,|V''(u_m)|}\,\exp\left\{-D^{-1}[\tilde{V}(u_m,t)-\tilde{V}(s_m,t)]\right\}, m=1,2,$$

$$k_{n,n-1} = (2\pi)^{-1}\sqrt{V''(s_n)\,|V''(u_{n-1})|}\,\exp\left\{-D^{-1}[\tilde{V}(u_{n-1},t)-\tilde{V}(s_n,t)]\right\}, n=2,3.$$
$$\tag{4.2.3}$$

对于充分小的简谐信号振幅 ε_0, 根据线性响应理论可将方程 (4.2.1) 的解写为

$$p_i = p_i^{(0)} + \varepsilon_0 \Delta p_i, \tag{4.2.4}$$

通过对方程 (4.2.3) 中包含的 $\varepsilon_0 \sin(\omega t)$ 进行小参数的泰勒展开, 并保留一阶项, 将其展开式和方程 (4.2.4) 共同代入方程 (4.2.1) 中, 整理得到如下方程:

$$\frac{\mathrm{d}p_i^{(0)}}{\mathrm{d}t} = \sum_{j=1}^{3} W_{i,j}^{(0)} p_j^{(0)},$$

$$\frac{\mathrm{d}\Delta p_i}{\mathrm{d}t} = \sum_{j=1}^{3} W_{i,j}^{(0)} \Delta p_j + \varphi_i^{(0)} \sin(\omega t), \tag{4.2.5}$$

其中当 $\varepsilon_0 = 0$ 时, 方程 (4.2.1) 中的概率 p_i 和跃迁概率矩阵 $\boldsymbol{W}$ 分别退化为 $p_i^{(0)}$ 和 $\boldsymbol{W}^{(0)}$, 方程 (4.2.3) 中的 $k_{m,m+1}$ 和 $k_{n,n-1}$ 分别对应 $k_{m,m+1}^{(0)}$ 和 $k_{n,n-1}^{(0)}$.

此时, 列矩阵 $\boldsymbol{\varphi}^{(0)}$ 具有下列形式:

$$\boldsymbol{\varphi}^{(0)} = \frac{1}{D} \begin{pmatrix} -k_{1,2}^{(0)}\Delta g_{1,2}p_1^{(0)} + k_{2,1}^{(0)}\Delta g_{2,1}p_2^{(0)} \\ k_{1,2}^{(0)}\Delta g_{1,2}p_1^{(0)} - (k_{2,1}^{(0)}\Delta g_{2,1} + k_{2,3}^{(0)}\Delta g_{2,3})p_2^{(0)} + k_{3,2}^{(0)}\Delta g_{3,2}p_3^{(0)} \\ k_{2,3}^{(0)}\Delta g_{2,3}p_2^{(0)} - k_{3,2}^{(0)}\Delta g_{3,2}p_3^{(0)} \end{pmatrix}. \tag{4.2.6}$$

根据方程 (4.1.3) 和方程 (4.1.9) 可得到 $\Delta g_{m,m+1} = g(u_m) - g(s_m)$, $\Delta g_{n,n-1} = g(u_{n-1}) - g(s_n)(m = 1,2; n = 2,3)$. 需要指出的是, 方程 (4.2.1)$\sim$ 方程 (4.2.6) 能够推广至一般的三稳态系统.

4.2.1 系统瞬态响应

对于系统 (4.1.1), 其关于外简谐信号的输出响应的有效性可以通过系统的瞬态响应表现出来. 为获得方程 (4.2.5) 中的系统瞬态响应 $\Delta p_i(t)$, 引入新的矩阵

$\boldsymbol{G} = (\boldsymbol{\xi}_1, \boldsymbol{\xi}_2, \boldsymbol{\xi}_3)$, 其中 $\boldsymbol{\xi}_i$ 是方程 (4.2.5) 中跃迁概率矩阵 $\boldsymbol{W}^{(0)}$ 的特征向量. 在方程 (4.2.5) 的两边同时乘以 $\boldsymbol{G}$ 的逆矩阵 $\boldsymbol{G}^{-1}$, 得到如下方程:

$$\frac{\mathrm{d}a_i(t)}{\mathrm{d}t} = \gamma_i a_i + \sum_{j=1}^{3} \boldsymbol{G}_{ij}^{-1} \boldsymbol{\varphi}_j^{(0)} \sin(\omega t) \quad (i = 1, 2, 3), \tag{4.2.7}$$

其中变量 $a_i = \sum_{j=1}^{3} \boldsymbol{G}_{i,j}^{-1} \Delta p_j$, γ_i 是矩阵 $\boldsymbol{W}^{(0)}$ 的特征值, 即 $\boldsymbol{W}^{(0)} \boldsymbol{\xi}_i = \gamma_i \boldsymbol{\xi}_i$.

通过求解方程 (4.2.7), 进而获得方程 (4.2.5) 中瞬态响应 $\Delta p_i(t)$ 的解析表达式:

$$\Delta p_i(t) = \sum_{j=1}^{3} \boldsymbol{G}_{i,j} \exp(\gamma_j t) \int_0^t \sum_{k=1}^{3} \boldsymbol{G}_{jk}^{-1} \boldsymbol{\varphi}_k^{(0)} \sin(\omega u) \exp(-\gamma_j u) \mathrm{d}u. \tag{4.2.8}$$

对于不受外简谐信号作用的系统, 当系统在中间势阱的瞬时概率达到其一半的稳态值时, 对应的时间定义为 $t_{1/2}^{(0)}$, 即

$$p_2^{(0)}(t_{1/2}^{(0)}) = 0.5 \lim_{t \to \infty} p_2^{(0)}(t). \tag{4.2.9}$$

根据方程 (4.2.9), 假如 $\Delta p_2(t_{1/2}^{(0)}) > 0$, 系统的外简谐力可视作有效, 系统将加速到达并越过中间稳定状态对应全部响应 $p_2(t) = p_2^{(0)}(t) + \varepsilon_0 \Delta p_2(t)$ 的一半水平, 这是衡量系统中外简谐力是否有效的一个重要标志 [28].

不失一般性, 考虑系统从左侧势阱向中间势阱运动. 方程 (4.2.4) 中未扰动的 $p_2^{(0)}(t)$ 可从附有初始条件 $p_1^{(0)}(0) = 1$ 和 $p_2^{(0)}(0) = p_3^{(0)}(0) = 0$ 的方程 (4.2.5) 中得到

$$p_2^{(0)}(t) = \frac{1}{m_1} \left\{ m_2 \left[1 - \cosh\left(0.5\sqrt{m_5}t\right) \exp\left(-0.5m_3 t\right) \right] \right.$$
$$\left. + \left[\sinh\left(0.5\sqrt{m_5}t\right) \exp\left(-0.5m_3 t\right) m_4 \right] / \sqrt{m_5} \right\}, \tag{4.2.10}$$

其中 $\lim_{t \to \infty} p_2^{(0)}(t) = m_2/m_1$,

$$m_1 = k_{1,2}^{(0)} k_{3,2}^{(0)} + k_{2,1}^{(0)} k_{3,2}^{(0)} + k_{2,3}^{(0)} k_{1,2}^{(0)}, \quad m_2 = k_{1,2}^{(0)} k_{3,2}^{(0)}, \quad m_3 = k_{1,2}^{(0)} + k_{2,1}^{(0)} + k_{2,3}^{(0)} + k_{3,2}^{(0)},$$

$$m_4 = k_{1,2}^{(0)} \left[k_{2,1}^{(0)} k_{3,2}^{(0)} - k_{2,3}^{(0)} k_{3,2}^{(0)} - \left(k_{3,2}^{(0)} \right)^2 + k_{1,2}^{(0)} k_{3,2}^{(0)} + 2 k_{1,2}^{(0)} k_{2,3}^{(0)} \right],$$

$$m_5 = \left(k_{1,2}^{(0)} \right)^2 + \left(k_{2,1}^{(0)} \right)^2 + \left(k_{2,3}^{(0)} \right)^2 + \left(k_{3,2}^{(0)} \right)^2 + 2 k_{2,3}^{(0)} k_{3,2}^{(0)} - 2 k_{2,3}^{(0)} k_{1,2}^{(0)}$$

$$+ 2 k_{2,1}^{(0)} k_{2,3}^{(0)} - 2 k_{1,2}^{(0)} k_{3,2}^{(0)} - 2 k_{2,1}^{(0)} k_{3,2}^{(0)} + 2 k_{1,2}^{(0)} k_{2,1}^{(0)}.$$

　　根据方程 (4.2.9) 和方程 (4.2.10)，对于系统 (4.1.1) 中不相关噪声情形，得到时间 $t_{1/2}^{(0)}$ 的解析表达式：$t_{1/2}^{(0)} = \ln 2 / \left(k_{1,2}^{(0)} + 2k_{2,1}^{(0)} \right)$. 然而，当加性和乘性噪声存在互关联性时，系统概率分布的对称性遭到破坏，使得方程 (4.2.9) 中的时间 $t_{1/2}^{(0)}$ 变得复杂化以致不能推导出解析结果，故采用数值算法获得 $t_{1/2}^{(0)}$. 图 4.2.1(a) 和 (b) 分别绘制了系统瞬态响应 $\Delta p_2(t_{1/2}^{(0)})$ 作为激励频率 ω 的函数随不同时滞 τ 和噪声互关联强度 λ 的变化曲线. 为了保证绝热近似条件成立，ω 需满足条件：$0 < \omega \ll V''(s_i)^{[29]}$. 在图 4.2.1(a) 中，对于不同的 τ，均存在一定范围内的 ω 使得对应的 $\Delta p_2(t_{1/2}^{(0)})$ 大于零，并且正值的 $\Delta p_2(t_{1/2}^{(0)})$ 随着 τ 的增加而下降. 可见，在低频区域内，时滞的延长将导致系统关于外简谐信号的瞬时响应减弱. 此外，从图 4.2.1(b) 可见，当 ω 取值适中，即当 $\omega > 0.055$ 时，$\Delta p_2(t_{1/2}^{(0)})$ 随着 λ 的增加展示出了非单调的变化，故对于给定的输入信号，存在最优的 λ 使系统的瞬态响应最大化. 因此，通过选取合适的时滞和噪声互关联性可提高时滞三稳态系统关于外简谐信号响应的有效性.

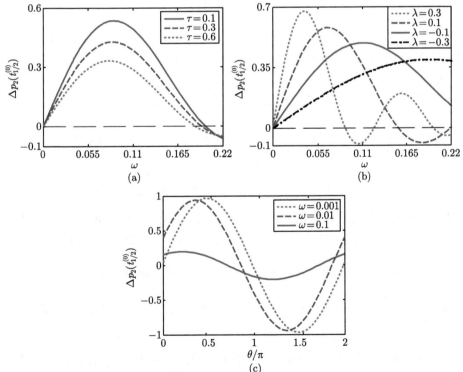

图 4.2.1　系统瞬态响应 $\Delta p_2(t_{1/2}^{(0)})$ 随不同参数的变化曲线 ($h = 0.3$, $Q = D = 0.05$)

(a) $\lambda = 0$ 和时滞 τ；(b) $\tau = 0.1$ 和噪声互关联强度 λ；(c) $\tau = 0.1$, $\lambda = 0.4$ 和激励频率 ω

当系统 (4.1.1) 中的简谐信号 $\varepsilon_0 \sin(\omega t)$ 替换为含非零相位 θ 的信号 $\varepsilon_0 \sin(\omega t + \theta)$ 时, 给出了瞬态响应 $\Delta p_2(t_{1/2}^{(0)})$ 在周期 2π 内作为 θ 的函数随不同频率 ω 的变化情况, 如图 4.2.1(c) 所示. 显然, 当 ω 逐渐下降并接近于零时, $\Delta p_2(t_{1/2}^{(0)})$ 的振幅增大到了一个有限值. 相反地, 当 ω 远大于每个稳定状态附近处扩散过程的特征时间倒数时, 系统响应减弱甚至消失. 特别地, 在图 4.2.1(a) 和 (b) 中, 所有取值为负的 $\Delta p_2(t_{1/2}^{(0)})$ 通过选择合适范围的相位值可再变为正值, 从而使得系统的外周期信号仍然有效.

4.2.2　系统稳态响应

对于系统 (4.1.1), 其在噪声和外简谐激励下的稳态响应反映了系统的长时间行为, 在动力学研究中具有重要意义. 故在长时间极限条件下, 方程 (4.2.5) 中的稳态解形式可以表示为

$$\Delta p_i = \mu_i \sin(\omega t) + \nu_i \cos(\omega t), \tag{4.2.11}$$

其中 μ_i 和 $\nu_i (i = 1, 2, 3)$ 决定了稳态响应 Δp_i 的振幅 A_i 和相位 ϕ_i, 即

$$\Delta p_i = A_i \sin(\omega t + \phi_i), \tag{4.2.12}$$

其中 $A_i = \sqrt{\mu_i^2 + \nu_i^2}$ 和 $\phi_i = \arctan(\nu_i / \mu_i)$, 且系统响应振幅 A_1、A_2 和 A_3 分别对应于图 4.1.1(a) 中的左侧势阱、中间势阱和右侧势阱, 反映了系统关于弱的外简谐输入的响应变化.

将方程 (4.2.12) 代入方程 (4.2.5) 中, 推导出 μ_i 和 ν_i 的解析表达式:

$$
\begin{aligned}
\mu_i &= -\left(\frac{\gamma_1}{\gamma_1^2 + \omega^2} a_1^{(0)} \boldsymbol{\xi}_{1,i} + \frac{\gamma_2}{\gamma_2^2 + \omega^2} a_2^{(0)} \boldsymbol{\xi}_{2,i} + \frac{\gamma_3}{\gamma_3^2 + \omega^2} a_3^{(0)} \boldsymbol{\xi}_{3,i} \right), \\
\nu_i &= -\left(\frac{\omega}{\gamma_1^2 + \omega^2} a_1^{(0)} \boldsymbol{\xi}_{1,i} + \frac{\omega}{\gamma_2^2 + \omega^2} a_2^{(0)} \boldsymbol{\xi}_{2,i} + \frac{\omega}{\gamma_3^2 + \omega^2} a_3^{(0)} \boldsymbol{\xi}_{3,i} \right),
\end{aligned}
\tag{4.2.13}
$$

其中 γ_k 和 $\boldsymbol{\xi}_k$ 分别表示方程 (4.2.5) 中跃迁概率矩阵 $\boldsymbol{W}^{(0)}$ 的特征值和特征向量. $a_k^{(0)}$ 是方程 (4.2.6) 中的列矩阵 $\boldsymbol{\varphi}^{(0)}$ 在特征向量 $\boldsymbol{\xi}_k$ 处的展开系数, 即 $\boldsymbol{\varphi}^{(0)} = \sum_{k=1}^{3} a_k^{(0)} \boldsymbol{\xi}_k$. 式 (4.2.12) 和式 (4.2.13) 给出了系统稳态响应的理论结果, 下面将根据系统响应振幅的解析表达式, 分析时滞和相关噪声对随机共振现象的影响.

1. 时滞对系统随机共振的影响

考虑不相关的噪声情形 $(\lambda = 0)$, 由于三稳态系统 (4.1.1) 的概率分布具有对称结构, 导致方程 (4.1.12) 中的稳态响应 Δp_i 满足关系: $\Delta p_1 = -\Delta p_3$ 和 $\Delta p_2 = 0$. 因此, 方程 (4.2.13) 中的响应振幅 A_1 和 A_3 是相等的, 仅需讨论 A_1 的变化.

针对方程 (4.1.8) 中的对称广义势函数, 定义两侧势阱与中间势阱的深度比率为 $\Gamma = [V(u_1) - V(s_1)]/[V(u_1) - V(s_2)]$. 图 4.2.2 分别绘制了响应振幅 A_1 和势阱深度比率 Γ 作为势函数参数 h 的函数随不同时滞 τ 的变化曲线. 在图 4.2.2(a) 中, 对于给定的 τ 值, A_1 随 h 变化的曲线展示出了显著的共振峰, 意味着参数诱导的随机共振发生. 随着 τ 的增加, A_1 的峰值上升, 而峰的位置向 h 减小的方向转移, 该现象可通过图 4.2.2(b) 解释, 其给出了两侧势阱和中间势阱的深度比率随 h 的变化情况. 从图 4.2.2(a) 和 (b) 中发现, 当三个势阱的深度变得完全相同时 $(\Gamma = 1)$, 系统响应达到最优. 对于固定的乘性和加性噪声强度, 假设 $\Gamma \neq 1$, 则系统从一个势阱到另一个势阱的连续滚动变化将变得不容易实现, 所以系统响应减弱. 但是, 对于具有相同深度的三个势阱, 系统将相对容易地穿越不同势阱间的同一高度势垒, 从而系统响应得到显著增强. 因此, 系统关于外简谐信号的输出响应可通过调整时滞和势函数参数的变化关系得到进一步优化.

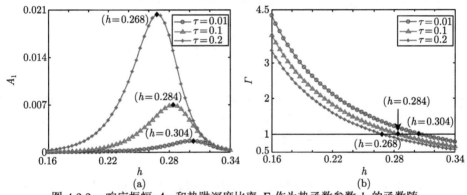

图 4.2.2 响应振幅 A_1 和势阱深度比率 Γ 作为势函数参数 h 的函数随
不同时滞 τ 的变化曲线

其他参数选择为 $\omega = 0.001$, $D = 0.005$ 和 $R = 1$

图 4.2.3 展示了响应振幅 A_1 对乘性噪声强度 D 和加性噪声强度 Q 的依赖关系, 其中 A_1 作为 D 或 Q 的函数曲线均呈现出非单调变化, 这是典型的随机共振现象. 在图 4.2.3(a) 中, A_1 随 D 变化的峰值随着 Q 的增加而下降, 但在图 4.2.3(b) 中, A_1 随 Q 变化的峰值随着 D 的增加而上升, 且共振区域变窄, 表明在三稳态系统中, 不相关的乘性噪声和加性噪声对于增强随机共振效应起着相反的作用, 类似于图 4.1.2(a) 和 (c) 中噪声诱导跃迁现象的结果. 由此可见, 乘性噪声和加性噪声的相互作用能够对该系统中的噪声诱导动力学现象产生显著的影响. 此外, 为了证实系统 (4.1.1) 中发生的随机共振现象, 从数值角度计算了系统的功率谱密度, 其中选择 10^3 条不同的样本轨迹, 数据长度为 $N_0 = 4 \times 10^5$. 当固定乘性噪声强度 $D = 0.02$ 时, 图 4.2.3(c) 描述了功率谱密度作为频率 f 的函数

随 Q 的变化情形. 可以看到, 功率谱密度在适中的频率值处 ($f = 0.0015$) 呈现了显著的峰值, 且此频率值近似等于外简谐信号的激励频率 ($\omega/2\pi$), 这说明噪声和输入信号对系统的共同作用导致了噪声背景下的信号功率谱明显增加. 此外, 随着 Q 的增加, 功率谱密度的峰值先升高再下降, 意味着随机共振现象的发生. 值得注意的是, 功率谱密度的峰值在 $Q = 0.058$ 处达到了最大, 这与图 4.2.3(b) 中曲线 $D = 0.02$ 所对应诱导共振的最优 Q 值基本一致.

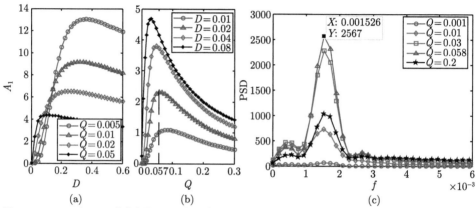

图 4.2.3　(a) 和 (b) 响应振幅 A_1 分别作为乘性噪声强度 D 和加性噪声强度 Q 的函数的变化曲线; (c) 功率谱密度作为频率 f 的函数随不同 Q 的变化曲线 ($D = 0.02$, $\varepsilon_0 = 0.1$); 其他参数选择为 $h = 0.4$, $\omega = 0.01$ 和 $\tau = 0.02$

图 4.2.4 分别给出了响应振幅 A_1 随噪声强度 D 和 Q 变化的峰值, 它们均作为时滞 τ 的函数随着不同的频率 ω 变化. 从图 4.2.4(a) 和 (b) 中可看到, 对于固定的系统输入信号, 存在最优的时滞 τ 使得 A_1 的峰值达到最大值, 即产生最佳的随机共振效应. 因此, 选择合适的时滞能够有效提升系统关于外简谐信号的输出响应强度. 此外, 图 4.2.4 中曲线 A_1 的峰值均随着 ω 的增加而下降, 系统响应减弱, 这与图 4.2.1(c) 中瞬态响应的变化相一致. 不同的是, 随着 ω 的增加, 乘性噪声情形中的最优时滞明显变小, 而加性噪声情形中的最优时滞保持微弱变化.

为了进一步揭示时滞对系统 (4.1.1) 的随机动力学的影响, 图 4.2.5 给出了系统粒子在中间势阱的平均滞留时间 T_{MR} 作为加性噪声强度 Q 的函数随不同时滞 τ 和输入信号振幅 ε_0 的变化曲线. 在数值计算中, 滞留时间 (Residence Time) 定义为系统在越迁到另一个势阱前在该势阱内停留的时间 [30]. 固定参数 $h = 0.4$ 和 $\omega = 0.01$, 并通过对 10^4 个滞留时间进行平均得到 T_{MR}. 由于输入信号本身能够控制系统从一个稳定状态到另一个稳定状态的转变, 故对不含时滞和噪声的

方程 (4.1.1) 进行数值模拟, 可以确定输入信号振幅的临界值为 $\tilde{\varepsilon} = 0.1944$. 当 $\varepsilon_0 < \tilde{\varepsilon}$ 时, 系统整体稳定, 否则系统变为整体不稳定[31]. 如图 4.2.5(a) 所示, 当 $\varepsilon_0 < \tilde{\varepsilon}$ 时, T_{MR} 随着 Q 的增加快速下降, 与 τ 的变化关联性不大, 即稳定性随着加性噪声强度的减小而增强. 在图 4.2.5(b) 中, 当 $\varepsilon_0 > \tilde{\varepsilon}$ 时, 对于给定的较小 τ 值和仅考虑加性噪声激励的情况, T_{MR} 作为 Q 的函数展示了一个非单调的变化趋势, 这种典型的行为是噪声增强稳定性现象发生的标志. 但是, 对于较大的时滞 ($\tau = 0.17$), 噪声增强稳定性现象在仅受加性噪声激励的时滞三稳态系统中消失. 此外, 对于乘性噪声与加性噪声 ($D = 0.001$) 共同作用的无时滞三稳态系统, T_{MR} 作为 Q 的函数呈现一个单调递减的变化趋势, 即噪声增强稳定效应消失.

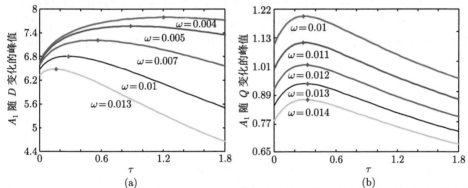

图 4.2.4　响应振幅 A_1 随噪声强度 D 和 Q 变化的峰值分别作为时滞 τ 的函数随不同信号频率 ω 的变化曲线

其中实心点表示曲线中最优时滞项对应的最大峰值, 其他参数选择为 $h = 0.4$, (a)$D \in (0,1)$, $Q = 0.02$ 和 (b)$D = 0.01$, $Q \in (0, 0.5)$

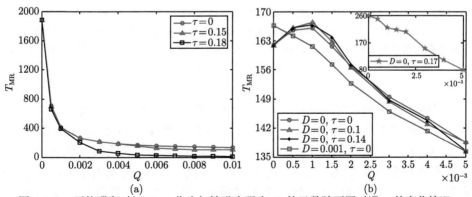

图 4.2.5　平均滞留时间 T_{MR} 作为加性噪声强度 Q 的函数随不同时滞 τ 的变化情况

(a) $\varepsilon_0 = 0.19$(整体稳定情形), $D = 0$; (b) $\varepsilon_0 = 0.2$(整体不稳定情形). 其他参数固定为 $h = 0.4$ 和 $\omega = 0.01$

2. 关联噪声对随机共振的影响

由于乘性噪声与加性噪声之间的互关联性破坏了时滞三稳态系统中概率密度函数的对称性, 如图 4.1.2(d) 所示, 从而使得方程 (4.2.13) 中的稳态响应 $\Delta p_i(i = 1, 2, 3)$ 完全不同于不相关噪声激励的情形. 从图 4.2.6 中可以观察到, A_1 作为乘性噪声强度或加性噪声强度的函数都呈现出非单调变化, 在最优的噪声强度处 A_1 达到最大值, 出现随机共振现象. 当噪声互关联强度 λ 增大时, A_1 的共振峰值均下降, 峰的位置向右边转移. 由于噪声之间的互关联性在很大程度上影响到了系统有效势函数的变化, 产生了一定的非对称性特征, 这导致系统需要在更大的噪声强度作用下穿越不同高度的势垒, 同时随机共振效应随着 λ 的变大而减弱. 此外, 当固定噪声强度 $D = 0.15$ 和 $Q = 0.02$ 时, 不同 λ 值下的功率谱密度均展示了尖锐的峰形状, 其中峰的高度随着 λ 的增加而下降, 如图 4.2.6(c) 所示. 研究结果表明增加噪声互关联强度能够抑制系统响应, 这与图 4.2.6(a) 和 (b) 中的结果一致.

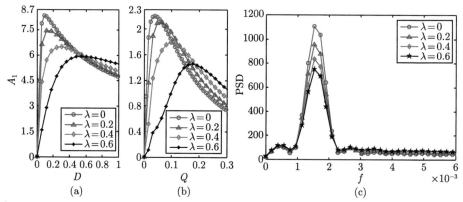

图 4.2.6　(a) 和 (b) 响应振幅 A_1 作为乘性噪声强度 D 和加性噪声强度 Q 的函数分别随不同噪声互关联强度 λ 的变化曲线；(c) 功率谱密度作为频率 f 的函数随不同 λ 的变化曲线. 其他参数选择为 $h = 0.3, \omega = 0.01, \tau = 0.01$, (a)$Q = 0.02$, (b)$D = 0.02$ 和 (c)$D = 0.15$, $Q = 0.02, \varepsilon_0 = 0.1$

当固定噪声的互关联强度 $\lambda = 0.8$ 时, 图 4.2.7 描述了方程 (4.2.13) 中对应三个势阱的响应振幅 $A_i(i = 1, 2, 3)$ 分别随乘性噪声强度 D 和加性噪声强度 Q 的变化情况. 在图 4.2.7(a) 中, A_2 和 A_3 随 D 变化的曲线均出现了一个极小值和两个极大值. 当 D 逐渐增加时, A_2 和 A_3 分别先在最优的乘性噪声强度 $D_{\text{opt}} = 0.041$ 处达到一个尖锐峰值, 再下降至一个局部的最小值. 然而, A_1 和 A_3 随着 D 的继续增大也开始上升, 并在最优噪声强度 $D_{\text{opt}} = 1.12$ 处达到另一个峰值, 这表明在关联噪声作用下的时滞三稳态系统中观察到了多重随机共振现象. 此外, 从图 4.2.7(b) 中也看到, A_2 和 A_3 分别在最优的加性噪声强度 $Q_{opt} = 0.014$ 和 $Q_{opt} = 0.27$ 处呈现了双共振峰的结构特征, 其中系统响应振幅在 $Q_{opt} = 0.27$ 处的峰值要明显小于 $Q_{opt} = 0.014$ 处的. 事实上, 由于噪声之间正的互关联性对系统中三势阱结构的影响, 在弱噪声激励下的系统容易穿越势垒, 在中间势阱与右侧势阱之间不断跳跃. 这种噪声诱导的跳跃导致在三稳态系统中出现相邻势阱间的随机共振现象, 类似于在经典双稳态模型中发生的随机共振. 如果噪声强度继续增大, 系统将呈现左右两侧势阱间的噪声诱导跳跃, 且与输入的简谐信号在最优噪声强度处变得同步. 由此可见, 持续增加的乘性或加性噪声强度能够使得三稳态系统中的同步运动从两个相邻势阱间转向两侧势阱间, 故出现如图 4.2.7 所示的随机共振现象. 特别地, 在图 4.2.7(b) 中, 通过与相邻两势阱间的情况对比, 左右两侧势阱间出现的随机共振效应显著变弱.

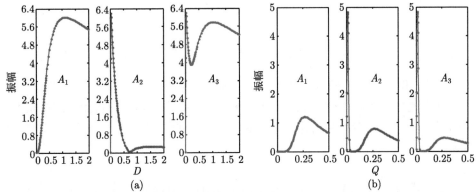

图 4.2.7 响应振幅 A_1、A_2 和 A_3 在关联噪声作用下 ($\lambda = 0.8$) 分别作为乘性噪声强度 D 和加性噪声强度 Q 的函数变化的情况, 发现系统出现多重随机共振现象. 其他参数的选择与图 4.1.20 中相同

为了验证图 4.2.7 中给出的理论分析结果, 对系统 (4.1.1) 采用四阶龙格–库塔算法得到不同乘性和加性最优噪声强度下的时间历程, 如图 4.2.8 所示, 其中最优噪声强度 D_{opt} 和 Q_{opt} 均固定为由图 4.2.7 所得到的值. 在图 4.2.8(a) 中, 典型的输入输出同步效应在最优噪声强度 D_{opt} 处观察到, 类似地, 图 4.2.8(b) 中的共振同步现象也在最优噪声强度 Q_{opt} 处发现. 值得注意的是, 在图 4.2.8(b) 中, 系统在 $Q_{opt} = 0.27$ 处出现较为不显著的周期性转换, 其对应于图 4.2.7(b) 中发生在左右两侧势阱间的较弱随机共振现象. 因此, 理论结果与数值分析结果一致.

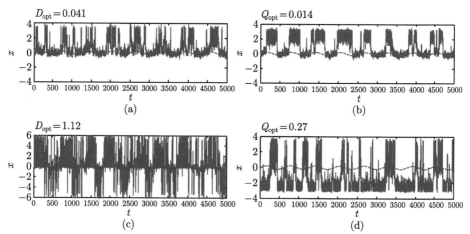

图 4.2.8　系统的时间历程, 其中最优噪声强度 (a) D_{opt} 和 (b) Q_{opt} 选择为图 4.2.7 中得到的值, 虚线表示输入信号

4.3　三值噪声激励下时滞三稳态系统的随机共振

4.1 节和 4.2 节的研究是针对相关的乘性和加性高斯白噪声激励开展的, 为了更真实地描述实际工程问题, 本节将采用三值噪声来描述随机激励. 考虑不相关的三值噪声和简谐力共同作用下具有时滞反馈的三稳态系统, 其数学模型可描述为

$$\frac{\mathrm{d}x}{\mathrm{d}t} = -V_1'(x) + \beta x(t-\tau) + \varepsilon_0 \cos(\omega t) + x(t)\xi(t) + \eta(t), \qquad (4.3.1)$$

其中 τ 为时滞; β 为反馈增益系数; ε_0 和 ω 分别代表系统中外简谐信号的振幅和频率. 系统势函数 $V_1(x) = ax^6/6 - b(1+h)x^4/4 + hx^2/2$. 当 $a = 1/30$, $b = 1/5$ 和 $h > 0$ 时, 三稳态势函数的结构形状如图 4.1.1(a) 所示. 当 $a = 0$, $b > 0$ 和 $h > 0$ 时, 该势阱退化为双稳态结构, 其具有两个稳定平衡点 $x_\pm$ 和一个不稳定平衡点 x_u:

$$x_u = 0, \quad x_\pm = \pm\sqrt{h/b(1+h)}. \qquad (4.3.2)$$

这里, 乘性噪声 $\xi(t)$ 和加性噪声 $\eta(t)$ 均为三值噪声, 满足下列统计性质:

$$\langle\xi(t)\rangle = 0, \quad \langle\eta(t)\rangle = 0,$$

$$\langle\xi(t)\xi(t')\rangle = \frac{2}{3}A_2^2 \exp(-\nu_\xi|t-t'|), \quad \langle\eta(t)\eta(t')\rangle = \frac{2}{3}A_1^2 \exp(-\nu_\eta|t-t'|). \qquad (4.3.3)$$

其中 A_1, A_2 分别表示加性和乘性噪声的振幅, 记 D_1, D_2 分别为加性和乘性噪声的强度, 转迁率分别为 α_1, α_2, 则有 $D_1 = 4A_1^2/9\alpha_1$, $D_2 = 4A_2^2/9\alpha_2$, $\nu_\eta = 3\alpha_1$, $\nu_\xi = 3\alpha_2$.

4.3.1 三值噪声和时滞对平均首次穿越时间的影响

本节研究三值噪声对时滞三稳态系统 (4.3.1) 的平均首次穿越时间的影响, 参数取值 $h = 1/10$, $\beta = 0.4$, $\alpha_1 = \alpha_2 = 10$. 首先, 在图 4.3.1 中给出了系统仅在加性三值噪声激励下, 平均首次穿越时间随加性噪声强度 D_1 的变化情况. 从图中可以看到, 当时滞取较小的值 ($\tau \leqslant 0.15$) 时, 平均首次穿越时间随 D_1 的增加先出现一个极小值, 接着出现一个极大值, 表明在时滞较小时系统的平均首次穿越时间随 D_1 的增加同时出现共振和抑制现象. 接着随着时滞的增大 ($\tau = 0.25, 0.3$), 平均首次穿越时间曲线只存在极小值, 而峰值消失, 说明此时平均首次穿越时间随 D_1 的增加仅出现抑制现象, 而不会出现噪声增强稳定性现象. 图 4.3.2 研究了系统仅在乘性三值噪声激励下系统的平均首次穿越时间随乘性噪声强度 D_2 的变化情况. 可以看到图中三条曲线随 D_2 的增加均出现了极小值和极大值, 表明系统的平均首次穿越时间同时出现共振和抑制现象, 并且平均首次穿越时间曲线的峰值高度与时滞大小相关, 时滞越大, 系统的平均首次穿越时间越大, 说明在该稳定态停留的时间越长. 特别是当 $\tau = 0.25$ 时, 对比图 4.3.1 和图 4.3.2, 发现乘性和加性三值噪声对系统的平均首次穿越时间的影响是不一样的.

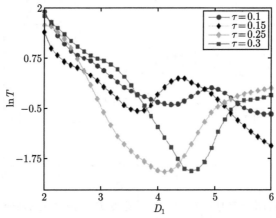

图 4.3.1　系统平均首次穿越时间作为加性噪声强度 D_1 的函数随时滞变化的情况 ($D_2 = 0$)

图 4.3.3 展示了系统在乘性和加性三值噪声共同作用下, 平均首次穿越时间曲线随乘性噪声强度 D_2 的变化情况. 由图可见, 在固定加性噪声强度 D_1 的情况下, 当时滞 $\tau = 0.1$ 时, 系统的平均首次穿越时间随 D_2 的增加单调下降, 即 D_2

越大, 系统穿越势垒需要的时间也越短. 当时滞 $\tau = 0.15$ 时, 平均首次穿越时间曲线在合适的 D_2 处出现了极小值, 表明系统的平均首次穿越时间此时最快. 随着时滞继续增加 ($\tau \geqslant 0.2$), 平均首次穿越时间曲线同时出现了极小值和极大值. 通过比较图 4.3.1 ~ 图 4.3.3, 容易发现乘性和加性三值噪声及时滞对系统的平均首次穿越时间及逃逸行为有重要的影响.

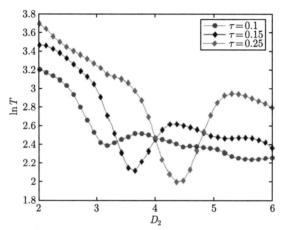

图 4.3.2   系统平均首次穿越时间作为乘性噪声强度 D_2 的函数随时滞变化的情况 ($D_1 = 0$)

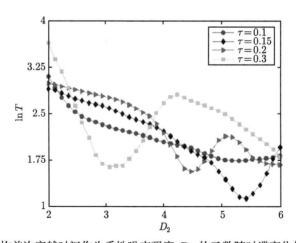

图 4.3.3   系统平均首次穿越时间作为乘性噪声强度 D_2 的函数随时滞变化的情况 ($A_1 = 0.2$)

4.3.2   三值噪声和时滞对随机共振的影响

本节采用随机能量法来研究系统 (4.3.1) 的随机共振. 用数值方法来计算系统平均输入能量 (2.1.7) 随三值噪声强度、转迁率、时滞等的变化关系, 揭示系统参数、噪声和时滞对随机共振的影响. 在下面分析中, 固定参数 $h = 1/10$, $\tau = 0.3$.

图 4.3.4 展示了系统在只受到简谐力和加性三值噪声激励下, 反馈增益、加性噪声强度和噪声转迁率对随机共振的影响. 从图 4.3.4(a) 可以看到, 当增益系数 β 取 -0.8 时, $\langle \bar{W} \rangle$ 曲线随 D_1 的变化较为平缓, 简谐力对系统的做功能力跟加性噪声强度的变化关系不太明显, 系统没有出现随机共振. 随着增益系数 β 的增大, 比如, 取 -0.2 和 0.2 时, $\langle \bar{W} \rangle$ 曲线随 D_1 的增加出现了明显的非单调行为, 简谐力对系统的做功能力先随 D_1 的增加而增加, 达到峰值后随着 D_1 的增加而减小, 表明系统出现了随机共振. 随着 β 继续增加, $\langle \bar{W} \rangle$ 曲线随 D_1 的增加呈现单调增加的趋势, 随机共振现象消失. 上述现象说明对于固定的时滞, 只有取适当大小的增益系数时, 才存在最优的 D_1 使得系统出现随机共振现象. 此外, 增益系数 β 增大, 峰值对应的最优 D_1 也变大. 由图 4.3.4(b) 发现 $\langle \bar{W} \rangle$ 曲线随 α_1 的增加有共振峰出现, 该现象称为广义随机共振[32], 且出现共振时对应的 α_1 的最优值随着 β 的不同而变化.

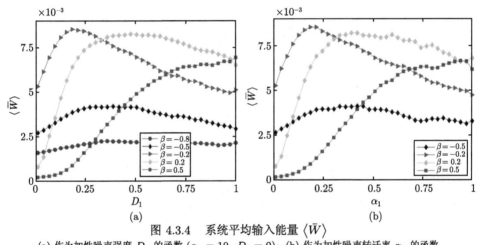

图 4.3.4 系统平均输入能量 $\langle \bar{W} \rangle$

(a) 作为加性噪声强度 D_1 的函数 ($\alpha_1 = 10$, $D_2 = 0$); (b) 作为加性噪声转迁率 α_1 的函数 ($A_1 = 2$, $D_2 = 0$)

在图 4.3.5 中, 考虑了系统只受到简谐力和乘性三值噪声激励的情况. 当 $\beta = 0.2$ 时, $\langle \bar{W} \rangle$ 曲线随 D_2 的增大出现先减小再增加的变化, 说明乘性三值噪声会诱导系统产生抑制共振行为, 该动力学特性跟系统只受到加性三值噪声激励的情形不同, 如图 4.3.4(a) 所示. 而当 β 取其他值时, $\langle \bar{W} \rangle$ 曲线随 D_2 的增大单调变化, 系统既没有随机共振也没有抑制共振现象出现. 因此, 当增益系数 β 取适当的值时, 存在一个合适的 D_2 值使得系统出现抑制共振现象.

图 4.3.6 展示了系统在简谐力、加性及乘性三值噪声共同激励下 $\langle \bar{W} \rangle$ 随加性噪声转迁率 α_1 的变化. 可以观察到当乘性噪声幅值 A_2 较小时, $\langle \bar{W} \rangle$ 曲线随着 α_1 的增加出现单峰, 且峰值对应的 α_1 值随着 A_2 的增大而右移. 此时, 系统存

明显的广义随机共振现象. 但当乘性噪声幅值 A_2 取较大值时 ($A_2 = 4.0$), $\langle \bar{W} \rangle$ 曲线随着 α_1 的增加变为单调变化, 广义随机共振消失. 因此, 当考虑加性噪声和乘性噪声共同激励下的时滞三稳态系统时, A_2 对系统随机共振存在很大的影响, 只有当 A_2 较小时才会出现随机共振.

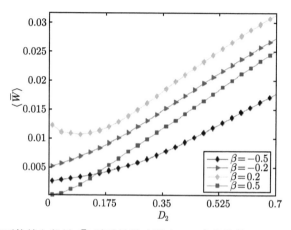

图 4.3.5　系统平均输入能量 $\bar{W}$ 随乘性噪声强度 D_2 变化的情况 ($\alpha_2 = 10$, $D_1 = 0$)

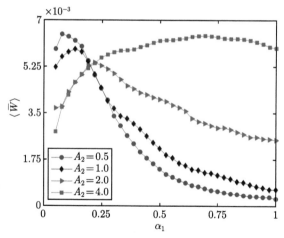

图 4.3.6　系统平均输入能量 $\langle \bar{W} \rangle$ 随加性噪声转迁率 α_1 变化的情况 ($\alpha_2 = 10$, $A_1 = 2$)

4.4　本章小结

在现实世界中, 噪声和时滞普遍存在, 在建模中如果要同时考虑这两个因素的影响, 就必须用时滞随机微分方程来描述系统的运动. 由于时滞随机非线性动力系统的复杂性和数学上处理的难度, 无论是基本概念、研究方法还是实验研究均感不足, 都还处在初步探索阶段. 本章主要研究了在噪声 (包括相关高斯白噪声和三值噪声) 激励下时滞三稳态系统的跃迁运动、平均首次穿越时间、平均滞留时间和随机共振现象. 通过理论分析和数值计算, 发现系统中存在一些新的、有趣的非线性现象, 如噪声诱导跃迁中的重入现象、噪声提高稳定性现象、多重随机共振现象和激活共振等. 特别是, 相比于单稳态和双稳态非线性系统, 三稳态动力系统有三个吸引子共存, 当系统受到随机激励时, 往往会诱导不同吸引子之间的复杂运动. 例如, 对于一个受噪声激励的双稳系统, 当噪声强度达到一定值时, 会诱导系统两个稳态之间的往复运动, 该阱间跃迁方式是单一的, 即从左势阱到右势阱或从右势阱到左势阱. 对于三稳态系统, 从左侧稳定点到右侧稳定点的跃迁通常要经过中间稳定点, 故其平均首次穿越时间的计算较为复杂. 这里我们主要讨论了在什么样的情形下, 三稳态系统的平均首次穿越时间可以看作计算等效双稳态系统的平均首次穿越时间. 时滞随机非线性动力系统的研究问题中充满着挑战性和开放性, 本章的研究有助于理解多稳态系统中由噪声和时滞诱导的非线性动力学现象, 深入认识噪声、时滞和多稳态性对系统非线性动力学行为的影响.

参 考 文 献

[1] Hale J K. Theory of Functional Differential Equations[M]. New York: Springer, 1977.

[2] 胡海岩, 王在华. 非线性时滞动力系统的研究进展 [J]. 力学进展, 1999, 29(4): 501-512.

[3] Hu H Y, Wang Z H. Dynamics of Controlled Mechanical Systems with Delayed Feedback[M]. Berlin: Springer-Verlag, 2002.

[4] 孙建桥, 丁千. 时滞动力系统的分析与控制 [M]. 北京：高等教育出版社, 2013.

[5] 徐鉴, 裴利军. 时滞系统动力学近期研究进展与展望 [J]. 力学进展, 2006, 36(1): 17-30.

[6] Guillouzic S, L'Heureux I, Longtin A. Small delay approximation of stochastic delay differential equations[J]. Physical Review E, 1999, 59(4): 3970-3982.

[7] Bilello C, Di Paola M, Pirrotta A. Time delay induced effects on control of non-linear systems under random excitation[J]. Maccanica, 2002, 37(1/2): 207-220.

[8] Fofana M S. Effect of regenerative process on the sample stability of a multiple delay differential equation[J]. Chaos, Solitons & Fractals, 2002, 14(2): 301-309.

[9] Jin Y F, Hu H Y. Principal resonance of a Duffing oscillator with delayed state feedback under narrow-band random parametric excitation[J]. Nonlinear Dynamics, 2007, 50(1/2): 213-227.

[10] Sun Z K, Yang X L, Xiao Y Z, Xu W. Modulating resonance behaviors by noise recycling in bistable systems with time delay[J]. Chaos, 2014, 24: 023126.

[11] Wu D, Zhu S Q. Stochastic resonance in a bistable system with time-delayed feedback and non-Gaussian noise[J]. Physics Letters A, 2007, 363(3): 202-212.

[12] Jia Z L. Time-delay induced reentrance phenomenon in a triple-well potential system driven by cross-correlated noises[J]. International Journal of Theoretical Physics, 2009,

48(1): 226-231.

[13] Shi P M, Yuan D Z, Han D Y, Zhang Y, Fu R R. Stochastic resonance in a time-delayed feedback tristable system and its application in fault diagnosis[J]. Journal of Sound and Vibration, 2018, 424: 1-14.

[14] Xu P F, Jin Y F, Xiao S M. Stochastic resonance in a delayed triple-well potential driven by correlated noises[J]. Chaos, 2017, 27(11): 113109.

[15] Xu P F, Jin Y F. Mean first-passage time in a delayed tristable system driven by correlated multiplicative and additive white noises[J]. Chaos, Solitons & Fractals, 2018, 112: 75-82.

[16] Jin Y F, Xu P F. Noise-induced dynamics in a delayed triple-well potential system driven by correlated noises[J]. IFAC-PapersOnLine, 2018, 51(14): 189-194.

[17] Li J M, Chen X F, He Z J. Multi-stable stochastic resonance and its application research on mechanical fault diagnosis[J]. Journal of Sound and Vibration, 2013, 332(22): 5999-6015.

[18] Gilboa G, Sochen N, Zeevi Y Y. Image sharpening by flows based on triple well potentials[J]. Journal of Mathematical Imaging and Vision. 2004, 20(1/2): 121-131.

[19] Wagner C, Kiefhaber T. Intermediates can accelerate protein folding[C]//Proceedings of the National Academy of Sciences of the United States of America, 1999, 96(12): 6716-6721.

[20] Ghosh P K, Bag B C, Ray D S. Noise correlation-induced splitting of Kramers' escape rate from a metastable state[J]. Journal of Chemical Physics, 2007, 127(4): 044510.

[21] Fox R F. Functional-calculus approach to stochastic differential equations[J]. Physical Review A, 1986, 33(1): 467-476.

[22] Novikov E A. Functionals and random-force method in turbulence theory[J]. Soviet Physics JETP, 1965, 20(5): 1290-1294.

[23] 胡岗. 随机力与非线性系统 [M]. 上海：上海科技教育出版社, 1994.

[24] Jia Y, Li J R. Reentrance phenomena in a bistablekineticmodel driven by correlated noise[J]. Physical Review Letters, 1997, 78(6): 994-997.

[25] Sun J Q. Stochastic Dynamics and Control[M]. Amsterdam: Elsevier, 2006.

[26] Cao L, Wu D J. Stochastic dynamics for systems driven by correlated noises[J]. Physics Letters A, 1994, 185(1): 59-64.

[27] McNamara B, Wiesenfeld K. Theory of stochastic resonance[J]. Physical Review A, 1989, 39(19): 4854-4869.

[28] Nicolis C. Stochastic resonance in multistable systems: the role of dimensionality[J]. Physical Review E, 2012, 86: 011133.

[29] Nicolis C, Nicolis G. Stochastic resonance across bifurcation cascades[J]. Physical Review E, 2017, 95: 032219.

[30] Gammaitoni L, Marchesoni F, Menichella Saetta E, Santucci S. Stochastic resonance: a residence time approach[C]//AIP Conference Proceedings, 1996, 375: 397-401.

[31] Mantegna R N, Spagnolo B. Probability distribution of the residence times in periodi-
cally fluctuating metastable systems[J]. International Journal of Bifurcation and Chaos,
1998, 8(4): 783-790.

[32] Jin Y F, Xu W, Xu M, Fang T. Stochastic resonance in linear system due to dichotomous
noise modulated by bias signal[J]. Journal of Physics A: Mathematical and General,
2005, 38(17): 3733-3742.

第 5 章　二阶欠阻尼多稳态系统的噪声诱导共振

单自由度系统是振动研究中最简单的一类系统, 仅用一个坐标就可以确定该类系统的运动, 典型的单自由度非线性系统可以由二阶非齐次非线性常微分方程来描述 [1]. 当外激励为随机力时, 系统运动的微分方程可以看作是一个随机过程. 为了简化理论分析和计算, 在随机共振的研究中, 如果是过阻尼的情况大多数研究忽略了惯性项的影响, 此时只需要处理一阶非线性随机微分方程, 即一个非线性朗之万方程. 但是对于中等的或较小的阻尼, 应该考虑到惯性效应, 此时需要对二阶欠阻尼的非线性随机动力系统进行求解和分析. Xu 等 [2-3] 从数值方面研究了非对称二值噪声作用下欠阻尼双稳态系统的共振行为, 并观察到阻尼系数诱导的多重随机共振现象. Laas 等 [4] 分析了具有涨落频率的谐振子的共振行为, 结果表明输出信噪比以及功率谱放大因子均展现了对阻尼参数的非单调性依赖的随机共振特征. 在含时滞的欠阻尼双稳态系统中, 存在适中的阻尼系数使得随机共振效应最佳 [5]. 黄大文等 [6] 提出了一阶过阻尼和二阶欠阻尼双稳态系统的普通变尺度随机共振理论, 研究发现关于普通变尺度下自适应随机共振现象对轴承微弱故障振动信号的诊断, 其效果在二阶欠阻尼模型中明显优越于一阶过阻尼模型. Jin 等 [7-8] 研究了二阶欠阻尼系统的随机共振, 并推导出系统响应和信噪比的解析表达式. 此外, 随机共振以及相关问题的研究也在二阶欠阻尼的其他势函数系统中出现, 比如, 钉扎势模型 [9]、FitzHug-Nagumo 势函数 [10]、周期势系统 [11] 等. 近年来, 随着多稳态系统随机共振研究的深入, 二阶欠阻尼多稳态系统的随机共振理论分析和计算受到广泛关注, 但是由于较强的非线性特征和数学推导上的难度导致相关研究相对缺乏.

这一章的主要目的是通过研究受高斯白噪声激励的二阶欠阻尼多稳态系统 [12-13], 提出其稳态概率密度、特征相关时间、平均首次穿越时间、系统输出信噪比的计算方法, 推导出相应的解析表达式, 讨论系统势函数的非对称性、记忆阻尼、噪声和非线性刚度系数对相干共振和随机共振等现象的影响, 为二阶及高阶非线性系统的噪声诱导共振研究提供一定的理论基础.

5.1　含记忆阻尼的二阶多稳态系统的共振行为

5.1.1　系统的数学模型

黏弹性阻尼兼有黏性流体消耗能量的特性和弹性固体材料吸收、释放能量的特性. 这类阻尼具有记忆特征, 因此也称为记忆阻尼. 考虑噪声和外简谐信号共同激励下含有记忆阻尼的多稳态系统, 其系统模型通过广义朗之万方程表示为如下形式:

$$M\ddot{x}(t) + \int_0^t \dot{x}(t')\gamma(t-t')\mathrm{d}t' + \frac{\mathrm{d}V(x)}{\mathrm{d}x} = \xi(t) + A_0\cos(\omega t), \qquad (5.1.1)$$

其中 $x(t)$ 代表系统的位移, M 为质量, $V(x)$ 表示多稳态势函数, 参数 A_0 和 ω 分别表示外简谐信号的振幅和频率. 特别地, 噪声 $\xi(t)$ 的均值为零, 且它的平稳相关函数在平衡状态与系统的记忆阻尼核 $\gamma(t)$ 之间满足涨落耗散理论, 即

$$\langle\xi(t)\xi(t')\rangle = k_{\mathrm{B}}T\gamma\left(|t-t'|\right), \qquad (5.1.2)$$

这里 k_{B} 是 Boltzmann 常量, T 是环境的绝对温度. 记忆核函数可以选取多种不同的形式, 典型的模型有 Maxwell 模型、Voigt 模型以及标准线性模型等. 本节主要考虑由一个 Dirac 函数和一个指数型函数构成的混合型核函数:

$$\gamma(t) = 2\Gamma_0\delta(t) + \frac{\Gamma_1}{\tau_{\mathrm{c}}}\exp\left(-\frac{t}{\tau_{\mathrm{c}}}\right). \qquad (5.1.3)$$

从记忆核函数 (5.1.3) 中容易发现, 方程 (5.1.2) 中的噪声 $\xi(t)$ 可看作两个相互独立的噪声项之和: 一个 δ 关联的高斯白噪声和一个指数关联的色噪声. 因此, 系统 (5.1.1) 具有短时间的马尔可夫特征和相对长时间的非马尔可夫特征, 其中记忆效应由方程 (5.1.3) 中随时间演化而指数衰减的函数项来刻画. 若记忆性不存在 ($\Gamma_1 = 0$), 则系统 (5.1.1) 退化成了一个由高斯白噪声激励的传统二阶非线性动力系统.

广义朗之万方程中的记忆核函数 (5.1.3) 在物理或生物系统内的非线性复杂环境下有着广泛应用, 例如, 在具有均匀静磁场的平面上, 受双谐方式约束的带电粒子的轨道磁矩 [14]; 过阻尼双稳态模型中的随机共振现象 [15]; 带电粒子在黑体辐射中的弹道扩散行为 [16]. 在介观尺度的生物模型中, 大分子物质是不可避免的, 使得系统对外部影响的延迟响应将如方程 (5.1.3) 中的指数部分一样变得十分重要, 比如生物膜内的黏弹性响应 [17]. 因此, 分析非马尔可夫动力系统下的记忆效应是非常有必要的.

首先, 令 $\gamma_0 = \Gamma_0/M$, $\Gamma = \Gamma_1/M$, $U(x) = V(x)/M$, $\varepsilon_0 = A_0/M$, $D = k_{\mathrm{B}}T/M$, 则原系统 (5.1.1) 的无量纲方程为

$$\ddot{x}(t) + \int_0^t \left[2\gamma_0\delta(t-t') + \frac{\Gamma}{\tau_{\mathrm{c}}}\exp\left(-\frac{t-t'}{\tau_{\mathrm{c}}}\right)\right]\dot{x}(t')\mathrm{d}t' + \frac{\mathrm{d}U(x)}{\mathrm{d}x} = \zeta(t) + \varepsilon_0\cos(\omega t),$$

$$(5.1.4)$$

这里的噪声项 $\zeta(t)$ 满足下列统计性质:

$$\langle \zeta(t) \rangle = 0,$$

$$\langle \zeta(t)\zeta(t') \rangle = D \left[2\gamma_0 \delta(t - t') + \Gamma \tau_{\mathrm{c}}^{-1} \exp\left(-|t - t'|/\tau_{\mathrm{c}} \right) \right], \tag{5.1.5}$$

其中参数 τ_{c} 和 Γ 分别代表了系统的记忆时间和记忆强度. 此外, D 表示无量纲的环境温度, 噪声 $\zeta(t)$ 的强度依赖于环境温度和记忆强度.

针对模型 (5.1.4) 引入新变量 $y(t)$ 和 $z(t)$ 进行变换, 则原系统等价地描述为具有马尔可夫特性的朗之万方程组:

$$\begin{cases} \dot{x}(t) = y(t), \\ \dot{y}(t) = \dfrac{-\gamma_0 y(t) - \Gamma[x(t) - z(t)]}{\tau_{\mathrm{c}}} - \dfrac{\mathrm{d}U(x)}{\mathrm{d}x} + \sqrt{2D\gamma_0}\zeta_1(t) + \varepsilon_0 \cos(\omega t), \\ \dot{z}(t) = \dfrac{[x(t) - z(t)]}{\tau_{\mathrm{c}}} + \sqrt{2D/\Gamma}\zeta_2(t), \end{cases} \tag{5.1.6}$$

其中噪声项 $\zeta_1(t)$ 和 $\zeta_2(t)$ 是两个无关联的高斯白噪声, 同时满足统计性质: $\langle \zeta_m(t) \rangle = 0, \langle \zeta_m(t)\zeta_n(t') \rangle = \delta_{m,n}(t - t')\,(m, n = 1, 2)$. 特别地, 方程 (5.1.6) 中的新变量 $z(t)$ 可以表示为如下形式:

$$z(t) = \frac{1}{\tau_{\mathrm{c}}} \int_0^t x(t') \exp\left(-\frac{t - t'}{\tau_{\mathrm{c}}} \right) \mathrm{d}t' + x(0) \exp\left(-\frac{t}{\tau_{\mathrm{c}}} \right)$$

$$+ \sqrt{\frac{2D}{\Gamma}} \int_0^t \zeta_2(t') \exp\left(-\frac{t - t'}{\tau_{\mathrm{c}}} \right) \mathrm{d}t'. \tag{5.1.7}$$

令 $\rho(x, y, z, t)$ 表示系统 (5.1.6) 在 t 时刻处于状态 (x, y, z) 的概率密度函数, 则系统 (5.1.6) 满足的 Fokker-Planck 方程如下:

$$\frac{\partial \rho(x, y, z, t)}{\partial t} = -\frac{\partial}{\partial x}\left[y\rho(x, y, z, t)\right] - \frac{\partial}{\partial y}\bigg\{ \left[-\gamma_0 y - \frac{\Gamma}{\tau_{\mathrm{c}}}(x - z) \right.$$

$$\left. - \frac{\mathrm{d}U(x)}{\mathrm{d}x} + \varepsilon_0 \cos(\omega t) \right]\rho(x, y, z, t)\bigg\} - \frac{\partial}{\partial z}\left[\frac{1}{\tau_{\mathrm{c}}}(x - z)\rho(x, y, z, t) \right]$$

$$+ D\gamma_0 \frac{\partial^2 \rho(x, y, z, t)}{\partial y^2} + \frac{D}{\Gamma}\frac{\partial^2 \rho(x, y, z, t)}{\partial z^2}. \tag{5.1.8}$$

当 $\varepsilon_0 = 0$ 时, 由方程 (5.1.8) 可得平稳概率函数 $\rho_{\mathrm{st}}(x, y, z)$ 满足的方程:

$$\frac{\partial}{\partial x}\left[y\rho_{\mathrm{st}}(x, y, z)\right] - \frac{\partial}{\partial y}\left\{ \left[\frac{\Gamma}{\tau_{\mathrm{c}}}(x - z) + \frac{\mathrm{d}U(x)}{\mathrm{d}x} \right]\rho_{\mathrm{st}}(x, y, z) \right\} - \frac{\partial}{\partial y}\left[\gamma_0 y\rho_{\mathrm{st}}(x, y, z)\right]$$

$$+\frac{\partial}{\partial z}\left[\frac{1}{\tau_{c}}(x-z)\rho_{st}(x,y,z)\right]-D\gamma_{0}\frac{\partial^{2}\rho_{st}(x,y,z)}{\partial y^{2}}-\frac{D}{\Gamma}\frac{\partial^{2}\rho_{st}(x,y,z)}{\partial z^{2}}=0. \quad (5.1.9)$$

为满足细致平衡条件, $\rho_{st}(x,y,z)$ 需满足以下条件:

$$\begin{cases} \dfrac{\partial}{\partial x}\left[y\rho_{st}(x,y,z)\right]-\dfrac{\partial}{\partial y}\left\{\left[\dfrac{\Gamma}{\tau_{c}}(x-z)+\dfrac{\mathrm{d}U(x)}{\mathrm{d}x}\right]\rho_{st}(x,y,z)\right\}=0,\\[3mm] y\rho_{st}(x,y,z)+D\dfrac{\partial\rho_{st}(x,y,z)}{\partial y}=0,\\[3mm] \dfrac{1}{\tau_{c}}(x-z)\rho_{st}(x,y,z)-\dfrac{D}{\Gamma}\dfrac{\partial\rho_{st}(x,y,z)}{\partial z}=0. \end{cases} \quad (5.1.10)$$

根据方程 (5.1.10) 可得 $\rho_{st}(x,y,z)$ 的解析表达式:

$$\rho_{st}(x,y,z)=N\exp\left\{-\frac{1}{D}\left[\frac{1}{2}y^{2}+\frac{1}{2}\frac{\Gamma}{\tau_{c}}(x-z)^{2}+U(x)\right]\right\}, \quad (5.1.11)$$

其中 N 表示全概率归一化常数. 值得注意的是, 对于足够大的记忆时间 τ_{c}, 方程 (5.1.7) 中右边第一项可以忽略. 此时, 变量 $z(t)$ 变为高斯过程, 从而得到其满足的平稳概率密度函数: $\rho_{st}(z):\exp\left\{-\Gamma z^{2}/(2D\tau_{c})\right\}$. 根据方程 (5.1.11), 得到 (x,y) 在给定 z 下的条件概率密度函数:

$$\rho_{st}(x,y|z)=\frac{\rho_{st}(x,y,z)}{\rho_{st}(z)}=N\exp\left\{-\frac{1}{D}\left[\frac{1}{2}y^{2}+\frac{1}{2}\frac{\Gamma}{\tau_{c}}x^{2}-\frac{\Gamma}{\tau_{c}}xz+U(x)\right]\right\}.$$
$$(5.1.12)$$

由上式可见, $\rho_{st}(x,y,z)$ 依赖于势函数 $U(x)$ 的形式. 在下面的讨论中, 分别选取不同的势函数 $U(x)$ 进行分析和讨论.

5.1.2 非对称三稳态系统的特征相关时间和随机共振

在方程 (5.1.4) 中, 势函数 $U(x)$ 代表一般的三稳态势函数:

$$U(x)=\kappa_{0}x+\frac{\kappa_{1}x^{2}}{2}+\frac{\kappa_{3}x^{4}}{4}+\frac{\kappa_{5}x^{6}}{6}, \quad (5.1.13)$$

其中 κ_{1}、κ_{3} 和 κ_{5} 为实数, 表示非线性恢复力的刚度系数, 常数 κ_{0} 刻画了势函数的非对称性. 不失一般性, 本节中固定参数 $\kappa_{1}=1$、$\kappa_{3}=-1.8$ 和 $\gamma_{0}=1$, 确定性系统 (5.1.6) 存在三个稳定平衡点 $s_{m}\left(x_{sm},0,x_{sm}\right)(m=1,2,3)$ 和两个不稳定平衡点 $u_{n}\left(x_{un},0,x_{un}\right)(n=1,2)$.

若系统中的噪声和外部周期信号均不存在, 则在不同的记忆强度 Γ 和初始位置 $x(0)$ 下, 随时间演化的系统位移 $x(t)$ 如图 5.1.1 所示. 可以发现, 当 $\Gamma=0$ 时, 系统在同一势阱中的不同初始位置下, 可到达处于两个不同势阱的稳定状态. 但是, 系统的稳定状态随着 Γ 的增加而改变, 且在足够大的 Γ 作用下, 系统最终进入初始状态所在的势阱内. 在噪声存在的情况下, 三稳态系统 (5.1.4) 的动力学行为将变得更加复杂.

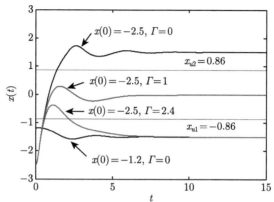

图 5.1.1　无噪声和简谐信号作用下系统 (5.1.4) 的时间历程随记忆强度 Γ 和初始位置 $x(0)$ 的变化情况. 其他参数固定为 $\kappa_0 = 0$, $\kappa_5 = 0.6$ 和 $\tau_c = 1$

1. 特征相关时间

首先考虑无外简谐信号激励的系统 (5.1.4), 即 $\varepsilon_0 = 0$. 根据 Kramers 公式, 从方程 (5.1.7)、方程 (5.1.11)~ 方程 (5.1.13) 中获得了三稳态势函数中系统从一个稳定状态 s_i 向另一个稳定状态 s_j 的跃迁概率 $\alpha_{i,j}$:

$$\alpha_{m,m+1} = \frac{1}{2\pi} \sqrt{\prod_{v=1}^{3} |\beta_v(s_m)|} \sqrt{\frac{\lambda_1(u_m)}{\lambda_2(u_m)\lambda_3(u_m)}}$$

$$\times \exp\left\{-\frac{1}{D}\left[U(x_{um}) - U(x_{sm})\right]\right\}, \quad m = 1, 2,$$

$$\alpha_{n,n-1} = \frac{1}{2\pi} \sqrt{\prod_{v=1}^{3} |\beta_v(s_n)|} \sqrt{\frac{\lambda_1(u_{n-1})}{\lambda_2(u_{n-1})\lambda_3(u_{n-1})}}$$

$$\times \exp\left\{-\frac{1}{D}\left[U(x_{u(n-1)}) - U(x_{sn})\right]\right\}, \quad n = 2, 3, \tag{5.1.14}$$

其中 $\beta_v(s_i)$ 为方程 (5.1.6) 的线性化矩阵在稳定状态 s_i 处的特征值, $\lambda_1(u_i)$ 和 $\lambda_j(u_i)\,(j = 2, 3)$ 分别代表方程 (5.1.6) 的线性化矩阵在不稳定状态 u_i 处的正特征值和负特征值.

对于系统在每个稳定状态 s_i 处的吸引域内的概率 φ_i, 根据主方程推导出其在初始条件 $\varphi_i(t_0) = q_i(i = 1, 2, 3)$ 下的解析表达式:

$$\varphi_1(t) = h_1 + f_1^{(1)} e^{\Lambda_1(t-t_0)} + f_2^{(1)} e^{\Lambda_2(t-t_0)},$$

$$\varphi_2(t) = h_2 + f_1^{(2)} e^{\Lambda_1(t-t_0)} + f_2^{(2)} e^{\Lambda_2(t-t_0)}, \qquad (5.1.15)$$

$$\varphi_3(t) = h_3 + f_1^{(3)} e^{\Lambda_1(t-t_0)} + f_2^{(3)} e^{\Lambda_2(t-t_0)},$$

其中 Λ_i、h_j、$f_i^{(j)}$ $(i = 1, 2; j = 1, 2, 3)$ 的表达式具体如下:

$$\Lambda_{1,2} = \frac{-(b_1 \pm \sqrt{b_3})}{2}, \quad h_1 = \frac{\alpha_{2,1}\alpha_{3,2}}{b_2}, \quad h_2 = \frac{\alpha_{1,2}\alpha_{3,2}}{b_2}, \quad h_3 = \frac{\alpha_{1,2}\alpha_{2,3}}{b_2},$$

$$f_1^{(1)} = \frac{c_1 c_3 (-\sqrt{b_3} - \alpha_{1,2} + \alpha_{2,1} + \alpha_{2,3} + \alpha_{3,2})}{(\alpha_{2,1} b_3 b_4)},$$

$$f_2^{(1)} = \frac{c_2 c_4 (\sqrt{b_3} - \alpha_{1,2} + \alpha_{2,1} + \alpha_{2,3} + \alpha_{3,2})}{(\alpha_{2,1} b_3 b_4)},$$

$$f_1^{(2)} = \frac{c_1 c_3}{(-4\alpha_{2,1} b_2 b_3)}, \quad f_2^{(2)} = \frac{c_2 c_4}{(-4\alpha_{2,1} b_2 b_3)},$$

$$f_1^{(3)} = \frac{c_1 c_3 (\sqrt{b_3} - \alpha_{1,2} - \alpha_{2,1} - \alpha_{2,3} + \alpha_{3,2})}{(\alpha_{2,1} b_3 b_4)},$$

$$f_2^{(3)} = \frac{c_2 c_4 (-\sqrt{b_3} - \alpha_{1,2} - \alpha_{2,1} - \alpha_{2,3} + \alpha_{3,2})}{(\alpha_{2,1} b_3 b_4)},$$

$$b_1 = \alpha_{1,2} + \alpha_{2,1} + \alpha_{2,3} + \alpha_{3,2}, \quad b_2 = \alpha_{1,2}\alpha_{2,3} + \alpha_{1,2}\alpha_{3,2} + \alpha_{2,1}\alpha_{3,2},$$

$$b_3 = (\alpha_{1,2} + \alpha_{2,1} - \alpha_{2,3} - \alpha_{3,2})^2 + 4\alpha_{2,1}\alpha_{2,3}, \quad b_4 = 8b_2(\alpha_{3,2} - \alpha_{1,2}),$$

$$c_{1,2} = q_1(\pm\alpha_{1,2}\sqrt{b_1} + \alpha_{1,2}^2 + \alpha_{1,2}\alpha_{2,1} - \alpha_{1,2}\alpha_{2,3} - \alpha_{1,2}\alpha_{3,2})$$

$$+ q_2(\mp\alpha_{2,1}\sqrt{b_1} - \alpha_{1,2}\alpha_{2,1} - \alpha_{2,1}^2 - \alpha_{2,1}\alpha_{2,3} + \alpha_{2,1}\alpha_{3,2}) + 2q_3\alpha_{2,1}\alpha_{3,2},$$

$$c_{3,4} = \alpha_{1,2}b_1 \mp \sqrt{b_1}(\alpha_{1,2}^2 + \alpha_{1,2}\alpha_{2,1} - \alpha_{1,2}\alpha_{2,3} - \alpha_{1,2}\alpha_{3,2} - 2\alpha_{2,1}\alpha_{3,2}).$$

特别地, 在方程 (5.1.15) 中, 当 $t \to \infty$ 时, $\varphi_i(t)$ 可趋近于其稳态:

$$\varphi_i^{(s)}(t) = h_i. \qquad (5.1.16)$$

设 $\varphi\left(s_j, t + \hat{\theta} \mid s_i, t\right)$ 为系统在 t 时刻处于稳定状态 s_i, 而在 $t + \hat{\theta}$ 时刻处于稳定状态 s_j 的条件概率, 则 $\varphi\left(s_j, t + \hat{\theta} \mid s_i, t\right)$ 满足方程:

$$\varphi(s_j, t + \hat{\theta} | s_i, t) = h_j + g_{ji}^{(1)} e^{\Lambda_1 \hat{\theta}} + g_{ji}^{(2)} e^{\Lambda_2 \hat{\theta}}, \qquad (5.1.17)$$

其中在初始条件 $q_i = 1$ 和 $q_k = 0(i, k = 1, 2, 3; k \neq i)$ 下, 方程 (5.1.15) 中的 $f_j^{(1)}$ 和 $f_j^{(2)}$ 分别退化为 $g_{ji}^{(1)}$ 和 $g_{ji}^{(2)}$. 从而根据方程 (5.1.16) 和方程 (5.1.17) 推导出系统位移的自相关函数:

$$\mathrm{Cor}(\hat{\theta}) = \left\langle \left[x(t) - \langle x(t)\rangle\right] \left[x(t+\hat{\theta}) - \left\langle x(t+\hat{\theta})\right\rangle\right]\right\rangle$$
$$= \sum_{j=1}^{3}\sum_{i=1}^{3} x_{sj}x_{si}\left[g_{ji}^{(1)}\mathrm{e}^{\Lambda_1\hat{\theta}} + g_{ji}^{(2)}\mathrm{e}^{\Lambda_2\hat{\theta}}\right]h_i. \tag{5.1.18}$$

噪声诱导动力学的相干性通常由相关时间对噪声强度的非单调依赖性来刻画 [18]. 定义系统的特征相关时间为 $T_{\mathrm{cor}} = \int_0^\infty \mathrm{Cor}^2(\hat{\theta})\mathrm{d}\hat{\theta}$, 则可从自相关函数 (5.1.18) 中得到该特征相关时间的解析结果:

$$T_{\mathrm{cor}} = \frac{\Lambda_1^2 G_2^2 + \Lambda_1\Lambda_2 G_1^2 + 4\Lambda_1\Lambda_2 G_1 G_2 + \Lambda_1\Lambda_2 G_2^2 + \Lambda_2^2 G_1^2}{-2\Lambda_1(\Lambda_1+\Lambda_2)\Lambda_2}, \tag{5.1.19}$$

其中 Λ_1 和 Λ_2 的表达式由方程 (5.1.15) 确定. G_1 和 G_2 的解析结果从方程 (5.1.19) 中表示为 $G_1 = \sum_{j=1}^{3}\sum_{i=1}^{3} x_{sj}x_{si}g_{ji}^{(1)}h_i$ 和 $G_2 = \sum_{j=1}^{3}\sum_{i=1}^{3} x_{sj}x_{si}g_{ji}^{(2)}h_i$.

根据方程 (5.1.19), 特征相关时间 T_{cor} 作为温度 D 的函数随不同非对称参数 κ_0 和非线性刚度系数 κ_5 的变化曲线如图 5.1.2 所示. 从图 5.1.2(a) 中可发现一个临界的非对称参数值, 即当 $\kappa_0 = 0.08$ 时, 存在最优的温度使得 T_{cor} 达到局部最大值, 这是相干共振现象的显著特征. 当 κ_0 小于该临界值时, T_{cor} 随着 D 的增加而单调递减, 意味着相干性减弱. 显然, 势函数的非对称性在三稳态系统的运动规律中起着重要作用. 随着 κ_0 的增加, 相干共振的峰值下降, 峰的位置朝向 D 增大的方向移动. 这种现象是由于处于非对称状态的系统在低温条件下产生小振幅的阱内运动, 但随着温度的升高, 在三势阱之间产生大振幅的阱间响应, 从而使得相干性增强并在适中温度下最大化. 若温度进一步升高, 则会破坏系统的规律性. 当非对称参数继续增加时, 系统需要更多的能量来穿越这些非对称势垒, 同时也会呈现更多不稳定的阱间运动. 因此, 诱导相干共振的温度随着 κ_0 的增加而上升, 且在强非对称三稳态系统中难以观察到相干性现象. 另一方面, 图 5.1.2(b) 分析了非线性刚度系数 κ_5 对相干共振的影响. 当 κ_5 减小时, 共振峰的高度上升, 相干共振效应增强. 事实上, 两侧势阱的深度和跨度均随着 κ_5 的减小而增加, 而中间势阱的结构呈现微小变化, 即两侧势阱间的距离越大越有利于提高系统的相干性. 值得注意的是, 对于足够大的 κ_5 ($\kappa_5 = 0.64$), 相干共振现象几乎消失. 所以, 系统相干性的程度显著依赖于三稳态势函数中最外侧势阱的变化, 从而可通过合理设计势函数得到控制. 如果 κ_5 的值进一步增大, 则三稳态势函数接近于单稳态情形, 这抑制了相干共振的发生. 由此可见, 根据相干共振效应, 三稳态势函数的结构特征对系统的规律性具有显著影响.

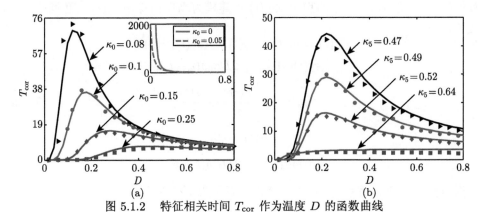

图 5.1.2　特征相关时间 T_{cor} 作为温度 D 的函数曲线

$\tau_c = 2$, $\Gamma = 0.3$; (a) 不同的非对称参数 κ_0 和 $\kappa_5 = 0.5$; (b) 不同的非线性刚度系数 κ_5 和 $\kappa_0 = 0.12$. 实线表示理论结果, 符号表示数值结果

记忆效应对相干共振的影响如图 5.1.3 所示, 绘制了特征相关时间 T_{cor} 作为温度 D 的函数随不同记忆时间 τ_c 和记忆强度 Γ 的变化曲线. 相干共振的峰值在图 5.1.3(a) 中随着 τ_c 的增加而下降, 但在图 5.1.3(b) 中随着 Γ 的增加而上升, 这表明 τ_c 和 Γ 在增强相干性中起着相反作用. 这种现象的原因在于记忆性导致了方程 (5.1.6) 中 $-\Gamma x/\tau_c$ 和 $\Gamma z/\tau_c$ 的存在, 前者代表系统的瞬时反应, 降低了势垒高度, 然而后者表示系统的延迟响应, 恢复了势函数. 在较大的记忆时间下, 势垒高度的恢复变得更慢, 从而抑制相干共振. 另一方面, 对于适中的温度, 增加的

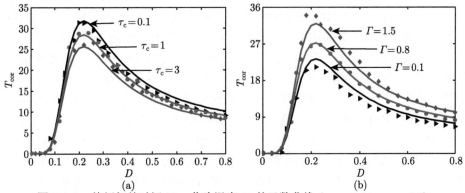

图 5.1.3　特征相关时间 T_{cor} 作为温度 D 的函数曲线 ($\kappa_0 = 0.12$, $\kappa_5 = 0.5$)

(a) 不同的记忆时间 τ_c 和 $\Gamma = 1$; (b) 不同的记忆强度 Γ 和 $\tau_c = 1$. 实线表示理论结果, 符号表示数值结果

记忆强度导致瞬时反应引起明显的势垒下降, 这意味着噪声诱导运动条件的改善, 有助于增强相干共振效应.

为验证上述理论结果和进一步分析相干共振现象, 有必要对系统 (5.1.4) 进行数值模拟. 系统 (5.1.4) 中的噪声项 $\zeta(t)$ 可建模为高斯白噪声 $\varepsilon_1(t)$ 与色噪声 $\varepsilon_2(t)$ 之和:

$$\zeta(t) = \varepsilon_1(t) + \varepsilon_2(t), \quad \langle \varepsilon_1(t) \rangle = 0,$$
$$\langle \varepsilon_1(t)\varepsilon_1(t') \rangle = 2D\gamma_0 \delta(t - t'),$$
$$\dot{\varepsilon}_2(t) = -\frac{\varepsilon_2(t)}{\tau_c} + \frac{\sigma(t)}{\tau_c}, \tag{5.1.20}$$
$$\langle \sigma(t) \rangle = 0,$$
$$\langle \sigma(t)\sigma(t') \rangle = 2D\Gamma \delta(t - t').$$

依据方程 (5.1.20), 系统 (5.1.4) 可等价地表示为下列形式:

$$\begin{cases} \dot{x}(t) = y(t), \\ \dot{y}(t) = -y(t) - \dfrac{\mathrm{d}U(x)}{\mathrm{d}x} + h(t) + \varepsilon_1(t) + \varepsilon_0 \cos(\omega t), \\ \dot{h}(t) = -\dfrac{h(t)}{\tau_c} - \dfrac{\Gamma y(t)}{\tau_c} + \dfrac{\sigma(t)}{\tau_c}. \end{cases} \tag{5.1.21}$$

根据方程 (5.1.21), 首先数值模拟了系统 (5.1.4) 的特征相关时间, 如图 5.1.2 和图 5.1.3 所示, 其数值结果与理论结果基本一致. 另外, 数值计算了原系统的功率谱密度, 其中固定时间步长 $\mathrm{d}t = 0.01$ 和数据长度 $N_0 = 10^6$. 如图 5.1.4 所示, 功率谱密度在有限的频率值处展示了一个峰值, 为方便分析, 称该峰值为谱峰. 可以发现, 随着温度 D 的增加, 谱峰呈现出先增加, 再下降的变化趋势, 这意味着相干共振现象的存在. 为了进一步研究, 通过 5×10^3 条不同的样本轨迹得到系统的平均谱峰. 根据数值计算的谱峰, 考虑足够大的记忆时间和记忆强度对系统相干性的影响. 图 5.1.5 描述了谱峰作为记忆强度 Γ 的函数随不同记忆时间 τ_c 的变化曲线. 可以观察到, 当 τ_c 处于范围 $300 \leqslant \tau_c \leqslant 2000$ 中时, 谱峰随记忆强度的变化展示了一个类似于共振行为的非单调依赖性. 这表明在三稳态系统 (5.1.4) 中, 存在最优的记忆强度使系统相干性的程度达到最高, 即在长的记忆时间条件下, 可以产生相干共振效应. 但是, 对于非常大的 τ_c 值 ($\tau_c = 12000$), 谱峰随着 Γ 的增加而单调递减. 这种变化现象可以得到如下解释, 对于充分长的记忆时间, 原始的模型 (5.1.1) 能够近似地看作带有条件概率分布 (5.1.12) 的马尔可夫系统, 其中指数部分内的 $-\Gamma xz/\tau_c$ 项引起了对称系统中平稳概率分布的非对称性. 这种非对称性在足够大的记忆时间内随着记忆强度的增加而变得更加明显, 因而记忆效应对增强系统的相干运动呈现消极影响. 不同的是, 对于相对小的 τ_c 值, 谱峰变成了记忆强度的单调增加函数 ($\tau_c = 100$), 这与图 5.1.3(b) 中的理论分析一致. 结果表明, 对于充分长的或较短的记忆时间, 系统的相干性随着记忆强度的增加分别得到抑制和增强, 而对于适中的记忆时间, 存在最优的记忆强度使得相干性最大化.

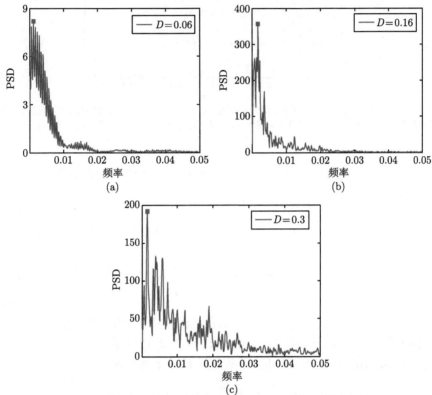

图 5.1.4 功率谱密度作为频率的函数随不同温度 D 的变化情况
其他参数选择为 $\kappa_0 = 0.1$, $\kappa_5 = 0.5$, $\tau_c = 2$ 和 $\Gamma = 0.3$

2. 功率谱放大因子

在模型 (5.1.4) 中考虑外简谐激励, 即 $\varepsilon_0 \neq 0$, 则跃迁概率 (5.1.14) 可以重新描述为

$$
\begin{aligned}
\tilde{\alpha}_{m,m+1} &= \alpha_{m,m+1} \exp\left\{ \frac{\varepsilon_0(x_{um} - x_{sm})\cos(\omega t)}{D} \right\}, \quad m = 1, 2, \\
\tilde{\alpha}_{n,n-1} &= \alpha_{n,n-1} \exp\left\{ \frac{\varepsilon_0(x_{u(n-1)} - x_{sn})\cos(\omega t)}{D} \right\}, \quad n = 2, 3,
\end{aligned}
\tag{5.1.22}
$$

其中假设振幅 ε_0 足够小, 调制频率 ω 远低于系统势阱内的弛豫频率.

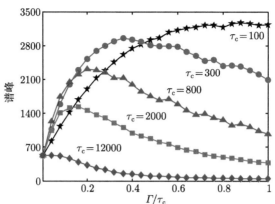

图 5.1.5　谱峰 (Spectral Peak) 作为记忆强度 Γ 的函数随不同记忆时间 τ_c 的变化曲线
发现在适中的记忆时间下, 存在最优记忆强度使谱峰达到最大值; 其他参数选择为 $\kappa_0 = 0$, $\kappa_5 = 0.5$ 和
$$D = 0.2$$

基于线性响应理论, 系统在每个稳定状态 s_i 处的吸引域内的概率 φ_i 可表示为如下形式:
$$\varphi_i = \varphi_i^{(s)} + \varepsilon_0 \cdot \delta\varphi_i. \tag{5.1.23}$$
根据方程 (5.1.22) 和方程 (5.1.23), 可获得系统关于外简谐激励的稳态响应:
$$\delta\varphi_i = \sum_{k=1}^3 \omega(\gamma_k^2 + \omega^2)^{-1} a_k^{(0)} \boldsymbol{\xi}_{k,i} \sin(\omega t) - \sum_{k=1}^3 \gamma_k(\gamma_k^2 + \omega^2)^{-1} a_k^{(0)} \boldsymbol{\xi}_{k,i} \cos(\omega t). \tag{5.1.24}$$
其中 γ_k 和 $\boldsymbol{\xi}_k$ 分别表示跃迁概率矩阵的特征值和特征向量, 其中矩阵元素对应于方程 (5.1.14) 中的跃迁概率. 特别地, $\gamma_k(k = 1, 2, 3)$ 中的一个为零, 其余两个分别为方程 (5.1.16) 中的 Λ_1 和 Λ_2. 系数 $a_k^{(0)}$ 满足下列方程:
$$\begin{pmatrix} -\alpha_{1,2}(x_{u1} - x_{s1})\varphi_1^{(s)} + \alpha_{2,1}(x_{u1} - x_{s2})\varphi_2^{(s)} \\ \alpha_{1,2}(x_{u1}-x_{s1})\varphi_1^{(s)} - [\alpha_{2,1}(x_{u1}-x_{s2}) + \alpha_{2,3}(x_{u2}-x_{s2})]\varphi_2^{(s)} + \alpha_{3,2}(x_{u2} - x_{s3})\varphi_3^{(s)} \\ \alpha_{2,3}(x_{u2} - x_{s2})\varphi_2^{(s)} - \alpha_{3,2}(x_{u2} - x_{s3})\varphi_3^{(s)} \end{pmatrix}$$
$$= \sum_{k=1}^3 D a_k^{(0)} \boldsymbol{\xi}_k. \tag{5.1.25}$$

对于简谐激励, 系统中所依赖于时间的平均输出响应描述为
$$\langle x(t) | x_0, t_0 \rangle = \int x P(x, t | x_0, t_0) \mathrm{d}x, \tag{5.1.26}$$
其中 $P(x, t | x_0, t_0) = \sum_{i=1}^3 \varphi_i(t)\delta(x - x_{si})$.

通过将方程 (5.1.24) 代入方程 (5.1.26) 中, 得到系统在长时间下的平均稳态响应:

$$\langle x(t) \rangle_{\mathrm{as}} = \sum_{i=1}^{3} \sum_{k=1}^{3} x_{si} \varepsilon_0 \Big[\omega (\gamma_k^2 + \omega^2)^{-1} a_k^{(0)} \boldsymbol{\xi}_{k,i} \sin(\omega t) - \gamma_k (\gamma_k^2 + \omega^2)^{-1} a_k^{(0)} \boldsymbol{\xi}_{k,i} \cos(\omega t) \Big],$$

或者

$$\langle x(t) \rangle_{\mathrm{as}} = R \sin(\omega t + \psi), \tag{5.1.27}$$

从而进一步推导出平均稳态响应的振幅 R:

$$R = \varepsilon_0$$
$$\times \sqrt{\left[\sqrt{(x_{s1}r_1)^2 + 2x_{s1}x_{s2}r_1r_2 \cos\psi_1 + (x_{s2}r_2)^2} + x_{s3}r_3 \cos\psi_2 \right]^2 + [x_{s3}r_3 \sin\psi_2]^2}, \tag{5.1.28}$$

其中

$$r_i = \sqrt{\left[\sum_{k=1}^{3} \omega (\gamma_k^2 + \omega^2)^{-1} a_k^{(0)} \boldsymbol{\xi}_{k,i} \right]^2 + \left[\sum_{k=1}^{3} \gamma_k (\gamma_k^2 + \omega^2)^{-1} a_k^{(0)} \boldsymbol{\xi}_{k,i} \right]^2}, \quad i = 1, 2, 3,$$

$$\phi_i = \arctan \left\{ \left[-\sum_{k=1}^{3} \gamma_k (\gamma_k^2 + \omega^2)^{-1} a_k^{(0)} \boldsymbol{\xi}_{k,i} \right] \Big/ \left[\sum_{k=1}^{3} \omega (\gamma_k^2 + \omega^2)^{-1} a_k^{(0)} \boldsymbol{\xi}_{k,i} \right] \right\},$$

$$\psi_1 = \phi_2 - \phi_1, \quad \psi_2 = \phi_3 - \phi_1 - \Delta, \quad \Delta = \arctan \left\{ x_{s2}r_2 \sin(\psi_1) / [x_{s1}r_1 + x_{s2}r_2 \cos\psi_1] \right\}. \tag{5.1.29}$$

作为揭示随机共振现象本质的一个重要特征量, 定义系统 (5.1.4) 的功率谱放大因子为 $\eta_1 = [R/\varepsilon_0]^2$, 最后通过方程 (5.1.24)、(5.1.28) 和 (5.1.29) 得到如下形式的解析结果:

$$\eta_1 = \sum_{i=1}^{3} (x_{si}r_i)^2 + 2x_{s1}x_{s2}r_1r_2 \cos\psi_1$$
$$+ 2x_{s3}r_3 \cos\psi_2 \sqrt{\sum_{i=1}^{2} (x_{si}r_i)^2 + 2x_{s1}x_{s2}r_1r_2 \cos\psi_1}. \tag{5.1.30}$$

根据功率谱放大因子 (5.1.30), 首先分析了记忆性对随机共振的影响, 且在本小节中固定频率 $\omega = 0.01$. 如图 5.1.6 所示, 展示了功率谱放大因子 η_1 作为温度 D 的函数分别随不同记忆时间 τ_c 和记忆强度 Γ 的变化曲线. 功率谱放大因子对温度表现出的非单调依赖性表明了经典的随机共振现象发生. 从图 5.1.6(a) 中观察到, 当 τ_c 增加时, η_1-D 曲线的峰值上升, 而共振处的最优温度保持微弱变化.
可见, 在非马尔可夫的三稳态系统 (5.1.1) 中, 记忆时间有助于随机共振效应的提
升, 而相反的情形发生在过阻尼的双稳态系统中 [19], 其中记忆性抑制了随机共振.
在图 5.1.6(b) 中, 记忆强度的增加导致了共振峰高度的下降, 意味着随机共振现象
减弱. 因此, 基于随机共振效应, 可以引入记忆性特征来控制系统关于外简谐激励
的响应. 另外, 通过比较图 5.1.3 和图 5.1.6 可以发现, 记忆性在相干共振和随机
共振的增强中起着相反作用.

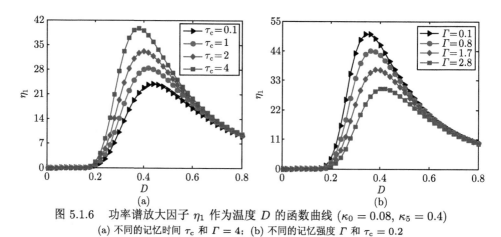

图 5.1.6　功率谱放大因子 η_1 作为温度 D 的函数曲线 ($\kappa_0 = 0.08$, $\kappa_5 = 0.4$)
(a) 不同的记忆时间 τ_c 和 $\Gamma = 4$; (b) 不同的记忆强度 Γ 和 $\tau_c = 0.2$

　　在不同的非线性刚度系数 κ_5 下, 图 5.1.7 给出了 η_1 关于 D 的函数曲线随非
对称参数 κ_0 的变化情况. 如图 5.1.7(a) 所示, 当 $\kappa_5 = 0.45$ 时, η_1 的峰值随着
κ_0 的增加而显著下降, 但在图 5.1.7(b) 中, 当 $\kappa_5 = 0.7$ 时, η_1 的峰值在一个最优
的 κ_0 值处达到最高, 即 $\kappa_0 = 0.1$. 显然, 势阱非对称性对随机共振现象的影响密
切相关于三稳态势函数的结构特征. 这种变化行为的解释如图 5.1.8 所示, 根据方
程 (5.1.22) 绘制了系统的时间历程, 且依次对应到图 5.1.7 中标记的四个峰值. 从
图 5.1.8(a) 中看到, 当系统受到噪声和简谐激励共同作用时, 对称状态下系统能够
连续越过势垒, 在三势阱之间实现周期性跳跃, 从而产生共振的同步效应. 非对称
性的增加引起大振幅的阱间运动减少, 相反, 在左侧势阱中的阱内运动明显增加,
如图 5.1.8(b) 所示, 故在非对称状态下难以产生随机共振效应. 图 5.1.8(c) 对应于
$\kappa_5 = 0.7$ 下的对称三稳态系统, 系统主要在中间势阱内呈现小振幅的阱内运动, 原
因在于它的深度远高于两侧势阱的, 这也证实了在图 5.1.7(b) 中出现的弱随机共
振现象. 但从图 5.1.8(d) 中看到, 非对称三稳态系统能够在左侧势阱与中间势阱
之间出现噪声诱导共振行为, 这类似于双稳态系统中的随机共振现象. 同时, 非对
称势阱下的显著性周期转换对应到了图 5.1.7(b) 中的强随机共振现象. 另外, 对
于相同的 κ_0 值, 图 5.1.7(a) 中诱导共振产生的最优温度明显高于图 5.1.7(b) 中

的, 这是由于不同非线性刚度系数所引起的两侧势阱结构变化. 也就是说, 在不同的温度条件下, 通过调整势函数参数可产生共振效应. 特别地, 从图 5.1.7(b) 中发现, 对于最佳的非对称性 $\kappa_0 = 0.1$, 其共振峰对应的温度达到最小值, 故非对称性的存在不仅提高了随机共振效应, 而且增强了噪声在系统输出中的作用.

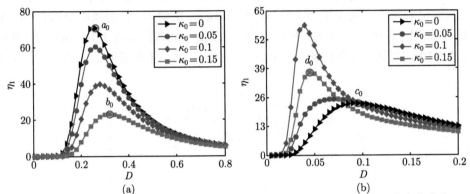

图 5.1.7 功率谱放大因子 η_1 作为温度 D 的函数随不同非对称参数 κ_0 的变化曲线
($\tau_c = 0.5$, $\Gamma = 2$)
(a) 非线性刚度系数 $\kappa_5 = 0.45$；(b) 非线性刚度系数 $\kappa_5 = 0.7$

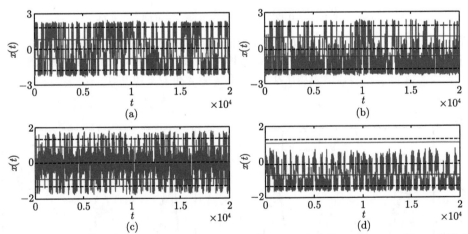

图 5.1.8 系统的时间历程, 依次对应到图 5.1.7 中标记的四个峰值 a_0、b_0、c_0 和 d_0, 虚线表示稳定平衡点, 实线表示不稳定平衡点. 其他参数选择为 $\tau_c = 0.5$, $\Gamma = 2$ 和 $\varepsilon_0 = 0.1$

为进一步分析非马尔可夫系统中非对称三稳态势函数对随机共振的影响, 图 5.1.9 描述了 η_1 随 D 变化的峰值作为非线性刚度系数 κ_5 的函数随不同非对称参数 κ_0 的变化情况. 可以发现, 在对称状态下, η_1 的峰值在一个临界的 κ_5 值处达到最大. 因此, 在广义朗之万方程描述的系统 (5.1.1) 中, 三稳态势函数结构能够为优化随机共振现象创造合适的条件. 当 κ_0 从 0 增加到 0.1 时, η_1 的峰值在范围 $\kappa_5 < 0.66$ 时下降, 但在范围 $0.66 < \kappa_5 < 0.74$ 内上升, 这也证实了图 5.1.7 中展示的结果. 此外, 在非对称状态下, 存在最优的非线性刚度系数 $\kappa_5 = 0.69$ 可以最大化 η_1 的峰值. 这种变化现象可通过方程 (5.1.21) 确定的系统位移的稳态概率分布得到解释, 如图 5.1.10 所示, 分别对应于图 5.1.9 中所标记的峰值. 对于图 5.1.10(a) 中的 $\kappa_0 = 0$ 情形, 稳态概率分布在 A_1 到 A_4 的变化过程中表现出两侧峰的高度下降, 而中间峰的高度上升. 从图 5.1.9 和图 5.1.10 中发现, 当稳态概率分布中三个峰的高度几乎相等时 (A_2 和 A_3), η_1 的

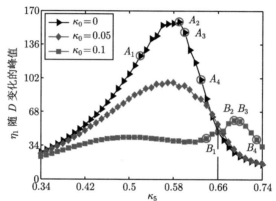

图 5.1.9　功率谱放大因子 η_1 随 D 变化的峰值作为非线性刚度系数 κ_5 的函数随不同非对称参数 κ_0 的变化曲线, 发现存在合适的非线性刚度系数和非对称参数使得共振峰值达到最大. 其他参数选择为 $\tau_c = 0.5$, $\Gamma = 2$ 和 $D \in (0, 0.8)$

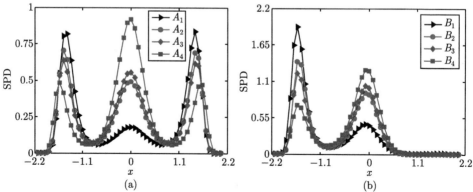

图 5.1.10　系统位移 x 的稳态概率分布 (SPD), 分别对应于图 5.1.9 中曲线 $\kappa_0 = 0 (\kappa_0 = 0.1)$ 上所标记的点 $A_1(B_1)$、$A_2(B_2)$、$A_3(B_3)$ 和 $A_4(B_4)$. 其他参数选择为 $\tau_c = 0.5$, $\Gamma = 2$ 和 $\varepsilon_0 = 0$

峰值接近于最大值. 也就是说, 假如系统中有效势函数的所有势阱具有相同高度时, 随机共振效应最佳. 此外, 在图 5.1.10(b) 中, 当 κ_0 增加至 0.1 时, 稳态概率分布曲线从三峰变为双峰结构. 特别地, 当左侧和中间峰的高度也近似相等时 (B_2 和 B_3), η_1 的峰值在图 5.1.9 中对应到一个局部的最大值. 所以, 系统关于外简谐激励的输出明显依赖于三稳态势函数的变化. 为了优化非马尔可夫系统 (5.1.1) 的信号放大性能, 可通过选择合适的非对称参数和刚度系数以设计最佳的三稳态势函数.

5.1.3 广义朗之万方程描述的周期势系统的随机共振

若系统在两端状态之间的噪声诱导跃迁过程中同时存在多个中间稳定状态, 则有必要进一步研究稳态点数量、温度及记忆效应对系统输出的影响. 为便于分析, 且不失一般性, 这一节考虑模型 (5.1.4) 为周期势系统, 即势函数 $U(x) = -\cos(m_0 x)$, 从而确定性方程 (5.1.6) 对应于多个稳定平衡点 $s_n(x_{sn}, 0, x_{sn})$ 和不稳定平衡点 $u_n(x_{un}, 0, x_{un})$, 其中 $x_{sn} = 2n\pi/m_0$, $x_{un} = (2n+1)\pi/m_0$, n 和 m_0 均为正整数. 如图 5.1.11(a) 所示, 随着 m_0 的变化, 势阱的宽度发生变化, 而势垒的高度保持不变, 故设置 m_0 的值可改变给定位移区间内稳态点的个数. 图 5.1.11(b) 给出了离散状态下该周期势系统在 n 个稳定状态之间跃迁的示意图.

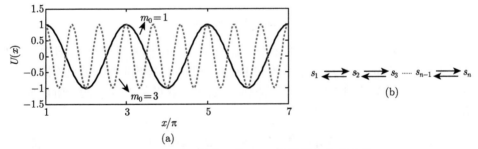

图 5.1.11　(a) 周期势函数; (b) 离散的多稳态过程

1. 随机共振的刻画

在绝热近似条件下, 系统在每个稳定状态的吸引域内达到局域平衡所需的时间远小于系统在不同吸引域之间整体平衡需要的时间. 与整体平衡和信号变化相比, 单个稳定点处的局域平衡时间可以忽略, 故连续系统 (5.1.6) 可近似转化为一类离散的多稳态马尔可夫过程. 如图 5.1.11(b) 所示, 系统在稳定状态 s_i 处的吸引域内的概率 $\varphi_i(i = 1, 2, \cdots, n)$ 通过 Fokker-Planck 方程 (5.1.8) 中的概率密度函数写为: $\varphi_i(t) = \int_{u_{i-1}}^{u_i} \int_{-\infty}^{\infty} \int_{-\infty}^{\infty} \rho(x, y, z, t) \mathrm{d}z \mathrm{d}y \mathrm{d}x$, 其满足概率交换的主方程:

$$\dot{\varphi}_1(t) = -\tilde{\alpha}_{1,2}\varphi_1(t) + \tilde{\alpha}_{2,1}\varphi_2(t),$$

$$\dot{\varphi}_k(t) = \tilde{\alpha}_{k-1,k}\varphi_{k-1}(t) - (\tilde{\alpha}_{k,k-1} + \tilde{\alpha}_{k,k+1})\varphi_k(t) + \tilde{\alpha}_{k+1,k}\varphi_{k+1}(t) \quad (2 \leqslant k \leqslant n-1),$$

$$\dot{\varphi}_n(t) = \tilde{\alpha}_{n-1,n}\varphi_{n-1}(t) - \tilde{\alpha}_{n,n-1}\varphi_n(t). \tag{5.1.31}$$

其中系统在两个相邻稳定状态之间的跃迁概率计算如下:

$$\tilde{\alpha}_{i,i+1} = \alpha_0 \exp\left\{\frac{\varepsilon_0\pi\cos(\omega t)}{(m_0 D)}\right\}, \quad 1 \leqslant i \leqslant n-1,$$

$$\tilde{\alpha}_{j,j-1} = \alpha_0 \exp\left\{\frac{-\varepsilon_0\pi\cos(\omega t)}{(m_0 D)}\right\}, \quad 2 \leqslant j \leqslant n, \tag{5.1.32}$$

$$\alpha_0 = \frac{1}{2\pi}\sqrt{\prod_{v=1}^{3}|\beta_v(s_m)|}\sqrt{\frac{\lambda_1(u_m)}{\lambda_2(u_m)\lambda_3(u_m)}}\exp\left\{-\frac{2}{D}\right\},$$

其中 $\beta_v(s_m)$ 表示方程 (5.1.6) 的线性化矩阵在稳态状态 s_m 处的特征值, $\lambda_1(u_m)$ 和 $\lambda_j(u_m)(j=2,3)$ 分别表示方程 (5.1.6) 的线性化矩阵在不稳定状态 u_m 处的正特征值和负特征值.

根据线性响应理论, 在长时间极限下, 方程 (5.1.31) 的稳态解可分解为如下形式:

$$\varphi_i = \varphi_i^{(s)} + \varepsilon_0 \cdot \delta\varphi_i, \tag{5.1.33}$$

其中 $\varphi_i^{(s)}(i=1,2,\cdots,n)$ 是系统在无外简谐激励下的稳态概率分布, 并且一致相等, 即 $\varphi_i^{(s)} = 1/n$. $\delta\varphi_i$ 对应了系统关于外简谐激励的输出响应. 通过将跃迁概率 (5.1.32) 和稳态解 (5.1.33) 代入方程 (5.1.31) 中, 获得关于 $\delta\varphi_i$ 的一阶微分方程组:

$$\delta\dot{\varphi}_i = \sum_{j=1}^{n} C_{i,j}\delta\varphi_j + \Delta\varphi_i\cos(\omega t), \tag{5.1.34}$$

其中矩阵 C 和 $\Delta\varphi$ 分别满足下列形式:

$$C = \alpha_0\begin{pmatrix} -1 & 1 & & & & \\ 1 & -2 & 1 & & & \\ & & 1 & -2 & 1 & \\ & & \cdots & \cdots & \cdots & \\ & & & 1 & -2 & 1 \\ & & & & 1 & -1 \end{pmatrix}_{n\times n}, \quad \Delta\varphi = \frac{2\pi\alpha_0}{m_0 nD}\begin{pmatrix} -1 \\ 0 \\ 0 \\ \vdots \\ 0 \\ 1 \end{pmatrix}.$$

$$\tag{5.1.35}$$

从方程 (5.1.34) 的解 $\delta\varphi_i$ 中获得系统关于外简谐激励的响应振幅:

$$r_i = \sqrt{\left[\sum_{k=1}^{n}\omega(E_k^2+\omega^2)^{-1}F_k\Theta_{k,i}\right]^2 + \left[\sum_{k=1}^{n}E_k(E_k^2+\omega^2)^{-1}F_k\Theta_{k,i}\right]^2}, \quad (5.1.36)$$

其中 E_k 和 Θ_k 分别表示方程 (5.1.35) 中矩阵 C 的特征值和特征向量. F_k 是方程 (5.1.36) 中的矩阵 $\Delta\varphi$ 在特征向量 Θ_k 处的展开系数, 即 $\Delta\varphi = \sum_{k=1}^{n} F_k\Theta_k$. 具体地,

$$E_k = -2\alpha_0\left[1 - \cos\frac{(k-1)\pi}{n}\right],$$

$$\Theta_k = \left(\cos\frac{(k-1)(2l-1)\pi}{2n}\right)_{n\times 1}, \quad k,l = 1,2,\cdots,n, \quad (5.1.37)$$

$$F_k = \begin{cases} -\dfrac{8\pi\alpha_0}{m_0 n^2 D}\cos\dfrac{(k-1)\pi}{2n}, & k\text{ 为偶数}, \\ 0, & k\text{ 为奇数}. \end{cases}$$

当系统在稳定状态时, 根据方程 (5.1.33) 表示出依赖时间变化的位移一阶矩:

$$\langle x(t)\rangle = \int_{-\infty}^{+\infty} x\int_{-\infty}^{\infty}\int_{-\infty}^{\infty}\rho(x,y,z,t)\mathrm{d}z\mathrm{d}y\mathrm{d}x = \sum_{i=1}^{n}x_{si}[\varphi_i^{(s)} + \varepsilon_0\cdot\delta\varphi_i]$$

$$= \sum_{i=1}^{n}x_{si}\varphi_i^{(s)} + R\cos(\omega t + \psi), \quad (5.1.38)$$

其中 R 和 ψ 分别对应了系统位移的振幅和相位. 进一步, 根据方程 (5.1.36)~ 方程 (5.1.38) 得到功率谱放大因子 $\eta_1 = [R/\varepsilon_0]^2$ 的解析表达式如下:

$$\eta_1 = \frac{4\pi^2}{m_0^2}\left\{\left[\sum_{i=1}^{n}\sum_{k=1}^{n}\mathrm{i}\omega(E_k^2+\omega^2)^{-1}F_k\Theta_{k,i}\right]^2 + \left[\sum_{i=1}^{n}\sum_{k=1}^{n}\mathrm{i}E_k(E_k^2+\omega^2)^{-1}F_k\Theta_{k,i}\right]^2\right\}.$$

$$(5.1.39)$$

注意到方程 (5.1.39) 中的功率谱放大因子依赖于周期势中连续平衡点的个数, 但与平衡点的位置无关.

根据方程 (5.1.36) 和方法 (5.1.39), 图 5.1.12 展示了记忆时间 τ_c 对周期势模型的功率谱放大因子 η_1 和响应振幅 r_i 的影响. 在图 5.1.12(a) 中, η_1 随温度 D 的变化出现了显著的共振峰, 标志着随机共振现象的发生. 随着 τ_c 的增大, η_1 的峰值逐渐升高, 共振效应增强, 且共振峰位置向 D 减小的方向移动, 即噪声表现出

对系统响应的建设性角色得到增强. 因此, 在该周期势动力系统中, 记忆时间对关于外简谐激励的输出响应具有积极的影响. 该现象可通过图 5.1.12(b) 得到解释, 对于固定的稳态点个数 $n = 30$ 和不同的 τ_c 值, 绘制了各个稳态点对应响应振幅 r_i 的变化曲线. 在两个边界的稳定状态处 (s_1 和 s_n), 响应振幅得到最大化, 并且朝向中间的稳定状态对称性减弱, 最终达到最小值. 这是由于处于中间状态的系统会等可能地跃迁到两个相邻的稳态点处, 而在边界的稳态点处跃迁是不对称的. 另外, 各个稳态点的响应振幅均随着 τ_c 的增加而增大, 即在适当的记忆时间作用下, 外部的弱简谐激励在该周期势系统中得到进一步放大. 系统的记忆性是在复杂无序的非均匀环境下由系统运动所引发的, 不同的介质能够使历史速度产生不同的记忆时间, 而在类似于该周期势的多稳态系统中利用记忆效应将有助于增强随机共振行为.

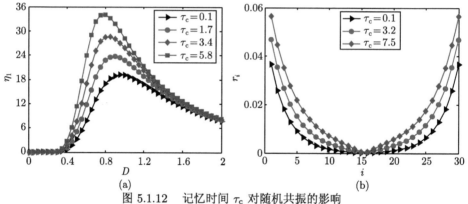

(a)   (b)

图 5.1.12   记忆时间 τ_c 对随机共振的影响

(a) 功率谱放大因子 η_1 随温度 D 的变化曲线 ($n = 6$); (b) 第 i 个稳态点对应的响应振幅 r_i 的变化曲线. 其他参数取值为 $\varGamma = 4$, $\gamma_0 = 1$, $\omega = 0.001$ 和 $m_0 = 1$

图 5.1.13 分析了周期势函数的稳态点个数 n 对功率谱放大因子 η_1 以及响应振幅 r_1 和 r_2 的影响. 从图 5.1.13(a) 中可观察到, 曲线 η_1-D 的峰值随着 n 的增加显著上升, 且共振峰位置向 D 增加的方向移动. 可见, 稳态点数量的增多能够明显增强随机共振现象. 这是由于多稳态系统中两个边界稳态点之间的距离随着 n 的增加而变大, 从而导致系统在两个最外侧势阱之间产生更大幅度的阱间响应. 同时, 系统也需要拥有足够多的能量以确保连续地穿越这些势垒, 且在两端势阱之间出现与驱动频率相一致的同步跳跃现象. 故在多稳态系统中, 通过适当增加稳定状态的数量, 随机共振现象将能够在较大的噪声强度处发生并显著增强, 从而有效提升强噪声环境中弱信号的探测能力. 图 5.1.13(b) 绘制了边界稳态点 s_1 对应的最大响应振幅 r_1 随温度变化的曲线, 其峰值随着 n 的增加而下降, 与图 5.1.13(a) 中功率谱放大因子的变化趋势相反. 这是由于在给定的激励条件下,

随着两个边界稳态点之间的距离变大, 系统到达最外侧势阱的概率逐渐减小, 响应振幅减弱. 但在图 5.1.13(c) 中, 稳态状态 s_2 对应的响应振幅 r_2, 其峰值随 n 的增加先上升, 再下降, 即存在最优的稳态点个数使得响应振幅最大化. 这表明在噪声和外简谐激励的共同作用下, 随着稳态点数量的增多, 多稳态系统在不同稳定状态之间的运动出现了更加复杂的动力学现象. 值得注意的是, 对于固定的稳定状态数, 功率谱放大因子和所有响应振幅均在一致的温度值处达到局部最大值, 如图 5.1.13 中标记的峰值. 故在给定的多稳态系统中, 两者均可用于衡量随机共振现象.

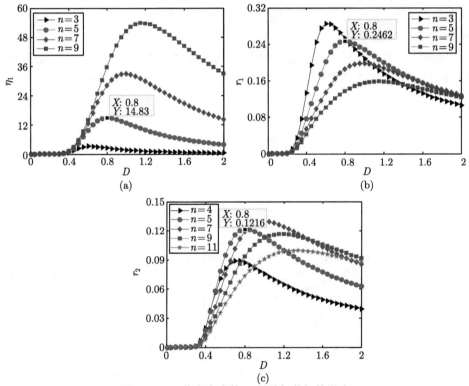

图 5.1.13 稳态点个数 n 对随机共振的影响

(a) 功率谱放大因子 η_1 随温度 D 的变化曲线；(b), (c) 响应振幅 r_1 和 r_2 分别随温度 D 的变化曲线. 其他参数取值为 $\tau_c = 3$, $\Gamma = 5$, $\gamma_0 = 1$, $\omega = 0.001$ 和 $m_0 = 1$

考虑系统在有限的范围内运动时, 其稳态点数量对输出响应的影响. 在周期势函数 $U(x) = -\cos(m_0 x)$ 中选择固定的位移区间, 即 $x \in [(2i-1)\pi/m_0, (2i+2n-1)\pi/m_0]$, 其中 i 是任意整数, 区间长度为 $2L\pi(L = n/m_0)$. 如图 5.1.11(a) 所示, 通过设置 m_0 的值可控制固定区间内系统稳态点的个数, 且势垒高度保持不变. 图 5.1.14 描述了在给定的区间范围内系统的功率谱放大因子 η_1 随区间内稳态点个数 n 的变化情况. 从图 5.1.14(a) 中观察到, 对于固定的区间长度 L, η_1 随区间内稳态点个数的增加展示了一个非单调的变化趋势. 此结果揭示了在系统运动的区间范围内, 存在最优的稳态数量使得共振强度达到最佳, 优化系统关于简谐激励的输出响应. 随着 L 的增加, η_1 的峰值依次升高且位置向 n 增大的方向移动, 即系统运动的有限区间长度与其内部的稳态点数量对增强响应的作用表现出正相关关系. 在实际环境中, 受噪声或外简谐信号驱动的系统, 其运动通常局限在一定的区间范围内. 所以, 在不同激励条件的多稳态模型中, 考虑选取最优的稳态数量将有利于增强系统对外简谐信号的响应强度. 此外, 在固定的区间长度下 ($L = 10$), 图 5.1.14(b) 展示了记忆强度 Γ 对功率谱放大因子的影响. 随着 Γ 的增加, η_1-n 曲线的峰值下降且形状趋于平缓, 即随机共振效应减弱, 而共振区域变宽, 同时峰值对应的稳态点数量也增多. 因此, 系统的响应不仅依赖于多稳态势函数, 而且与记忆性密切相关. 增大的记忆强度对共振行为呈现抑制作用, 但在合适数量的多稳态系统中共振现象又能得到增强. 在无序的媒介或复杂的环境中, 记忆强度反映了介质分子对系统运动产生的记忆效应, 合理协调记忆强度与多稳态势函数的关系有助于提升系统的输出.

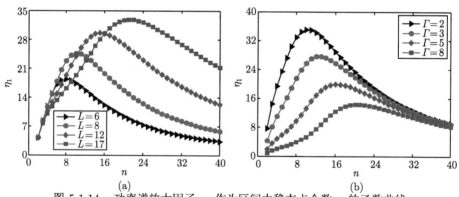

图 5.1.14　功率谱放大因子 η_1 作为区间内稳态点个数 n 的函数曲线

(a) 不同的区间长度 L 和 $\Gamma = 3$; (b) 不同的记忆强度 Γ 和固定的长度 $L = 10$. 其他参数取值为 $\tau_c = 4$, $\gamma_0 = 1$, $\omega = 0.002$ 和 $D = 0.8$

2. 系统的平均输入能量

当系统在周期势模型中呈现出更加复杂的运动行为时, 可导致系统不满足如图 5.1.11(b) 所示的多个稳态之间的跃迁情形, 此时研究随机共振需要借助系统的输入能量来进行衡量. 在随机涨落的环境中, 分析外简谐激励对系统做的功, 其随温度或噪声强度的变化可反映出能量在不同状态之间的转换. 对随机能量公式 (2.1.6) 和 (2.1.7), 采用四阶龙格–库塔方法对原系统进行离散化, 周期个数设置为

$N = 10^4$, 时间步长 $\Delta t = 0.01$. 在 10^3 条不同初始条件的样本轨迹下, 对相应的平均输入能量进行平均, 最终得到所有样本轨迹的平均输入能量 $\langle \bar{W} \rangle$.

在不同的环境温度 D 下, 图 5.1.15 展示了单一轨迹对应的平均输入能量 $\bar{W}$ 随初始位置 $x(0)$ 的变化情况. 在图 5.1.15(a) 中, 当温度很低时 ($D = 0.001$), 平均输入能量的值仅分布在两条线附近, 即 $\bar{W} = 0.092$ 和 $\bar{W} = 1.214$. 这种变化说明广义朗之万方程描述的周期系统 (5.1.1) 存在两个不同的稳定状态: $\bar{W} = 0.092$ 对应的动力学状态称为相内状态, $\bar{W} = 1.214$ 对应的动力学状态称为相外状态 [20]. 为了进一步理解这两个状态, 图 5.1.15(a) 中画出了两个不同初值的输出信号的时间历程. 从图中可以看出, 初值 $x(0) = 0.16\pi$ 的输出信号振幅小, 对应相内状态, 且与输入信号 (黑色点线) 间的相位差近似为 $\Phi = -0.086\pi$; 初值 $x(0) = 0.83\pi$ 的输出信号振幅大, 对应相外状态, 且与输入信号间的相位差近似为 $\Phi_2 = -0.565\pi$. 然而, 如图 5.1.15(b) 所示, 当温度增加到 0.003 时, 位于 $\bar{W} = 1.214$ 线上的点

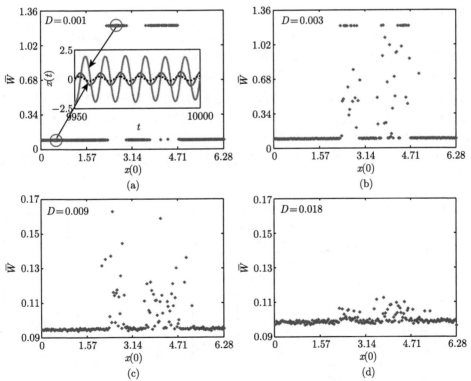

图 5.1.15　单一轨迹对应的平均输入能量 $\bar{W}$ 作为初始位置 $x(0)$ 的函数随不同温度 D 的变化情况, 且在插图中给出了不同初始位置 (圆圈示出) 对应的时间历程, 点线代表系统的输入信号 $\varepsilon_0 \cos(\omega t)$. 其他参数取值为 $\tau_c = 2.3$, $\gamma_0 = 0.12$, $\Gamma = 0.02$ 和 $\omega = \pi/4$

逐渐向 $\bar{W} = 0.092$ 靠近, 即系统从输入能量大的相外状态开始向输入能量小的相内状态进行转移. 该现象说明系统在这两个稳定的动力学状态之间可能存在着连续的跃迁行为, 同时为随机共振现象的发生提供了条件. 从图 5.1.15(c) 中看到, 随着温度的继续增加 ($D = 0.009$), 位于 $\bar{W} = 1.214$ 线上的点已经大范围地向 $\bar{W} = 0.092$ 附近移动. 当温度增加到 0.018 时, 如图 5.1.15(d) 所示, 此时的相外状态已完全转变为相内状态, 系统的输入能量达到最小值. 如果温度进一步增加, 系统又将开始从相内状态向相外状态进行转移, 特别地, 在给定的温度或噪声强度处, 若系统能够使两个稳定状态之间的转移达到一个最佳效应, 则意味着随机共振现象的出现.

通过对所有样本轨迹的平均输入能量 $\bar{W}$ 进行平均得到 $\langle\bar{W}\rangle$. 在不同的记忆强度 Γ 下, 图 5.1.16 分别给出了 $\langle\bar{W}\rangle$ 和对应的平均输出信号与输入信号间的相位差 $\bar{\Phi}$ 随温度 D 的变化情况. 从图 5.1.16(a) 中看到, 当 $\Gamma = 0.02$ 时, $\langle\bar{W}\rangle$ 随着 D 的增加先快速下降至谷底, 再逐渐上升到峰值, 最后呈现单调递减的趋势. 也就是说, $\langle\bar{W}\rangle$ 在 $D = 0.02$ 处达到了最小值, 这是由于系统此时的相外状态完全转变成了相内状态, 如图 5.1.15(d) 所示. 而 $\langle\bar{W}\rangle$ 在 $D = 0.22$ 处达到了最大值, 意味着随机共振现象发生. 由此可见, 在温度的变化过程中, 外简谐信号对系统所做的功先后得到抑制和增强, 且在随机共振背景下所做的功达到最大. 当温度进一步升高时, 破坏了系统的有序输出, 外简谐信号对系统所做的功减弱. 随着 Γ 的增大, $\langle\bar{W}\rangle$ 的最小值消失, 峰值降低. 这说明在很低的温度下较大的记忆强度导致系统处于相内状态, 随着温度的增加又开始出现相内与相外两个状态之间的转变, 发生随机共振行为. 增加的记忆强度使得共振效应减弱和共振区域变宽, 这与图 5.1.14(b) 中功率谱放大因子的变化一致. 另外, 基于线性响应理论, 得到如

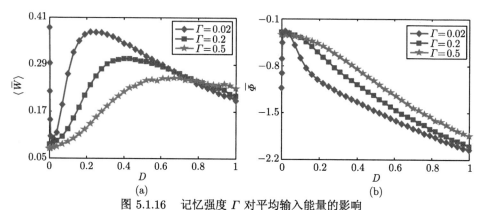

图 5.1.16　记忆强度 Γ 对平均输入能量的影响

(a) 系统平均输入能量 $\langle\bar{W}\rangle$ 随温度 D 的变化曲线; (b) 平均输出信号与输入信号的相位差 $\bar{\Phi}$ 随温度 D 的变化曲线. 其他参数取值为 $\tau_c = 2.3$, $\gamma_0 = 0.12$ 和 $\omega = \pi/4$

图 5.1.16(b) 所示的相位差 $\overline{\varPhi}$. 当 $\varGamma = 0.02$ 时, $\overline{\varPhi}$ 随着 D 的增加展示了一个非单调的变化行为, 即在 $D = 0.02$ 处存在最大值. 然而, 当 $\varGamma$ 增大时, $\overline{\varPhi}$ 随着 D 的变化单调递减, 最大值消失. 通过对比图 5.1.16(a) 与 (b) 发现, 当 $\overline{\varPhi}$ 达到最大值时, $\langle \overline{W} \rangle$ 在相同的温度处达到最小值; 当 $\overline{\varPhi}$ 的最大值不存在时, $\langle \overline{W} \rangle$ 的最小值也对应消失.

图 5.1.17 分析了记忆时间 τ_c 对 $\langle \overline{W} \rangle$ 的影响. 从图 5.1.17(a) 中发现, 当 τ_c 从 0.1 增加到 0.4 时, $\langle \overline{W} \rangle$-$D$ 曲线的峰值呈现下降趋势, 峰的位置向温度 D 增大的方向移动. 结果说明较短的记忆时间能够减弱周期势系统 (5.1.1) 的输出响应, 对随机共振效应起到抑制作用, 从而降低外简谐信号对系统所做的功. 这是不同于记忆时间在如图 5.1.11(b) 所示的多稳态系统中对输出响应的作用, 在图 5.1.12(a) 中该记忆时间对共振行为呈现增强作用. 所以, 若系统在周期势中出现不同于图 5.1.11(b) 所示的跃迁行为, 即产生了更加复杂无序的运动现象, 则记忆时间对共振行为的影响也会产生差异性. 当 τ_c 继续增加, 且处于范围 $0.8 \leqslant \tau_c \leqslant 1.3$ 时, $\langle \overline{W} \rangle$-$D$ 曲线的峰形状趋于平缓, 共振区域变宽. 然而, 当 τ_c 继续增大到 2.5 时, $\langle \overline{W} \rangle$-$D$ 曲线重新出现了显著的共振峰. 特别地, 随着 τ_c 的进一步增大, 其峰值明显上升, 共振区域变窄, 同时共振峰的位置向温度 D 减小的方向移动. 所以, 较长的记忆时间有利于提升系统输出响应幅值, 且能够增强噪声在共振行为中的角色, 即在较弱的最优噪声强度下外简谐激励对系统所做的功伴随着记忆时间的延长而增大. 显然, 不同长短的记忆时间在温度的变化过程中对 $\langle \overline{W} \rangle$ 具有显著差异性. 为了直观地分析, 图 5.1.17(b) 给出了 $\langle \overline{W} \rangle$ 作为记忆时间的函数随不同温度的变化曲线. 当温度变得足够低时 ($D = 0.03$), $\langle \overline{W} \rangle$ 是 τ_c 的单调递减函数, 故在低温状态下, 记忆时间的增加将引起外简谐对系统输入能量的减少. 当 D 增加到 0.2

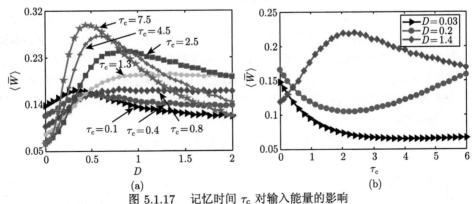

图 5.1.17　记忆时间 τ_c 对输入能量的影响

(a) $\overline{W}$ 作为温度 D 的函数随不同 τ_c 的变化曲线; (b) $\overline{W}$ 作为 τ_c 的函数随不同 D 的变化曲线. 其他参数取值为 $\varGamma = 0.7$, $\gamma_0 = 0.12$ 和 $\omega = \pi/4$

时, $\langle \bar{W} \rangle$ 随着 τ_c 的增加先下降, 再上升, 即在 $\tau_c = 2.04$ 处, $\langle \bar{W} \rangle$ 达到最小值, 从而抑制随机共振效应. 但是, 当温度上升到一定高度时 $(D = 1.4)$, $\langle \bar{W} \rangle$ 作为 τ_c 的函数展示了一个类似共振的非单调变化行为, 称为记忆时间诱导的共振. 因此, 在给定的较高温度状态下, 存在着最优的记忆时间能够使得 $\langle \bar{W} \rangle$ 达到最大值. 针对周期势系统 (5.1.1) 的输出响应, 图 5.1.17 中的结果揭示了记忆时间对它的影响密切依赖于系统所处的环境温度.

5.2   含黏性阻尼的二阶三稳态系统的随机共振

5.2.1   系统的运动方程

当记忆效应不存在时 $(\Gamma_1 = 0$ 或 $\tau_c \to 0)$, 单自由度系统受到的阻尼力与其速度成正比, 方向相反, 此时记忆阻尼退化成黏性阻尼. 因此, 考虑高斯白噪声 $\xi(t)$ 和参数简谐激励 $F(t)$ 共同作用下单自由度三稳态系统的运动, 其对应的朗之万方程具有如下形式:

$$\frac{\mathrm{d}^2 x}{\mathrm{d}t^2} + \gamma \frac{\mathrm{d}x}{\mathrm{d}t} + \frac{\mathrm{d}U(x)}{\mathrm{d}x} = \xi(t) + F(t), \qquad (5.2.1)$$

其中 γ 代表阻尼系数, 噪声项 $\xi(t)$ 具有零均值和自相关函数 $\langle \eta(t)\eta(t') \rangle = 2D\delta(t - t')$, D 是噪声强度. 另外, 参数简谐激励表示为 $F(t) = \varepsilon_0 x \cos(\omega t)$, 且已经在一些动载荷的机械模型中得到了应用, 比如, 能量采集器 [21−22], 含周期性轴向载荷的悬臂梁 [23] 以及多自由度机械放大器 [24].

方程 (5.2.1) 中的一般对称三稳态势函数 $U(x)$ 如方程 (1.2.1) 所示. 当刚度系数满足 $\kappa_3 > 2\sqrt{\kappa_1 \kappa_5}$ 时, 确定性模型 (5.2.1) 有三个稳定平衡点 $s_m(x_{sm}, 0)(m = 1, 2, 3)$ 和两个不稳定平衡点 $u_n(x_{un}, 0)(n = 1, 2)$, 其中 x_{sm} 和 x_{un} 在方程 (1.2.2) 中给出. 当考虑到参数简谐激励时, 势函数变为 $U(x) = [\kappa_1 - \varepsilon_0 \cos(\omega t)]x^2/2 - \kappa_3 x^4/4 + \kappa_5 x^6/6$, 图 5.2.1 画出了它在半个周期内的变化. 可以发现, 三个势阱间的势垒高度实现周期性的和对称性的调制, 而这种调制在适当噪声强度的驱动下可能产生随机共振效应. 为了有效提升系统关于外部激励的响应幅值, 需要克服三势阱间的势垒以呈现高能量的阱间运动, 故在给定的激励条件下应该设计合适的三稳态模型.

令 $\mathrm{d}x/\mathrm{d}t = y$, 则系统 (5.2.1) 可表示为如下 Itô 方程:

$$\begin{cases} \mathrm{d}x = y\mathrm{d}t, \\ \mathrm{d}y = [-\gamma y - \kappa_1 x + \kappa_3 x^3 - \kappa_5 x^5 + \varepsilon_0 x \cos(\omega t)]\mathrm{d}t + \sqrt{2D}\mathrm{d}B(t), \end{cases} \qquad (5.2.2)$$

其中 $B(t)$ 是单位的 Wiener 过程.

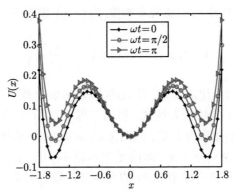

图 5.2.1   受参数简谐激励调制的 $U(x)$ 在半个周期内的变化情况. 其他参数选择为 $\kappa_1 = 1$,
$\kappa_3 = 1.8$, $\kappa_5 = 0.6$, $\varepsilon_0 = 0.05$

当噪声和简谐激励均不存在时, 得到方程 (5.2.2) 在平衡点 s_1、s_2、u_1 和 u_2
处线性化矩阵的特征值:

$$\lambda_e^{\pm} = \frac{-\gamma \pm \sqrt{\gamma^2 - 4(\kappa_1 - 3\kappa_3 x_e^2 + 5\kappa_5 x_e^4)}}{2}, \tag{5.2.3}$$

其中下标 e 代表方程 (1.2.2) 中 x_{s1}、x_{s2}、x_{u1} 和 x_{u2} 的下标符号.

令 $\rho(x, y, t)$ 表示系统 (5.2.1) 在 t 时刻处于状态 (x, y) 的概率密度函数, 则
$\rho(x, y, t)$ 满足如下的 Fokker-Planck 方程:

$$\frac{\partial \rho(x, y, t)}{\partial t} = -\frac{\partial}{\partial x}[y\rho(x, y, t)] - \frac{\partial}{\partial y}\{[-\gamma y - \kappa_1 x + \kappa_3 x^3 - \kappa_5 x^5$$

$$+ \varepsilon x \cos(\omega t)]\rho(x, y, t)\} + D\frac{\partial^2 \rho(x, y, t)}{\partial y^2}. \tag{5.2.4}$$

当 $\varepsilon_0 = 0$ 时, 令方程 (5.2.4) 的左边等于零, 得到稳态概率密度 $\rho_{st}(x, y)$ 满足
的方程:

$$\frac{\partial}{\partial x}[-y\rho_{st}(x, y)] + \frac{\partial}{\partial y}\{[\kappa_1 x - \kappa_3 x^3 + \kappa_5 x^5]\rho_{st}(x, y)\}$$

$$+ \frac{\partial}{\partial y}[\gamma y\rho_{st}(x, y)] + D\frac{\partial^2 \rho_{st}(x, y)}{\partial y^2} = 0. \tag{5.2.5}$$

根据细致平衡条件 [25], 推导出稳态概率密度为方程 (5.2.5) 解的充分条件:

$$\frac{\partial}{\partial x}[-y\rho_{st}(x, y)] + \frac{\partial}{\partial y}\{[\kappa_1 x - \kappa_3 x^3 + \kappa_5 x^5]\rho_{st}(x, y)\} = 0, \tag{5.2.6}$$

$$\gamma y\rho_{st}(x, y) + D\frac{\partial \rho_{st}(x, y)}{\partial y} = 0. \tag{5.2.7}$$

通常, 方程 (5.2.2) 中的稳态概率密度 $\rho_{\text{st}}(x, y)$ 采取下列形式:

$$\rho_{\text{st}}(x, y, t) = N \exp\left[-\frac{\tilde{U}(x, y)}{D}\right], \tag{5.2.8}$$

其中 N 是满足概率归一化的常数, 并且将方程 (5.2.8) 代入方程 (5.2.7) 中容易得到有效势函数 $\tilde{U}(x, y)$ 的解析表达式. 假设方程 (5.2.1) 中的参数简谐激励振幅 ε_0 充分小, 能够进行小参数展开计算, 同时限制 $\omega \ll 1$, 使系统在一个简谐激励周期内有足够长的时间达到局域平衡, 即满足绝热驱动, 可以获得 Fokker-Planck 方程 (5.2.4) 的准稳态解, 其中方程 (5.2.8) 的有效势函数表示为下列形式:

$$\tilde{U}(x, y, t) = \gamma \left[\frac{1}{2}y^2 + \frac{1}{2}\kappa_1 x^2 - \frac{1}{4}\kappa_3 x^4 + \frac{1}{6}\kappa_5 x^6 - \frac{1}{2}\varepsilon_0 x^2 \cos(\omega t)\right]. \tag{5.2.9}$$

根据两维动力系统的跃迁概率公式 [26], 从方程 (5.2.3) 和方程 (5.2.9) 分别得到系统从左侧势阱 s_1 到中间势阱 s_2 和从中间势阱 s_2 到右侧势阱 s_3 的跃迁率:

$$k_{1,2} = \frac{1}{2\pi}\sqrt{\frac{\lambda_{s1}^+ \lambda_{s1}^- \lambda_{u1}^+}{|\lambda_{u1}^-|}} \exp\left\{-\frac{\left[\tilde{U}(u_1, t) - \tilde{U}(s_1, t)\right]}{D}\right\}.$$

$$k_{2,3} = \frac{1}{2\pi}\sqrt{\frac{\lambda_{s2}^+ \lambda_{s2}^- \lambda_{u2}^+}{|\lambda_{u2}^-|}} \exp\left\{-\frac{\left[\tilde{U}(u_2, t) - \tilde{U}(s_2, t)\right]}{D}\right\}. \tag{5.2.10}$$

5.2.2　系统的随机共振机理

基于上面得到的系统准稳态概率密度函数和势阱间跃迁率的表达式, 在此节中将推导平均首次穿越时间和信噪比的解析表达式, 并分析该二阶欠阻尼三稳态系统的随机共振机理.

1. 系统的平均首次穿越时间表达式

若模型 (5.2.1) 中的参数简谐激励不存在 ($\varepsilon_0 = 0$), 则从方程 (5.2.10) 中得到系统平均首次穿越时间的近似表达式 [27]:

$$T(s_1 \to s_2) = k_{1,2}^{-1}$$

$$= \frac{2\pi\sqrt{\gamma + \sqrt{\gamma^2 - 4\left(\kappa_1 - 3\kappa_3 x_{u1}^2 + 5\kappa_5 x_{u1}^4\right)}} \exp\left\{D^{-1}\left[\tilde{U}(u_1) - \tilde{U}(s_1)\right]\right\}}{\sqrt{\left(\kappa_1 - 3\kappa_3 x_{s1}^2 + 5\kappa_5 x_{s1}^4\right)\left(-\gamma + \sqrt{\gamma^2 - 4\left(\kappa_1 - 3\kappa_3 x_{u1}^2 + 5\kappa_5 x_{u1}^4\right)}\right)}},$$

$$T(s_2 \to s_3) = k_{2,3}^{-1} \tag{5.2.11}$$

$$= \frac{2\pi \sqrt{\gamma + \sqrt{\gamma^2 - 4\left(\kappa_1 - 3\kappa_3 x_{u2}^2 + 5\kappa_5 x_{u2}^4\right)}} \exp\left\{D^{-1}\left[\tilde{U}(u_2) - \tilde{U}(s_2)\right]\right\}}{\sqrt{\left(\kappa_1 - 3\kappa_3 x_{s2}^2 + 5\kappa_5 x_{s2}^4\right)\left(-\gamma + \sqrt{\gamma^2 - 4\left(\kappa_1 - 3\kappa_3 x_{u2}^2 + 5\kappa_5 x_{u2}^4\right)}\right)}}.$$

根据方程 (5.2.11), 图 5.2.2 分别画出了平均首次穿越时间 $T(s_1 \rightarrow s_2)$ 和 $T(s_2 \rightarrow s_3)$ 作为阻尼系数 γ 的函数随不同噪声强度 D 的变化曲线. 可以看出, $T(s_1 \rightarrow s_2)$ 和 $T(s_2 \rightarrow s_3)$ 均随着 γ 的增加呈现单调递增, 即阻尼系数的增大降低了逃逸率, 抑制了任意两相邻势阱间的状态转移. 但对于固定的 γ 值, 平均首次穿越时间均随着 D 的增加而下降, 表明噪声的增强加速了系统在不同势阱间的状态转移. 这也意味着噪声强度和阻尼参数在三稳态系统的逃逸过程中起着相反作用. 另外, 发现平均首次穿越时间 $T(s_2 \rightarrow s_3)$ 是 $T(s_1 \rightarrow s_2)$ 的二倍, 如图中标注的相同噪声强度和阻尼系数下的点. 由于三个势阱具有相同的深度, 如图 1.2.1(a) 所示 ($\kappa_3 = 1.79$), 故处于中间势阱的粒子等可能地向两侧势阱跃迁. 图中符号表示的平均首次穿越时间数值结果与其理论结果相吻合, 误差随着噪声强度的增加而减小.

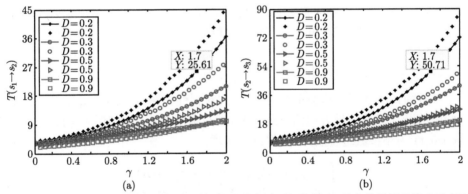

图 5.2.2　阻尼系数 γ 和噪声强度 D 对平均首次穿越时间的影响, 其中带符号的线表示理论结果, 符号表示数值结果. 其他参数选择为 $\kappa_1 = 1$, $\kappa_3 = 1.79$ 和 $\kappa_5 = 0.6$

对于固定的噪声强度, 平均首次穿越时间作为三次刚度系数 κ_3 的函数随不同阻尼系数 γ 的变化曲线如图 5.2.3 所示. 在图 5.2.3(a) 中, 当 κ_3 从 1.6 变化到 2.4 时, 平均首次穿越时间 $T(s_1 \rightarrow s_2)$ 单调增加. 两侧势阱的深度随着 κ_3 的增加而变大, 即两侧势阱朝向中间势阱的势垒升高以致系统从左侧势阱出发的首次穿越时间延长, 稳定性增强. 此外, 对于较大的 κ_3, 轻微增加的 γ 导致系统从左侧到中间势阱的平均首次穿越时间明显增加. 可见, 随着阻尼作用的增强, 三次刚度系数的变化对系统从两侧势阱到中间势阱的状态转移产生了十分显著的影响. 相反地, 由于中间势阱的势垒高度降低, 图 5.2.3(b) 中的 $T(s_2 \to s_3)$ 随着 κ_3 的增加而减小, 状态转移得到增强. 同时, $T(s_2 \to s_3)$ 随 κ_3 变化的曲线在垂直方向随着 γ 的增加而平行上升. 这表明阻尼参数对系统从中间到两侧势阱的状态转移有显著影响, 但几乎与中间势阱的势垒变化无关, 故阻尼项和三稳态势函数的相互作用在系统的状态转移及稳定性中起着积极作用. 当参数简谐激励存在时, 非常有必要研究二阶欠阻尼三稳态系统的随机共振现象.

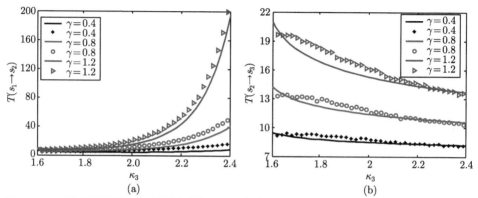

图 5.2.3　三次刚度系数 κ_3 和阻尼系数 γ 对平均首次穿越时间的影响, 其中实线表示理论结果, 符号表示数值结果. 其他参数选择为 $D = 0.4$, $\kappa_1 = 1$ 和 $\kappa_5 = 0.6$

2. 系统的信噪比解析表达式

参数简谐激励下三稳态系统 (5.2.1) 的对称性如图 5.2.1 所示, 故从左侧到右侧势阱的跃迁概率与反方向的一致. 因而, 只需对方程 (5.2.10) 中的跃迁概率以 $\varepsilon_0 \cos(\omega t)$ 为小参数进行展开, 并保留一次项:

$$\begin{cases} k_{1,2}(t) = k_{3,2}(t) = a + b\cos(\omega t), \\ k_{2,1}(t) = k_{2,3}(t) = c + d\cos(\omega t). \end{cases} \tag{5.2.12}$$

这里的参数 a、b、c 和 d 容易从方程 (5.2.10) 中得到, 即

$$a = \frac{1}{2\pi}\sqrt{\frac{\lambda_{s1}^+\lambda_{s1}^-\lambda_{u1}^+}{|\lambda_{u1}^-|}}\exp\left\{\frac{-\gamma\left[U(x_{u1}) - U(x_{s1})\right]}{D}\right\}, \quad b = \frac{1}{2D}\varepsilon_0\gamma a(x_{u1}^2 - x_{s1}^2),$$

$$c = \frac{1}{2\pi}\sqrt{\frac{\lambda_{s2}^+\lambda_{s2}^-\lambda_{u2}^+}{|\lambda_{u2}^-|}}\exp\left\{\frac{-\gamma\left[U(x_{u2}) - U(x_{s2})\right]}{D}\right\}, \quad d = \frac{1}{2D}\varepsilon_0\gamma c(x_{u2}^2 - x_{s2}^2).$$

$$\tag{5.2.13}$$

系统在 t 时刻处于每个稳态 $s_i(i = 1, 2, 3)$ 区域内的概率 $p_i(t)$ 可通过方程 (5.2.4) 中的概率密度函数 $\rho(x, y, t)$ 描述为

$$p_1(t) = \int_{-\infty}^{x_{u1}} \int_{-\infty}^{\infty} \rho(x,y,t)\mathrm{d}y\mathrm{d}x,$$

$$p_2(t) = \int_{x_{u1}}^{x_{u2}} \int_{-\infty}^{\infty} \rho(x,y,t)\mathrm{d}y\mathrm{d}x, \qquad (5.2.14)$$

$$p_3(t) = \int_{x_{u2}}^{\infty} \int_{-\infty}^{\infty} \rho(x,y,t)\mathrm{d}y\mathrm{d}x.$$

从而结合方程 (5.2.12) 和方程 (5.2.13)，运用常数变易法获得方程 (5.2.14) 中所有 $p_i(t)(i=1,2,3)$ 的精确表达式：

$$
\begin{cases}
p_1(t) = M_1\left(cM_2 + dM_3\right) - M_1\left[(cN_2 + dN_3) - p_1(t_0)/N_1\right]\exp\left[-f(t-t_0)\right], \\
p_2(t) = M_1\left(aM_2 + bM_3\right) - M_1\left[(aN_2 + bN_3) - p_2(t_0)/N_1\right]\exp\left[-f(t-t_0)\right], \\
p_3(t) = M_1\left(cM_2 + dM_3\right) - M_1\left[(cN_2 + dN_3) - p_3(t_0)/N_1\right]\exp\left[-f(t-t_0)\right],
\end{cases}
$$
$$(5.2.15)$$

其中 $p_i(t_0)$ 为系统在 t_0 时刻的初始概率，

$$M_1 = \exp\left[-\frac{g}{\omega}\sin(\omega t)\right], \quad N_1 = \exp\left[-\frac{g}{\omega}\sin(\omega t_0)\right],$$

$$M_2 = \frac{1}{f} + \frac{g}{\omega}\mu\sin(\omega t - \varphi), \quad N_2 = \frac{1}{f} + \frac{g}{\omega}\mu\sin(\omega t_0 - \varphi), \qquad (5.2.16)$$

$$M_3 = \mu\cos(\omega t - \varphi) + \frac{g}{2\omega}\nu\sin(2\omega t - \theta), \quad N_3 = \mu\cos(\omega t_0 - \varphi) + \frac{g}{2\omega}\nu\sin(2\omega t_0 - \theta),$$

$$f = a + 2c, \quad g = b + 2d, \quad \mu = \frac{1}{\sqrt{f^2 + \omega^2}}, \quad \nu = \frac{1}{\sqrt{f^2 + 4\omega^2}},$$

$$\sin(\varphi) = \mu\omega, \quad \cos(\varphi) = \mu f, \quad \sin(\theta) = 2\nu\omega, \quad \cos(\theta) = \nu f.$$

显然，在充分长的时间下，方程 (5.2.15) 中初始状态的影响消失，$p_i(t)(i=1,2,3)$ 退化为如下稳定态的概率：

$$p_1^s(t) = p_3^s(t) = M_1\left(cM_2 + dM_3\right), \quad p_2^s(t) = M_1\left(aM_2 + bM_3\right). \qquad (5.2.17)$$

另外，根据方程 (5.2.15)，推导出系统满足的条件概率 $p(s_j, t+\tau | s_i, t)(i,j=1,2,3)$：

$$
\begin{cases}
p(s_1, t+\tau | s_1, t) = Q_1\left[(cQ_2 + dQ_3) - (cM_2 + dM_3 - M_1^{-1})\exp(-f\tau)\right], \\
p(s_1, t+\tau | s_2, t) = Q_1\left[(cQ_2 + dQ_3) - (cM_2 + dM_3)\exp(-f\tau)\right], \\
p(s_2, t+\tau | s_1, t) = Q_1\left[(aQ_2 + bQ_3) - (aM_2 + bM_3)\exp(-f\tau)\right], \\
p(s_2, t+\tau | s_2, t) = Q_1\left[(aQ_2 + bQ_3) - (aM_2 + bM_3 - M_1^{-1})\exp(-f\tau)\right],
\end{cases}
$$
$$(5.2.18)$$

其中

$$p(s_3, t+\tau|s_3, t) = p(s_1, t+\tau|s_1, t), \quad p(s_3, t+\tau|s_2, t) = p(s_1, t+\tau|s_2, t),$$

$$p(s_2, t+\tau|s_3, t) = p(s_2, t+\tau|s_1, t), \quad Q_1 = \exp\left(-\frac{g}{\omega}\sin\omega(t+\tau)\right), \quad (5.2.19)$$

$$Q_2 = \frac{1}{f} + \frac{g}{\omega}\mu\sin(\omega t + \omega\tau - \varphi), \quad Q_3 = \mu\cos(\omega t + \omega\tau - \varphi) + \frac{g}{2\omega}\nu\sin(2\omega t + 2\omega\tau - \theta).$$

高斯白噪声激励下系统 (5.2.1) 的随机过程完全由方程 (5.2.17) 和方程 (5.2.18) 确定, 故稳定状态下的位移自相关函数可以计算为

$$\langle x(t)x(t+\tau)\rangle_{\text{st}} = \sum_{i=1}^{2} [x_{si}p(s_i, t+\tau|s_1, t)]x_{s1}p_1^s(t)$$

$$+ \sum_{i=1}^{3} [x_{si}p(s_i, t+\tau|s_2, t)]x_{s2}p_2^s(t)$$

$$+ \sum_{i=2}^{3} [x_{si}p(s_i, t+\tau|s_3, t)]x_{s3}p_3^s(t)$$

$$= 2x_{s1}^2 Q_1 (cM_2 + dM_3)$$

$$\times [M_1 (cQ_2 + dQ_3) - (cM_1M_2 + dM_1M_3 - 1)\exp(-f\tau)]. \tag{5.2.20}$$

同时, 在简谐激励的一个驱动周期内, 对相关函数 (5.2.20) 进行平均得到下列方程:

$$\langle x(t)x(t+\tau)\rangle_{\text{average}}$$

$$= \frac{\omega}{2\pi}\int_0^{\frac{2\pi}{\omega}} \langle x(t)x(t+\tau)\rangle_{\text{st}}\, \mathrm{d}t$$

$$= 2x_{s1}^2 c^2 \left\{ \frac{g^2\mu^2\cos(\omega\tau)}{2\omega^2} - \frac{g^2\mu\cos(\varphi)}{f\omega^2}[\cos(\omega\tau) + 1] + \frac{1}{f^2} \right\}$$

$$+ 2x_{s1}^2 cd \left\{ -\frac{g\mu\sin(\varphi)}{f\omega}[\cos(\omega\tau) + 1] - \frac{g^3\mu\nu\sin(\theta - \varphi)}{4\omega^3}[\cos(\omega\tau) + \cos(2\omega\tau)] \right\}$$

$$+ 2x_{s1}^2 d^2 \left\{ \frac{\mu^2\cos(\omega\tau)}{2} - \frac{g^2\mu\nu\cos(\theta - \varphi)}{4\omega^2}[\cos(\omega\tau) + \cos(2\omega\tau)] + \frac{g^2\nu^2\cos(2\omega\tau)}{8\omega^2} \right\}$$

$$- 2x_{s1}^2 \exp(-f\tau)c^2 \left\{ \frac{g^2\mu^2}{2\omega^2} - \frac{g^2\mu\cos(\varphi)}{f\omega^2}[\cos(\omega\tau) + 1] + \frac{1}{f^2} \right\}$$

$$- 2x_{s1}^2 \exp(-f\tau)cd \left\{ -\left[\frac{g\mu\sin(\varphi)}{f\omega} + \frac{g^3\mu\nu\sin(\theta - \varphi)}{4\omega^3}\right][\cos(\omega\tau) + 1] \right\}$$

$$- 2x_{s1}^2 \exp\left(-f\tau\right) d^2 \left\{ \frac{\mu^2}{2} - \frac{g^2\mu\nu\cos(\theta-\varphi)}{4\omega^2} \left[\cos(\omega\tau)+1\right] + \frac{g^2\nu^2}{8\omega^2} \right\}$$

$$+ 2x_{s1}^2 \exp\left(-f\tau\right) \left\{ c\left[-\frac{g^2\mu\cos(\varphi)\cos(\omega\tau)}{2\omega^2} + \frac{1}{f} \right] + d\left[-\frac{g\mu\sin(\varphi)\cos(\omega\tau)}{2\omega} \right] \right\}.$$

$$(5.2.21)$$

通过对方程 (5.2.21) 进行傅里叶变换, 获得如下形式的系统功率谱 $S(\Omega)$:

$$S(\Omega) = \int_{-\infty}^{\infty} \langle x(t)x(t+\tau) \rangle_{\text{average}} \exp(-\mathrm{i}\Omega\tau)\mathrm{d}\tau = S_1(\Omega) + S_2(\Omega). \qquad (5.2.22)$$

其中 $S_1(\Omega)$ 和 $S_2(\Omega)$ 分别表示输出信号和输出噪声的功率谱, 从而进一步推导出系统输出信噪比的解析表达式:

$$\mathrm{SNR} = \frac{\displaystyle\int_0^{\infty} S_1(\Omega)\mathrm{d}\Omega}{S_2(\Omega=\omega)}$$

$$= \pi \left\{ c^2 \left[\frac{g^2\mu^2}{2\omega^2} - \frac{2g^2\mu\cos(\varphi)}{f\omega^2} + \frac{1}{f^2} \right] + cd \left[-\frac{2g\mu\sin(\varphi)}{f\omega} - \frac{g^3\mu\nu\sin(\theta-\varphi)}{2\omega^3} \right] \right.$$

$$+ \frac{d^2 \left[\dfrac{\mu^2}{2} - \dfrac{g^2\mu\nu\cos(\theta-\varphi)}{2\omega^2} + \dfrac{g^2\nu^2}{8\omega^2} \right]}{\left\{ \mu^2 \left[c^2 \left(\dfrac{2g^2\mu\cos(\varphi)}{\omega^2} - \dfrac{fg^2\mu^2}{\omega^2} - \dfrac{2}{f} \right) \right. \right.} + 2c$$

$$+ cd \left(\frac{2g\mu\sin(\varphi)}{\omega} + \frac{fg^3\mu\nu\sin(\theta-\varphi)}{2\omega^3} \right)$$

$$\left. + d^2 \left(\frac{fg^2\mu\nu\cos(\theta-\varphi)}{2\omega^2} - f\mu^2 - \frac{fg^2\nu^2}{4\omega^2} \right) \right]$$

$$+ \frac{2\mu\nu^2 \left(f^2+2\omega^2\right)}{f} \left[c^2 \left(\frac{g^2\cos(\varphi)}{f\omega^2} \right) + cd \left(\frac{g\sin(\varphi)}{f\omega} + \frac{g^3\nu\sin(\theta-\varphi)}{4\omega^3} \right) \right.$$

$$\left. \left. + d^2 \left(\frac{g^2\nu\cos(\theta-\varphi)}{4\omega^2} \right) - c \left(\frac{g^2\cos(\varphi)}{2\omega^2} \right) - d \left(\frac{g\sin(\varphi)}{2\omega} \right) \right] \right\}. \qquad (5.2.23)$$

5.2.3 系统参数对随机共振的影响

根据系统的输出信噪比 (5.2.23) 来衡量随机共振现象, 且固定参数简谐激励的振幅和频率分别为 $\omega = 0.015$ 和 $\varepsilon = 0.005$. 图 5.2.4 展示了信噪比对噪声强度 D 和阻尼系数 γ 的依赖关系. 从图 5.2.4(a) 中可发现阻尼系数的两个临界值, 即当 $\gamma = 0.2$ 时, 存在最优噪声强度使得信噪比达到局部最大值, 意味着典型的随机共振现象发生; 当 $\gamma = 1.5$ 时, 随机共振现象消失, 表明在弱或强阻尼情况下, 噪声与参数简谐激励的合作效应均得到减弱. 该现象是由于在弱阻尼状态下, 存在的噪声会引起系统出现不稳定性运动, 从而抑制随机共振. 若阻尼系数变得足够大, 则系统会快速失去能量, 落入到单个势阱内运动. 因此, 直到适当强度的噪声输入时, 系统才能从势阱内释放出来, 产生阱间的共振行为, 这也解释了图 5.2.4(a) 中诱导共振的最优噪声强度随阻尼系数增加而变大的原因. 特别地, 曲线 $\gamma = 2.2$ 所呈现的波谷形状是由于系统在强阻尼作用下产生微弱振幅的阱内运动造成的. 由此可见, 阻尼参数对随机共振效应具有重要的影响. 从图 5.2.4(b) 观察到, 对于给定的噪声强度, 信噪比随阻尼系数的变化曲线展示了非单调的共振行为, 称为阻尼诱导的共振现象 [28]. 也就是说, 总存在一个最优的阻尼值使得系统对参数简谐激励的响应达到最大化. 随着 D 的增加, 信噪比随 γ 变化的共振峰逐渐变得不明显, 且在较大的阻尼值处达到很低的峰值. 显然, 对于足够大的噪声强度 $(D = 1.2)$, 阻尼诱导的共振消失. 所以, 在较弱的噪声强度下, 系统的输出响应与阻尼效应的变化密切相关.

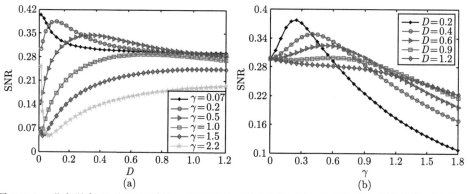

图 5.2.4　噪声强度 D 和阻尼系数 γ 对信噪比 (SNR) 的影响, 其中随机共振现象分别在临界阻尼值 $\gamma = 0.2$ 和 $\gamma = 1.5$ 处出现和消失. 其他参数固定为 $\kappa_1 = 1, \kappa_3 = 2.5$ 和 $\kappa_5 = 0.5$

　　为了更好地理解非线性刚度系数 κ_3 和 κ_5 对随机共振的影响, 信噪比作为噪声强度 D 的函数随不同 κ_3 和 κ_5 的变化曲线如图 5.2.5 所示. 可以看到, 信噪比随着噪声强度的增加均出现了非单调的随机共振现象. 信噪比的峰值在图 5.2.5(a) 中随着 κ_3 的增加而上升, 却在图 5.2.5(b) 中随着 κ_5 的增加而下降. 如图 1.2.1 所示, 两侧势阱的深度和跨度均随着 κ_3 的增加或 κ_5 的减小而变大, 这意味着在足够强的噪声激励下, 系统能够在两侧势阱之间产生更大振幅的阱间运动, 即随机共振效应在更大的最优噪声强度处得到增强. 值得注意的是, 对于含记忆效应的非马尔可夫三稳态系统, 如图 5.1.9 所示, 若 κ_5 小于它的临界值, 则噪声诱导的共振效应随着 κ_5 的增加而逐渐增强, 但在该参数简谐激励作用的马尔可夫三稳态系统中得到抑制. 由此可见, 系统的输出响应显著依赖于两侧势阱的变化, 其在不同噪声强度下可通过调整势函数得到增强或抑制.

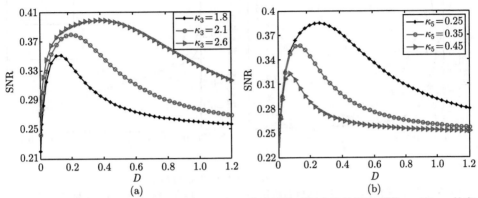

图 5.2.5 信噪比 (SNR) 作为噪声强度 D 的函数分别随不同非线性刚度系数 κ_3 和 κ_5 的变化曲线, 发现这两个刚度系数对增强随机共振效应表现出相反作用. 其他参数固定为 $\gamma = 0.2$, $\kappa_1 = 0.8$, (a) $\kappa_5 = 0.3$ 和 (b)$\kappa_3 = 2$

为分析随机共振现象, 并验证理论结果的有效性, 数值计算了系统 (5.2.1) 的功率谱放大因子和最大李雅普诺夫指数, 其中选择 5×10^3 条不同的样本轨迹和固定的数据长度 2×10^5. 采用快速傅里叶变换技术, 功率谱放大因子可由参数简谐激励中驱动频率处的功率谱值确定. 如图 5.2.6(a) 所示, 当阻尼系数 γ 在范围 $0.2 \leqslant \gamma \leqslant 1.5$ 中时, 功率谱放大因子是噪声强度 D 的非单调函数, 说明随机共振现象发生, 且共振峰的位置向 γ 增大的方向移动. 此外, 存在两个临界的阻尼值使得随机共振行为分别出现和消失, 故图 5.2.6(a) 中的结果与图 5.2.4(a) 中的分析一致. 另外, 由 Wolf 算法 [29] 计算的最大李雅普诺夫指数随 γ 的变化如图 5.2.6(b) 所示. 对于给定的噪声强度, 最大李雅普诺夫指数在弱阻尼状态下总是保持正值, 表明当阻尼变得非常弱时, 系统在势阱间的不稳定性运动发生, 因而抑制随机共振现象. 同时, 增加的 γ 导致系统出现从不稳定性向稳定性的转变, 类似的结论在欠阻尼双稳态系统中得到 [30], 且随着 D 的增加, 需要更大的阻尼来保证三稳态系统 (5.2.1) 的稳定性. 此外, 从图 5.2.7 中发现, 非线性刚度系数 κ_3 和 κ_5 在随机共振效应的增强或减弱中起着相反的作用. 显然, 功率谱放大因子随噪声强度的变化也与图 5.2.5 中描述的结果一致. 特别地, 当三稳态模型 (5.2.1) 退化为一个经典的双稳态系统时, 功率谱放大因子随噪声强度的变化如图 5.2.7(b) 中的插图所示. 通过对比三稳态系统的结果可发现, 在双稳态系统中需要更大的阻尼来产生随机共振现象. 当随机共振发生时, 三稳态系统中的共振峰值明显高于双稳态系统. 也就是说, 与双稳态模型相比, 三稳态模型的结构特征将有助于提升系统的随机共振效应.

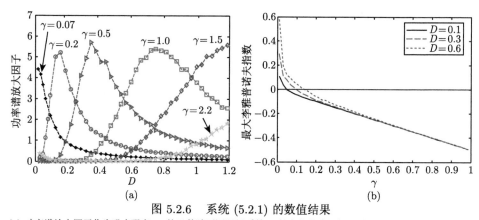

图 5.2.6　系统 (5.2.1) 的数值结果

(a) 功率谱放大因子作为噪声强度 D 的函数随不同阻尼系数 γ 的变化曲线, 验证了图 5.2.4(a) 中的理论结果; (b) 最大李雅普诺夫指数作为 γ 的函数随不同 D 的变化曲线. 其他参数选择为 $\kappa_1 = 1$, $\kappa_3 = 2.5$ 和 $\kappa_5 = 0.5$

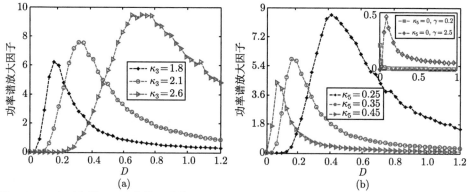

图 5.2.7　为证实图 5.2.5 中的理论结果, 分别给出了非线性刚度系数 κ_3 和 κ_5 对功率谱放大因子的影响, 其中插图展示了经典的双稳态模型情形 ($\kappa_1 = -0.8$, $\kappa_3 = -2$), 并与三稳态模型 (5.2.1) 作比较. 其他参数选择为 $\gamma = 0.2$, $\kappa_1 = 0.8$, (a) $\kappa_5 = 0.3$ 和 (b) $\kappa_3 = 2$

为阐明三稳态势函数与阻尼效应对系统输出响应的联合影响, 图 5.2.8 绘制了信噪比作为阻尼系数 γ 的函数随不同非线性刚度系数 κ_3 和 κ_5 的变化曲线. 如图 5.2.8(a) 所示, 当 κ_3 处于范围 $1.6 \leqslant \kappa_3 \leqslant 2.8$ 时, 信噪比随着 γ 的变化先上升, 再下降, 呈现阻尼诱导的共振行为. 随着 κ_3 的增加, 信噪比的峰值增大, 而诱导共振产生的最优阻尼系数减小. 但 κ_3 变得足够小或大时, 如 $\kappa_3 = 1.4$ 或 $\kappa_3 = 3.7$, 信噪比随着 γ 的增加而单调递减, 共振行为消失. 类似的变化行为在图 5.2.8(b) 中观察到, 当 $\kappa_5 = 0.15$ 或 $\kappa_5 = 0.75$ 时, 信噪比是 γ 的单调递减函数. 然而, 当

κ_5 满足 $0.26 \leqslant \kappa_5 \leqslant 0.63$ 时, 信噪比作为 γ 的函数呈现非单调共振行为, 其峰值随着 κ_5 的增加而下降, 峰的位置移向 γ 增大的方向. 事实上, 当 κ_3 和 κ_5 的值进一步增加或减小时, 三稳态势函数的结构接近于单稳态或双稳态情形, 此时阻尼诱导的共振现象完全消失. 故在二阶欠阻尼三稳态系统 (5.2.1) 中, 阻尼效应对随机共振现象的影响非常依赖于势函数的形状结构, 考虑阻尼影响下的合理三稳态势函数可优化系统对外简谐激励的输出响应.

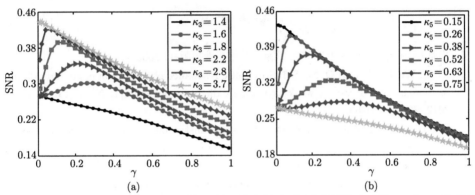

图 5.2.8　信噪比 (SNR) 作为阻尼系数 γ 的函数分别随不同非线性刚度系数 κ_3 和 κ_5 的变化曲线, 其中在适当的刚度系数下, 存在最优阻尼值使得信噪比达到最大值. 其他参数选择为 $D = 0.2, \kappa_1 = 0.8$, (a) $\kappa_5 = 0.3$ 和 (b)$\kappa_3 = 2.3$

5.3　本章小结

在随机共振研究中, 最简单的力学模型是白噪声和简谐激励下的过黏性阻尼双稳态系统 (1.1.3), 其数学模型是一阶随机微分方程. 当系统具有欠黏性阻尼时, 该模型是不合适的. 因此, 有必要考察不同阻尼对系统随机共振的影响. 本章主要研究了具有黏弹性阻尼（记忆阻尼）的三稳态系统 (5.1.1), 该系统可以退化为具有欠黏性阻尼的三稳态系统和过黏性阻尼的三稳态系统, 其数学模型分别是广义朗之万方程、经典朗之万方程和一阶朗之万方程. 另外, 当考虑黏弹性阻尼的单自由度系统的运动时, 其对应的广义朗之万方程为二阶随机微分方程. 由于色噪声的影响, 该随机运动在二维空间中不再严格遵循 FPK 方程. 此时, 可通过引入新变量将其转化为具有马尔可夫特性的随机微分方程 (5.1.6). 从力学角度看, 由式 (5.1.6) 描述的黏弹性系统具有 1.5 个自由度, 而由式 (5.2.1) 描述的黏性阻尼系统和由式 (1.1.3) 描述的过阻尼系统分别具有 1 个和 0.5 个自由度.

基于上述考虑, 本章利用线性响应理论和绝热近似条件, 推导出了系统功率谱放大因子的统一解析表达式, 尝试将不同阻尼情形下的系统随机共振研究统一于同一个理论框架, 通过功率谱放大因子刻画系统的随机共振. 此外, 本章详细讨论了黏弹性阻尼和欠黏性阻尼情形下, 阻尼项对三稳态和周期势系统的随机共振的影响, 发现阻尼效应对随机共振现象的影响依赖于系统势函数的结构形状, 可通过优化欠黏性阻尼系统的刚度系数来提高输出响应. 且对于欠黏性阻尼系统, 总存在一个最优阻尼值使系统呈现阻尼诱导的随机共振. 同时, 引入特征相关时间和功率谱的谱峰来刻画系统的相干共振, 发现对于适中的阻尼记忆时间, 存在最优的阻尼记忆强度使得相干性最大化, 有助于增强相干共振效应.

参 考 文 献

[1] 胡海岩. 应用非线性动力学 [M]. 北京：航空工业出版社, 2000.

[2] Xu Y, Wu J, Zhang H Q, Ma S J. Stochastic resonance phenomenon in an underdamped bistable system driven by weak asymmetric dichotomous noise[J]. Nonlinear Dynamics, 2012, 70(1): 531-539.

[3] Wu J, Xu Y. Damping coefficient induces stochastic multiresonance in bistable system with asymmetric dichotomous noise[J]. Discrete Dynamics in Nature and Society, 2014, 2014: 1-9.

[4] Laas K, Mankin R, Rekker A. Constructive influence of noise flatness and friction on the resonant behavior of a harmonic oscillator with fluctuating frequency[J]. Physical Review E, 2009, 79: 051128.

[5] Du L C, Mei D C. Stochastic resonance, reverse-resonance and stochastic multi-resonance in an underdamped quartic double-well potential with noise and delay[J]. Physica A, 2011, 390(20): 3262-3266.

[6] 黄大文, 杨建华, 唐超权, 张景玲, 刘后广. 二阶系统普通变尺度随机共振及轴承故障诊断 [J]. 振动、测试与诊断, 2018, 38(6): 1260-1266.

[7] 靳艳飞, 胡海岩. 一类线性阻尼振子的随机共振研究 [J]. 物理学报, 2009, 58(5)：2895-2901.

[8] Jin Y F. Stochastic resonance in an under-damped bistable system driven by harmonic mixing signal[J]. Chinese Physics B, 2018, 27(5): 050501.

[9] Zhang H B, He Q B, Kong F R. Stochastic resonance in an underdamped system with pinning potential for weak signal detection[J]. Sensors, 2015, 15(9): 21169-21195.

[10] López C, Zhong W, Lu S L, Cong F Y, Cortese I. Stochastic resonance in an under-damped system with FitzHug-Nagumo potential for weak signal detection[J]. Journal of Sound and Vibration, 2017, 411: 34-46.

[11] Reenbohn W L, Pohlong S S, Mahato M C. Periodically driven underdamped periodic and washboard potential systems: dynamical states and stochastic resonance[J]. Physical Review E, 2012, 85: 031144.

[12] Xu P F, Jin Y F. Coherence and stochastic resonance in a second-order asymmetric tristable system with memory effects[J]. Chaos, Solitons and Fractals, 2020, 138: 109857.

[13] Xu P F, Jin Y F, Zhang Y X. Stochastic resonance in an underdamped triple-well Potential system[J]. Applied Mathematics and Computation, 2019, 346: 352-362.

[14] Kumar N. Classical orbital magnetic moment in a dissipative stochastic system[J]. Physical Review E, 2012, 85: 011114.

[15] Neiman A, Sung W. Memory effects on stochastic resonance[J]. Physics Letters A, 1996, 223(5): 341-347.

[16] Bao J D, Bai Z W. Ballistic diffusion of a charged particle in a blackbody radiation field[J]. Chinese Physics Letters, 2005, 22(8): 1845-1847.

[17] Sung W, Park P J. Polymer translocation through a pore in a membrane[J]. Physical Review Letters, 1996, 77(4): 783-786.

[18] Pikovsky A S, Kurths J. Coherence resonance in a noise-driven excitable system[J]. Physical Review Letters, 1997, 78(5): 775-778.

[19] Neiman A, Sung W. Memory effects on stochastic resonance[J]. Physics Letters A, 1996, 223(5): 341-347.

[20] Saikia S. The role of damping on stochastic resonance in a periodic potential[J]. Physica A: Statistical Mechanics and its Applications, 2014, 416: 411-420.

[21] Zheng R C, Nakano K, Hu H G, Su D X, Cartmell M P. An application of stochastic resonance for energy harvesting in a bistable vibrating system[J]. Journal of Sound and Vibration, 2014, 333(12): 2568-2587.

[22] Li H T, Qin W Y, Deng W Z, Tian R L. Improving energy harvesting by stochastic resonance in a laminated bistable beam[J]. European Physical Journal Plus, 2016, 131(3): 60.

[23] Pratiher B, Dwivedy S K. Parametric instability of a cantilever beam with magnetic field and periodic axial load[J]. Journal of Sound and Vibration, 2007, 305(4/5): 904-917.

[24] Dolev A, Bucher I. Dual frequency parametric excitation of a nonlinear, multi degree of freedom mechanical amplifier with electronically modified topology[J]. Journal of Sound and Vibration, 2018, 419: 420-435.

[25] 朱位秋. 随机振动 [M]. 北京: 科学出版社, 1992.

[26] Hu G. Time-dependent solution of multidimensional Fokker-Planck equations in the weak noise limit[J]. Journal of Physics A: Mathematical and General, 1989, 22(4): 365-377.

[27] Guo Y F, Xi B, Shen Y J, Tan J G. Mean first-passage time of second-order and under-damped asymmetric bistable model[J]. Applied Mathematical Modelling, 2016, 40(21/22): 9445-9453.

[28] Laas K, Mankin R, Rekker A. Constructive influence of noise flatness and friction on the resonant behavior of a harmonic oscillator with fluctuating frequency [J]. Physical Review E, 2009, 79(5): 051128.

[29] Wolf A, Swift J B, Swinney H L, Vastano J A. Determining Lyapunov exponents from a time series[J]. Physica D, 1985, 16(3): 285-317.

[30] Kenfack A, Singh K P. Stochastic resonance in coupled underdamped bistable systems[J]. Physical Review E, 2010, 82(4): 046224.

第 6 章 非高斯噪声激励下过阻尼非对称三稳态系统的随机共振

在以往的研究中, 人们一般考虑的是满足高斯分布统计特性的高斯噪声, 但是实验研究证明 [1-5], 某些神经系统、生物系统和物理系统中的噪声源倾向于非高斯分布, 例如在小龙虾和老鼠表皮的试验中 [3-5], 发现这些系统中的噪声源是非高斯噪声. 当噪声源远离高斯行为时, 系统随机共振的信噪比的最优值增大, 并且其对噪声强度的精确值的依赖性降低. 这些优点使得非高斯噪声激励下系统的随机共振理论在实际系统中能够得到应用. 而且, 研究表明非高斯噪声是生物系统, 特别是感觉系统中的固有特性. Duarte 等 [6] 对在周期性亚阈值信号和非高斯噪声共同激励下的神经细胞的随机共振现象进行了研究, 发现当噪声远离高斯统计特性且在噪声强度较弱的情况下, 共振条件能够达到分布函数衰变指数有限值的最小值. 同时, 神经细胞只需要很低的噪声强度就能够检测到亚阈值信号. Goswami 等 [7] 证明了随机共振现象可以出现在由乘性和加性非高斯色噪声共同驱动的动力系统中, 且平均首次穿越时间作为乘性非高斯色噪声参数的函数, 也表现出了共振行为. Wio 等 [8-9] 针对非高斯色噪声激励下的非线性系统, 提出了路径积分方法研究动力系统的相变问题, 发现了重入现象. 吴丹等 [10] 对乘性非高斯色噪声和加性高斯白噪声共同激励下的双稳系统进行了研究, 结果表明, 关联系数和非高斯参数都能引起系统的相变. 赵燕等 [11] 在一维 FHN(FitzHugh-Nagumo) 神经元系统中加入乘性非高斯噪声, 研究表明加性噪声强度能够诱导非平衡相变的产生, 非高斯噪声的存在缩短了细胞神经元系统静息态和激发态之间的转化时间, 加快了特定时间内单个神经元的放电节律, 说明非高斯噪声有利于神经元信息的传递. 靳艳飞等 [12-13] 研究了非高斯噪声激励下的单模激光模型和 FHN 神经元的非线性动力学特性, 给出了发生相变时噪声强度和相关时间的临界条件. 但是, 非高斯噪声导致非马尔可夫过程, 而且数学表达式复杂, 在数学上不容易处理, 所以研究非高斯噪声驱动下非线性动力系统的工作还较少.

在随机共振及其相关问题的研究中, 对称双稳系统已成为人们广泛采用的经典模型. 然而在许多实际的物理系统中对称性是不能保证的, 故势阱的非对称性被引入磁通量闸门磁力计量器和超导量子干涉设备中来探测弱的信号 [14-16]. 李静辉 [17] 研究了由白噪声驱动的双稳系统中势阱的非对称性对随机共振的影响, 发现势阱的非对称性能够使系统的信噪比减小. 董小娟 [18] 研究了关联噪声激励下含时滞项的非对称双稳系统的随机共振,结果表明由于时滞量的存在,系统出现了随机共振. 靳艳飞等 [19-21] 分别对乘性白噪声和加性白噪声、非高斯噪声激励下的非对称双稳系统的平均首次穿越时间和随机共振进行了研究. 周丙常等 [22] 研究了周期矩形信号和关联的乘性色噪声及加性白噪声驱动的非对称双稳系统的随机共振现象. Guo 等 [23] 研究了关联的乘性非高斯噪声和加性高斯白噪声共同作用的分段非线性模型,通过系统的输出信噪比发现非高斯噪声对随机共振的影响明显不同于高斯噪声. 如果在随机共振的研究中同时考虑势阱非对称性和噪声的非高斯特性,那么这两个因素的耦合会对平均首次穿越时间和随机共振造成什么影响?

这一章的主要目的是通过研究受非高斯噪声激励的非对称三稳态势系统,利用路径积分法和一致有色噪声近似法,推导了平均首次穿越时间、功率谱放大因子和信息熵产生的解析表达式. 然后,根据理论和数值结果讨论了非对称性、关联噪声以及非高斯噪声参数对稳态概率密度、噪声增强稳定性和随机共振现象的影响,并给出了信息熵与随机共振的关系. 最后以轴承故障诊断为例,对前面得到的理论结果进行了验证和展示,揭示了非高斯噪声和势阱非对称性对噪声诱导共振现象的影响.

6.1 数 学 模 型

考虑过阻尼情形下具有非对称势函数的动力系统,其受到外简谐激励和关联的乘性非高斯噪声与加性高斯白噪声的共同作用. 系统对应的运动方程如下:

$$\frac{\mathrm{d}x}{\mathrm{d}t} = -\frac{\mathrm{d}U(x)}{\mathrm{d}x} + f(t) + x\xi(t) + \eta(t), \tag{6.1.1}$$

其中 $f(t) = A\cos(\omega t)$ 表示简谐激励,$U(x)$ 为具有非对称性的势函数,乘性噪声 $\xi(t)$ 具有非高斯分布,且由如下的朗之万方程确定 [8]:

$$\frac{\mathrm{d}\xi(t)}{\mathrm{d}t} = -\frac{1}{\tau}\frac{\mathrm{d}}{\mathrm{d}\xi}V_q(\xi) + \frac{1}{\tau}\varepsilon(t), \tag{6.1.2}$$

其中 $V_q(\xi) = D/[\tau(q-1)]\ln[1+\tau(q-1)\xi^2/(2D)]$,参数 D 和 τ 分别表示非高斯噪声 $\xi(t)$ 的强度和相关时间,q 是衡量非高斯噪声偏离高斯分布的程度. 方程 (6.1.2) 中的噪声项 $\varepsilon(t)$ 与系统 (6.1.1) 中的加性噪声 $\eta(t)$ 是具有互关联性的高斯白噪声,满足下列统计性质:

$$\langle\varepsilon(t)\rangle = \langle\eta(t)\rangle = 0,$$

$$\langle\varepsilon(t)\varepsilon(t')\rangle = 2D\delta(t-t'), \quad \langle\eta(t)\eta(t')\rangle = 2Q\delta(t-t'), \tag{6.1.3}$$

$$\langle\varepsilon(t)\eta(t')\rangle=\langle\varepsilon(t')\eta(t)\rangle=2\lambda\sqrt{DQ}\delta(t-t'),$$

其中 Q 为高斯白噪声 $\eta(t)$ 的强度, λ 表示非高斯噪声与高斯噪声之间的互关联强度. 此外, $\xi(t)$ 的一、二阶矩可以写成

$$\langle\xi(t)\rangle=0,\quad\langle\xi^2(t)\rangle=\frac{2D}{[\tau(5-3q)]},\quad q<\frac{5}{3}. \tag{6.1.4}$$

根据路径积分法 [9], 当偏离高斯噪声的参数满足 $|q-1|\ll1$ 时, 方程 (6.1.2) 中的非高斯噪声可视作近似的高斯色噪声, 其中等效的噪声相关时间为 τ_{eff}, 噪声强度为 D_{eff}, 即

$$\frac{\mathrm{d}\xi(t)}{\mathrm{d}t}=-\frac{1}{\tau_{\mathrm{eff}}}\xi(t)+\frac{1}{\tau_{\mathrm{eff}}}\varepsilon_1(t), \tag{6.1.5}$$

这里等效相关时间和等效噪声强度分别定义为

$$\tau_{\mathrm{eff}}=\frac{2(2-q)\tau}{5-3q},\quad D_{\mathrm{eff}}=\left[\frac{2(2-q)}{5-3q}\right]^2D. \tag{6.1.6}$$

高斯白噪声 $\varepsilon_1(t)$ 满足统计性质:

$$\langle\varepsilon_1(t)\rangle=0,\quad\langle\varepsilon_1(t)\varepsilon_1(t')\rangle=2D_{\mathrm{eff}}\delta(t-t'). \tag{6.1.7}$$

特别地, 对于方程 (6.1.3) 中的关联噪声, 噪声 $\varepsilon_1(t)$ 与 $\eta(t)$ 的互关联性可表示为

$$\langle\varepsilon_1(t)\eta(t')\rangle=\langle\varepsilon_1(t')\eta(t)\rangle=2\lambda\sqrt{D_{\mathrm{eff}}Q}\delta(t-t'). \tag{6.1.8}$$

若势函数 $U(x)$ 为如下具有非对称性的双稳态形式:

$$U(x)=-\frac{1}{2}x^2+\frac{1}{4}x^4+rx, \tag{6.1.9}$$

其中, r 代表势阱的非对称性, 确定性势函数 $U(x)$ 在 $-2\sqrt{3}/9<r<2\sqrt{3}/9$ 的条件下表示具有非对称性的双稳势函数, 它具有两个稳定状态和一个不稳定状态, 如图 6.1.1 所示. Jin 等 [19-21] 已对系统的平均首次穿越时间和随机共振进行了研究. 本章主要考虑三稳态势函数 $U(x)$ 的表达式为: $U(x)=x^2(bx^2-c)^2+rx$, 其中参数 r 刻画了势函数的非对称性. 本节中固定参数 $b=0.1$ 和 $c=1$, 势阱的对称性随着 r 的变化而改变, 如图 6.1.2 所示. 非对称三稳势函数两侧的势阱随着 $r(r\neq0)$ 的变化上下倾斜, 相应的势垒高度也不再相等, 即系统停留在稳态 s_1 和稳态 s_3 的概率不再相等.

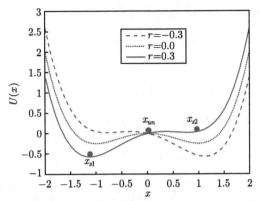

图 6.1.1 双稳态势函数 (6.1.9) 随不同非对称参数 r 的变化曲线

其中两个稳定点 x_{s1}、x_{s2} 和一个不稳定点 x_{un}

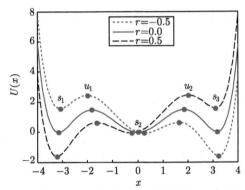

图 6.1.2 三稳态势函数随不同非对称参数 r 的变化曲线

其中 s_i $(i=1,2,3)$ 和 u_j $(j=1,2)$ 分别代表稳定和不稳定平衡点

6.2 非对称三稳态系统中噪声诱导的跃迁

6.2.1 准稳态概率密度

在模型 (6.1.1) 中, 运用统一色噪声近似理论 [24] 和方程 (6.1.5) 可将原系统重新描述为

$$\frac{\mathrm{d}x}{\mathrm{d}t} = \frac{1}{H(x)} \left[-\frac{\mathrm{d}U(x)}{\mathrm{d}x} + A\cos(\omega t) + x\varepsilon_1(t) + \eta(t) \right], \qquad (6.2.1)$$

其中 $H(x) = 1 - \tau_{\mathrm{eff}} \left\{ \dfrac{\mathrm{d}\left[-\mathrm{d}U(x)/\mathrm{d}x + A\cos(\omega t)\right]}{\mathrm{d}x} - x^{-1}[-\mathrm{d}U(x)/\mathrm{d}x + A\cos(\omega t)] \right\}$, 且统一色噪声近似需要满足条件 $H(x) > 0$.

方程 (6.2.1) 还可以进一步写成下列形式

$$\frac{\mathrm{d}x}{\mathrm{d}t} = \alpha(x) + \beta(x)\varGamma(t), \tag{6.2.2}$$

这里 $\varGamma(t)$ 是高斯白噪声, 其统计特性为

$$\langle \varGamma(t) \rangle = 0, \quad \langle \varGamma(t)\varGamma(t') \rangle = 2\delta(t - t'),$$

其中系数 $\alpha(x)$ 和 $\beta(x)$ 分别表示为

$$\alpha(x) = \frac{1}{H(x)}\left[-\frac{\mathrm{d}U(x)}{\mathrm{d}x} + A\cos(\omega t)\right], \quad \beta(x) = \frac{G(x)}{H(x)}, \tag{6.2.3}$$
$$G(x) = (D_{\mathrm{eff}}x^2 + 2\lambda\sqrt{D_{\mathrm{eff}}Q}x + Q)^{\frac{1}{2}}.$$

方程 (6.2.3) 对应的 Fokker-Planck 方程可推导如下:

$$\frac{\partial}{\partial t}\rho(x,t) = -\frac{\partial}{\partial x}\left[\left(\alpha(x) + \beta(x)\frac{\mathrm{d}\beta(x)}{\mathrm{d}x}\right)\rho(x,t)\right] + \frac{\partial^2}{\partial x^2}\beta^2(x)\rho(x,t). \tag{6.2.4}$$

令方程 (6.2.4) 左端等于零, 得到其对应的准稳态概率密度 $\rho_{\mathrm{st}}(x)$:

$$\rho_{\mathrm{st}}(x) = \frac{N}{\beta(x)}\exp\left[-\frac{\tilde{U}(x,t)}{D_{\mathrm{eff}}}\right], \tag{6.2.5}$$

其中 N 是归一化常数, 广义势函数 $\tilde{U}(x,t)$ 具有下列形式:

$$\tilde{U}(x,t) = U_0(x) - Ag(x)\cos(\omega t) + O(A^2), \tag{6.2.6}$$

其中

$$U_0(x) = D_{\mathrm{eff}}\int \frac{\left[1 + \tau_{\mathrm{eff}}(24b^2x^4 - 16bcx^2)\right]\left(6b^2x^5 - 8bcx^3 + 2c^2x + r\right)}{G^2(x)}\mathrm{d}x$$

$$- \tau_{\mathrm{eff}}D_{\mathrm{eff}}r\int \frac{6b^2x^4 - 8bcx^2 + 2c^2}{G^2(x)}\mathrm{d}x - \tau_{\mathrm{eff}}D_{\mathrm{eff}}r^2\int \frac{1}{xG^2(x)}\mathrm{d}x,$$

$$g(x) = D_{\mathrm{eff}}\int \frac{18\tau_{\mathrm{eff}}b^2x^5 - 8\tau_{\mathrm{eff}}bcx^3 - (2\tau_{\mathrm{eff}}c^2 - 1)x - 2\tau_{\mathrm{eff}}r}{xG^2(x)}\mathrm{d}x.$$

这里 $G(x)$ 如式 (6.2.3) 定义.

对于无简谐信号激励的三稳态系统 (6.1.1), 即当 $A = 0$ 时, 图 6.2.1 和图 6.2.2 分析了非高斯噪声和势阱非对称性对该系统稳态概率密度函数 $\rho_{\mathrm{st}}(x)$ 的影响, 其

中固定参数 $Q = 0.4$ 和 $q = 1.05$. 根据方程 (6.2.5), 可从图 6.2.1(a) 中观察到, 当势阱非对称参数 r 和噪声互关联强度 λ 均为零时, 曲线 $\rho_{\mathrm{st}}(x)$ 呈现出对称性的三峰结构. 随着非高斯噪声强度 D 的增加, 曲线 $\rho_{\mathrm{st}}(x)$ 的两侧峰高度快速下降, 中间峰高度上升, 故乘性非高斯噪声使系统更加容易地从两侧势阱向中间势阱跃迁. 随着非高斯噪声强度 D 的增加, 系统主要集中于中间势阱的阱内运动, 两侧势阱之间的跃迁现象减弱, 从而对噪声诱导共振现象起到一定的抑制作用. 相反地, 在图 6.2.1(b) 中, 随着非高斯噪声关联时间 τ 的增大, 曲线 $\rho_{\mathrm{st}}(x)$ 的中间峰高度下降, 而两侧峰的高度不断增加. 也就是说, 非高斯噪声关联时间的延长将增强系统从中间势阱向左侧或右侧势阱的转迁, 即呈现两侧势阱之间的噪声诱导跳跃现象. 因此, 在乘性非高斯噪声激励的对称三稳态系统中, 其噪声强度与关联时间对系统的阱间跃迁行为产生了相反作用.

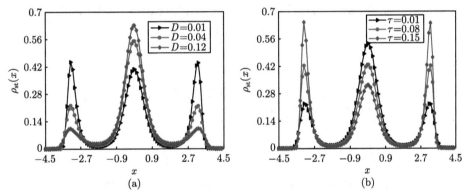

图 6.2.1 非高斯噪声对稳态概率密度函数 $\rho_{\mathrm{st}}(x)$ 的影响 $(\lambda = 0, r = 0)$

(a) 噪声强度 D 和 $\tau = 0.05$; (b) 相关时间 τ 和 $D = 0.02$

当考虑到系统势阱的非对称性与非高斯噪声的关联性时, 由于三势阱结构的变化, 系统将出现较为复杂的噪声诱导跃迁. 特别地, 从系统 (6.1.1) 中直接给出了平稳概率密度函数的蒙特卡罗模拟结果, 其中采样点个数为 10^7. 如图 6.2.2 所示, 关于对称三稳态模型 $(r = 0)$, 乘性非高斯噪声与加性高斯白噪声之间存在的互关联性可破坏系统稳态概率密度函数 $\rho_{\mathrm{st}}(x)$ 的对称性. 当非对称参数 r 增加至 0.05 时, 发现曲线 $\rho_{\mathrm{st}}(x)$ 的左侧峰高度上升, 右侧峰高度下降, 即 $\rho_{\mathrm{st}}(x)$ 又接近于对称结构. 这表明势阱非对称性与噪声互关联性的联合作用将对系统在三势阱中的噪声跃迁现象产生显著影响, 合理控制势阱结构与随机激励的相互关系可优化系统的输出. 此外, 随着非对称参数的进一步增加 $(r = 0.2)$, $\rho_{\mathrm{st}}(x)$ 的右侧峰逐渐消失, 同时左侧峰与中间峰的高度变得几乎相等. 这表明在适当的非对称三稳态模型中, 系统主要呈现出左侧势阱和中间势阱之间的噪声诱导跃迁现象, 类似于经典双稳态系统中两势阱之间的噪声诱导跃迁行为. 因此, 在关联噪声激励的非对称三稳态模型中, 随着噪声强度的变化, 系统可出现两侧势阱或相邻势阱之间的多重随机共振现象.

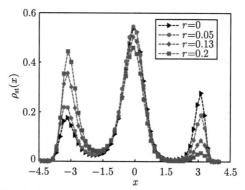

图 6.2.2　稳态概率密度函数 $\rho_{\mathrm{st}}(x)$ 随势阱非对称参数 r 的变化曲线

$(\lambda = -0.4,\ D = 0.02,\ \tau = 0.02)$

6.2.2　平均首次穿越时间

当仅考虑噪声的作用时 $(A = 0)$, 得到如图 6.2.3 所示的粒子从稳定状态 s_i 到 $s_{i+1}(i = 1, 2)$ 的平均首次穿越时间:

$$T(s_i \to s_{i+1}) = \int_{s_i}^{s_{i+1}} \frac{\mathrm{d}x}{\beta^2(x)\rho_{\mathrm{st}}(x)} \int_{-\infty}^{x} \rho_{\mathrm{st}}(y)\mathrm{d}y. \tag{6.2.7}$$

同时, 为验证理论结果 (6.2.7) 的正确性以及进一步讨论非高斯噪声偏离参数 q 的影响, 数值计算了系统的平均首次穿越时间, 其中固定时间步长 $\Delta t = 0.01$ 并选取 5×10^3 条不同的样本轨迹.

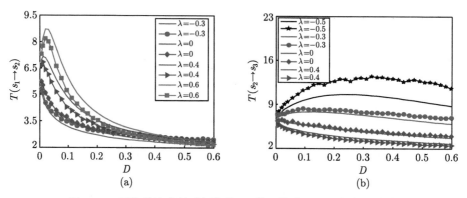

图 6.2.3　平均首次穿越时间作为 D 的函数随不同 λ 的变化曲线

其中实线表示理论结果, 带符号的线表示数值结果. 其他参数选择为

$r = -0.8, q = 1.05, \tau = 0.02$ 和 $Q = 0.6$

根据方程 (6.2.7)，图 6.2.3 分别给出了平均首次穿越时间 $T(s_1 \rightarrow s_2)$ 和 $T(s_2 \rightarrow s_3)$ 作为乘性非高斯噪声强度 D 的函数随不同噪声互关联强度 λ 的变化曲线. 从图中观察到，随着 λ 的增加，$T(s_1 \rightarrow s_2)$ 上升，而 $T(s_2 \rightarrow s_3)$ 下降. 这表明系统在三个势阱的跃迁过程中，噪声的互关联性抑制了系统从左侧到中间势阱的状态转移，却增强了中间到右侧势阱的状态转移. 特别地，对于噪声的正互关联性，$T(s_1 \rightarrow s_2)$ 随噪声强度的变化出现噪声增强稳定性效应. 然而，当系统从中间稳定状态向右侧逃逸时，$T(s_2 \rightarrow s_3)$ 在负的互关联性作用下表现出噪声增强系统的稳定性现象. 显然，在三稳态系统中，乘性与加性噪声间的互关联性对粒子跃迁过程的影响密切相关于其所处的初始状态.

图 6.2.4 分析了势函数的非对称参数 r 对平均首次穿越时间 $T(s_1 \rightarrow s_2)$ 的影响. 从图 6.2.4 (a) 和 (b) 中发现，当 r 从 -0.2 变化到 0.2 时，曲线 $T(s_1 \rightarrow s_2)$ 的所有峰值均增加，而峰值对应的最优噪声强度 D_{opt} 和 Q_{opt} 则保持固定，这表明利用势阱的非对称性可在固定的 D_{opt} 和 Q_{opt} 处提高噪声增强稳定性效应. 也就是说，非对称势函数的存在能够延长或缩短两个稳定状态间的转迁时间，影响到系统的稳定性. 另一方面，如图 6.2.5 所示，$T(s_1 \rightarrow s_2)$ 对非高斯噪声偏离高斯分布的衡量参数 q 展示出了明显的依赖性. 从图 6.2.5 (a) 中观察到，当 q 从 0.9 增加到 1.2 时，峰的高度轻微变化，但峰的位置向乘性非高斯噪声强度 D 减小的方向移动，意味着非高斯噪声偏离参数的增大加强了乘性噪声对平均首次穿越时间的影响. 然而，当 q 进一步增大时 ($q = 1.5$)，$T(s_1 \rightarrow s_2)$ 变成了 D 的单调递减函数. 可见，如果非高斯噪声显著偏离高斯分布时，噪声增强稳定性现象消失. 需要注意的是，由于 q 的限制，图 6.2.5 仅给出了部分理论结果. 在图 6.2.5(b)

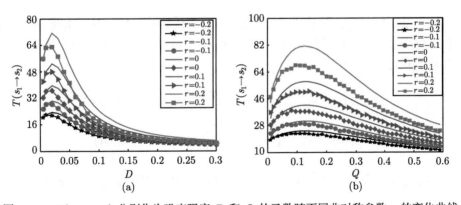

图 6.2.4 $T(s_1 \rightarrow s_2)$ 分别作为噪声强度 D 和 Q 的函数随不同非对称参数 r 的变化曲线
其中实线表示理论结果, 带符号的线表示数值结果. 其他参数选择为 $q = 1.05, \tau = 0.02, \lambda = 0.5$,
(a)$Q = 0.6$ 和 (b)$D = 0.08$

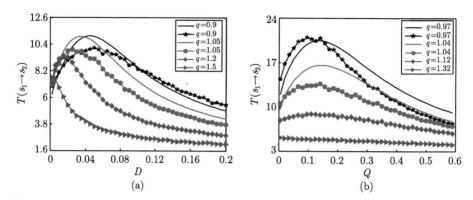

图 6.2.5 $T(s_1 \to s_2)$ 分别作为 D 和 Q 的函数随不同非高斯噪声偏离参数 q 的变化曲线
其中实线表示理论结果, 带符号的线表示数值结果. 其他参数选择为 $r = -0.8, \tau = 0.02$, (a)$\lambda = 0.7$,
$Q = 0.6$ 和 (b)$\lambda = 0.6, D = 0.06$

中, $T(s_1 \to s_2)$ 作为加性高斯噪声强度 Q 的函数, 其峰的高度随着 q 的增加而下降, 故减弱了加性噪声诱导的稳定性. 特别地, 当 q 增加至 1.32 时, $T(s_1 \to s_2)$ 随着 Q 的变化几乎保持不变, 即加性噪声在这种情况下对系统的状态转移没有影响. 结果表明, 非高斯噪声对该三稳态系统中平均首次穿越时间的影响不同于高斯白噪声.

6.3   非对称三稳态系统的随机共振

6.3.1   功率谱放大因子

这一节主要通过计算功率谱放大因子, 分析弱简谐信号驱动下系统 (6.1.1) 的随机共振现象. 在绝热近似条件下, 从方程 (6.1.1) 中给出粒子从一个势阱到另一个势阱的跃迁概率:

$$k_{m,m+1} = k_{m,m+1}^{(0)} + AD_{\text{eff}}^{-1} k_{m,m+1}^{(0)} \Delta g_{m,m+1} \cos(\omega t),$$

$$k_{n,n-1} = k_{n,n-1}^{(0)} + AD_{\text{eff}}^{-1} k_{n,n-1}^{(0)} \Delta g_{n,n-1} \cos(\omega t),$$

$$k_{m,m+1}^{(0)} = (2\pi)^{-1} \left| U''(s_m) U''(u_m) \right|^{\frac{1}{2}} \exp\left\{ -D_{\text{eff}}^{-1} [U_0(u_m) - U_0(s_m)] \right\},$$

$$k_{n,n-1}^{(0)} = (2\pi)^{-1} \left| U''(s_n) U''(u_{n-1}) \right|^{\frac{1}{2}} \exp\left\{ -D_{\text{eff}}^{-1} [U_0(u_{n-1}) - U_0(s_n)] \right\},$$

$$\Delta g_{m,m+1} = g(u_m) - g(s_m), \quad \Delta g_{n,n-1} = g(u_{n-1}) - g(s_n), \quad m = 1,2, n = 2,3.$$

$$(6.3.1)$$

在线性响应条件下, 将方程 (6.3.1) 代入方程 (4.2.1)~ 方程 (4.2.6) 以及方程 (4.2.11)~ 方程 (4.2.13) 中, 可获得系统关于外简谐激励的稳态响应:

$$\Delta p_i = \sum_{k=1}^{3} \omega(\gamma_k^2 + \omega^2)^{-1} a_k^{(0)} \xi_{k,i} \sin(\omega t) - \sum_{k=1}^{3} \gamma_k(\gamma_k^2 + \omega^2)^{-1} a_k^{(0)} \xi_{k,i} \cos(\omega t).$$
(6.3.2)

其中特征值 γ_k、特征向量 $\boldsymbol{\xi}_k$ 和展开系数 $a_k^{(0)}$ 如方程 (4.2.13) 中所示, 跃迁矩阵中的元素对应于方程 (6.3.2) 中的跃迁概率.

系统关于周期信号中所依赖于时间的平均输出响应描述为

$$\langle x(t) \,|x_0, t_0 \rangle = \int x P(x, t \,|x_0, t_0) \mathrm{d}x,$$
(6.3.3)

其中 $P(x, t \,|x_0, t_0) = \sum_{i=1}^{3} p_i(t)\delta(x - s_i)$, p_i 表示方程 (4.2.4) 中系统在稳定状态 s_i 处的吸引域内的概率.

将方程 (6.3.2) 代入方程 (6.3.3) 中, 得到系统在长时间下的平均稳态响应:

$$\langle x(t) \rangle_{\mathrm{as}} = R\sin(\omega t + \psi),$$
(6.3.4)

从而进一步推导出平均稳态响应关于周期信号的振幅 R:

$$R = \varepsilon_0 \sqrt{\left[\sqrt{(s_1\alpha_1)^2 + 2s_1 s_2 \alpha_1 \alpha_2 \cos(\psi_1) + (s_2\alpha_2)^2} + s_3\alpha_3 \cos(\psi_2) \right]^2 + [s_3\alpha_3 \sin(\psi_2)]^2},$$
(6.3.5)

其中

$$\alpha_i = \sqrt{\left[\sum_{k=1}^{3} \omega(\gamma_k^2 + \omega^2)^{-1} a_k^{(0)} \xi_{k,i} \right]^2 + \left[\sum_{k=1}^{3} \gamma_k(\gamma_k^2 + \omega^2)^{-1} a_k^{(0)} \xi_{k,i} \right]^2}, \quad i = 1, 2, 3,$$

$$\phi_i = \arctan \left\{ \frac{\left[-\sum_{k=1}^{3} \gamma_k(\gamma_k^2 + \omega^2)^{-1} a_k^{(0)} \xi_{k,i} \right]}{\left[\sum_{k=1}^{3} \omega(\gamma_k^2 + \omega^2)^{-1} a_k^{(0)} \xi_{k,i} \right]} \right\},$$

$$\psi_1 = \phi_2 - \phi_1, \quad \psi_2 = \phi_3 - \phi_1 - \Delta, \quad \Delta = \arctan \left\{ \frac{s_2\alpha_2 \sin(\psi_1)}{[s_1\alpha_1 + s_2\alpha_2 \cos(\psi_1)]} \right\}.$$

作为揭示随机共振现象本质的一个重要特征量, 定义系统 (6.1.1) 的功率谱放大因子为 $\eta_1 = [R/A]^2$, 最后通过计算可得如下形式的解析结果:

$$\eta_1 = \sum_{i=1}^{3} (s_i\alpha_i)^2 + 2s_1s_2\alpha_1\alpha_2\cos(\psi_1) + 2s_3\alpha_3\cos(\psi_2)$$

$$\times \sqrt{\sum_{i=1}^{2} (s_i\alpha_i)^2 + 2s_1s_2\alpha_1\alpha_2\cos(\psi_1)}. \tag{6.3.6}$$

根据方程 (6.3.6), 首先讨论相关噪声与势函数的非对称性对随机共振效应的影响. 为满足绝热近似条件, 本节固定简谐激励频率 $\omega = 0.01$. 如图 6.3.1 所示, 给出了功率谱放大因子 η_1 作为乘性噪声强度 D 的函数随不同非对称参数 r 和噪声互关联强度 λ 的变化曲线. 从图 6.3.1(a) 中发现, 对于不相关噪声的情况 ($\lambda = 0$), 存在临界的非对称参数值, 即 $r = 0.3$, 使得 η_1 在最优噪声强度处达到极大值, 标志着随机共振现象出现. 当 r 小于该临界值时, 乘性噪声与外简谐信号的相互作用减弱, 共振行为消失. 由此可见, 势阱的非对称性对系统的输出具有重要影响. 随着 r 的增加, η_1 的峰值减小, 而诱导共振产生的最优噪声强度增加. 由于在对称或弱非对称状态下, 系统没有足够的能量在三势阱之间产生大幅度的阱间运动, 所以抑制了随机共振. 然而, 非对称性的增加导致系统呈现相邻势阱间的运动, 随机共振的发生类似于双稳态模型下的共振现象. 如果非对称性进一步增加, 则导致系统很难连续性地穿越非对称势垒, 直到足够大的噪声强度才能使得系统的输出与输入周期信号变得同步. 因此, 诱导共振的噪声强度随着 r 的增加而变大, 同时随机共振效应得到减弱. 另外, 图 6.3.1(b) 展示了相关噪声的情况 ($\lambda = 0.8$). 可以看到, 随着 r 的增加, 共振峰的位置朝向 D 增大的方向移动, 峰的高度也上

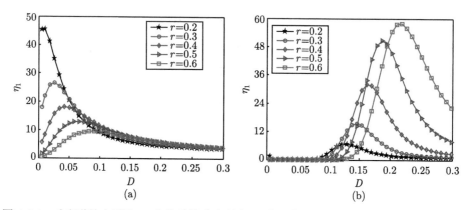

图 6.3.1　功率谱放大因子 η_1 作为乘性噪声强度 D 的函数随不同非对称参数 r 的变化曲线
(a) 无关联噪声 $\lambda = 0$; (b) 关联噪声 $\lambda = 0.8$. 其他参数选择为 $q = 1.05$, $\tau = 0.02$ 和 $Q = 0.4$

升, 这与图 6.3.1(a) 中不相关噪声的情况相反, 该现象归因于相关噪声与非对称势函数的相互作用. 由前面的分析可知, 噪声的互关联性引起系统稳态概率分布的对称性破坏效应, 但是互关联强度与势阱非对称性的联合作用导致三稳态系统出现高能量的阱间运动. 此时, 当非对称性不断增加时, 需要足够强的乘性噪声才能产生较大振幅的输出响应. 故在相关噪声的作用下, 非对称性的增加导致随机共振效应增强.

图 6.3.2 描述了功率谱放大因子 η_1 作为加性噪声强度 Q 的函数随不同非对称参数 r 的变化情况. 显然, η_1 随 Q 的变化曲线展示了非单调的共振行为. 当 $\lambda = 0$ 时, 共振峰的高度随着 r 的增加而上升, 且峰值对应的噪声强度减小, 如图 6.3.2(a) 所示. 这意味着势阱非对称性的存在能提升随机共振效应, 增强加性噪声在系统输出响应中的作用. 相反地, 从图 6.3.2(b) 中观察到, 当 $\lambda = 0.9$ 时, 共振峰的高度随着 r 的增加而下降, 同时最优的噪声强度 Q 增加. 可见, 在三稳态模型中, 势阱非对称性对随机共振现象的影响密切相关于噪声互关联性. 此外, 通过比较图 6.3.1 和图 6.3.2 发现, 对于乘性噪声和加性噪声, 势函数的非对称性总是对功率谱放大因子产生相反的作用. 另外, 在图 6.3.2(b) 中, η_1 随着 Q 的增加呈现出双峰特征, 称为多重随机共振现象. 事实上, 在多稳态系统中, 单个阱内和不同阱间的共振行为可以共存, 其中左侧非常小的峰形状是由中间势阱内或相邻势阱间的共振所造成, 诱导共振的噪声强度较弱. 当噪声强度继续增大时, 右侧显著的单峰形状则由两侧势阱间的共振行为引起.

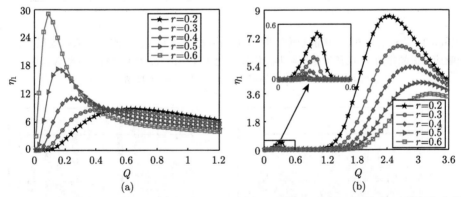

图 6.3.2 功率谱放大因子 η_1 作为加性噪声强度 Q 的函数随不同非对称参数 r 的变化曲线

(a) 不相关噪声 $\lambda = 0$; (b) 相关噪声 $\lambda = 0.9$. 其他参数选择为 $q = 1.05$, $\tau = 0.02$ 和 $D = 0.12$

为了阐明随机共振原理和验证理论结果 (6.3.5), 在线性响应理论的框架内, 系统 (6.1.1) 关于弱简谐信号的平均输出响应可表示成 $\langle x(t) \rangle = \tilde{A}\cos(\omega t + \phi)$. 在数值计算中, 输出响应的振幅为: $\tilde{A} = \sqrt{\langle x(t)\cos(\omega t)\rangle_t^2 + \langle x(t)\sin(\omega t)\rangle_t^2}$, 其中固定振幅 $A = 0.4$, 选择 10^3 条样本轨迹, 数据长度为 $N_0 = 8 \times 10^5$. 图 6.3.3 画出了

振幅 $\tilde{A}$ 作为乘性噪声强度 D 的函数随不同 r 和 λ 的变化曲线. 从图 6.3.3(a) 中看到, 在不相关噪声的作用下, 存在临界的非对称参数使得随机共振出现, 且共振行为随着 r 的增加而减弱, 同时共振处的最优值 $D_{\rm opt}$ 增加. 在图 6.3.3(b) 中, 当噪声存在互关联性时, 随机共振现象随着 r 的变大而增强. 为了确认图 6.3.3 中的随机共振发生, 图 6.3.4 描述了三稳态模型 (6.1.1) 在最优噪声强度处的时间历程, 其分别对应于图 6.3.3 中所标记的点. 在图 6.3.4 中, 观察到典型的共振同步效应, 其中图 6.3.8(a) 显示了在不相关噪声和非对称性 ($r = 0.5$) 的共同作用下, 系统呈现出左侧与中间势阱的周期性转换. 但在图 6.3.4(b) 中, 噪声互关联性与非对称性的共存导致系统重新出现两侧势阱间的输入输出同步效应, 故图 6.3.3 和图 6.3.4 中所展示的结果与图 6.3.1 中的分析相一致. 此外, 振幅 $\tilde{A}$ 作为加性噪声强度 Q 的函数随不同 r 和 λ 的变化情况如图 6.3.5 所示. 对于图 6.3.5(a) 中的不相关

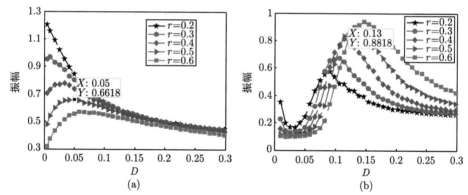

图 6.3.3　为证实图 6.3.1 中的理论结果, 通过对方程 (6.1.1) 进行蒙特卡罗数值模拟, 得到系统响应的振幅作为 D 的函数随不同非对称参数 r 的变化曲线：(a) 不相关噪声 $\lambda = 0$; (b) 相关噪声 $\lambda = 0.8$. 其余参数为 $q = 1.05$, $\tau = 0.02$ 和 $Q = 0.4$

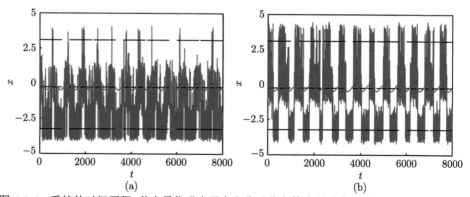

图 6.3.4　系统的时间历程, 其中最优噪声强度和非对称参数分别对应于图 6.3.3(a) 和 (b) 中的标记点. 其他参数取值与图 6.3.3 中相同, 且红色实线表示输入信号

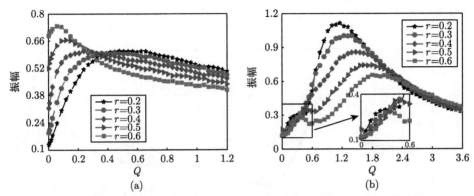

图 6.3.5 为证实图 6.3.2 中的理论结果, 通过对方程 (6.1.1) 进行蒙特卡罗数值模拟, 得到系统响应的振幅作为 Q 的函数随不同非对称参数 r 的变化曲线: (a) 不相关噪声 $\lambda = 0$; (b) 相关噪声 $\lambda = 0.9$. 其余参数为 $q = 1.05$, $\tau = 0.02$ 和 $D = 0.12$

噪声情况, 随机共振效应随着 r 的增加而增强, 且峰值对应的最优值 Q_{opt} 减小. 相反地, 对于图 6.3.5(b) 中的关联噪声情况, 随机共振效应随着 r 的增加而减弱, 共振处的最优值 Q_{opt} 增加. 图 6.3.5(b) 中的插图也存在一个不显著的单峰, 即表现出加性噪声诱导的多重共振现象. 显然, 在图 6.3.5 中, 通过数值结果的分析发现, 振幅 $\bar{A}$ 随加性噪声强度的变化情况与图 6.3.2 中展示的结果基本一致.

为进一步说明噪声互关联强度 λ 和非对称参数 r 对功率谱放大因子 η_1 的相互影响, 图 6.3.6 分别给出了 η_1 随噪声强度 D 和 Q 变化的峰值, 这些峰值均作为 λ 的函数随不同的 r 变化. 从图 6.3.6(a) 中发现, 当 $r = 0$ 和 $\lambda = 0.58$ 时, η_1 随 D 变化的峰值开始出现, 然后随着 λ 的增加单调递减, 即表明存在临界的 λ 值使得随机共振发生, 而继续变大的 λ 又抑制随机共振. 由图 6.3.6(a) 和图 6.3.1(a) 可知, 对于乘性噪声的情况, 互关联性和非对称性的缺失导致随机共振消失, 但两者中至少有一个存在时, 随机共振现象就会发生. 此外, 可以观察到, 对于给定的 r, η_1 的峰值在合适的 λ 值处达到最大, 即存在最优的互关联强度能够最大化非对称三稳态系统的功率谱放大因子, 从而优化共振行为. 对于图 6.3.6(a) 中的乘性噪声, η_1 的最大峰值和对应的最优 λ 值均随着 r 的增加而变大, 这种现象与图 6.3.6(b) 中的加性噪声情况相反. 所以, 考虑到噪声互关联性的影响时, 可根据随机共振效应选择合适的非对称势函数来增强系统的输出响应.

在不同的非高斯噪声相关时间 τ 下, 图 6.3.7 描述了功率谱放大因子 η_1 分别随噪声强度 D 和 Q 的变化情况. 从图 6.3.7(a) 和 (b) 中看到, 随着 τ 的增加, η_1 随噪声强度变化的峰值均下降, 随机共振效应减弱. 不同的是, 诱导共振产生的最优乘性噪声强度 D_{opt} 增大, 而对应的最优加性噪声强度 Q_{opt} 减小. 由此可见, 非高斯噪声的有色程度能够有效影响到系统的功率谱放大因子, 相关时间的增加对随机共振产生抑制作用, 同时分别增强和减弱加性噪声与乘性噪声在系统输出响应中的作用.

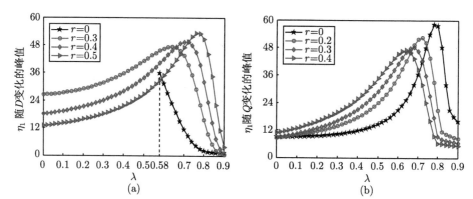

图 6.3.6　功率谱放大因子 η_1 随噪声强度 D 和 Q 变化的峰值分别作为互关联强度 λ 的函数随不同非对称参数 r 的变化曲线, 发现存在合适的非对称参数和互关联强度使得共振峰值达到最大. 其他参数选择为 $q = 1.05$, $\tau = 0.02$, (a)$D \in (0, 0.3)$, $Q = 0.4$ 和 (b)$D = 0.12$, $Q \in (0, 3.6)$

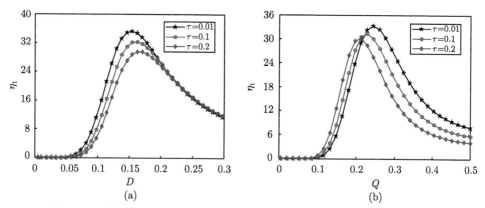

图 6.3.7　功率谱放大因子 η_1 分别作为噪声强度 D 和 Q 的函数随不同相关时间 τ 的变化曲线
其他参数选择为 $q = 1.05$, $r = 0.5$, $\lambda = 0.6$, (a)$Q = 0.4$ 和 (b)$D = 0.1$

图 6.3.8 和图 6.3.9 分别从理论和数值方面分析了非高斯噪声偏离参数 q 对随机共振的影响. 从图 6.3.8(a) 和图 6.3.9(a) 中可观察到, 当 q 从 0.95 增加至 1.15 时, 曲线 η_1 的共振峰高度出现轻微的变化, 但峰的位置向噪声强度 D 减小的方向转移. 同时, 数值结果表明, 当 q 变得足够大或足够小时, 如图 6.3.9(a) 中所示的 $q = 0.65$ 或 $q = 1.45$, 振幅成为乘性噪声强度的单调函数, 这意味着随机共振现象消失. 因此, 仅当非高斯噪声接近于高斯分布特征时, 系统响应可对乘性噪声强度表现出随机共振效应的非单调依赖性. 此外, 在图 6.3.8(b) 和图 6.3.9(b)

中, 当 q 增加时, 曲线 η_1 的共振峰高度下降, 峰的位置移向噪声强度 Q 增大的方向. 特别地, 从图 6.3.9(b) 中看到, 对于较小的 q 值 $(q \leqslant 0.82)$, 振幅随加性噪声强度的变化展示了非单调的共振行为. 进一步发现, 当 q 从 0.62 变化到 1.15 时, 共振峰值先增加, 再减小, 说明存在适中的 q 值使得随机共振效应最优. 最后, 当 q 增加到较大的值时 $(q = 1.38)$, 振幅伴随着噪声强度的增加几乎不再变化, 即表明随着非高斯噪声偏离参数的增大, 加性高斯白噪声对系统响应的影响减弱甚至消失.

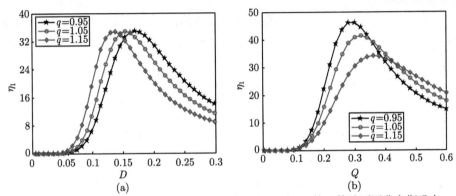

图 6.3.8　功率谱放大因子 η_1 分别作为噪声强度 D 和 Q 的函数随不同非高斯噪声
偏离参数 q 的变化曲线

其他参数选择为 $r = 0.5, \tau = 0.02, \lambda = 0.6$, (a)$Q = 0.4$ 和 (b)$D = 0.15$

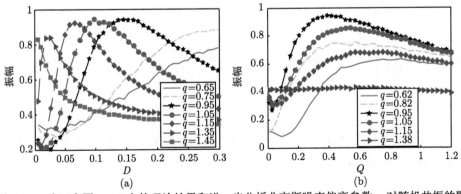

图 6.3.9　为证实图 6.3.8 中的理论结果和进一步分析非高斯噪声偏离参数 q 对随机共振的影响, 通过对方程 (6.1.1) 进行蒙特卡罗数值模拟, 得到系统响应的振幅随噪声强度的变化曲线.

其他参数为 $r = 0.5, \tau = 0.02, \lambda = 0.6$, (a)$Q = 0.4$; (b) $D = 0.15$

6.3.2　信息熵产生

　　在受到以外简谐信号为形式的非平衡约束下的三稳态模型 (6.1.1) 中, 信息的非平衡动力学通常基于信息熵及相关的量进行分析. 在离散状态下, 平稳随机过

程熵可以根据相空间分布来定义. 下面给出著名的信息熵公式:

$$S_I = -\sum_{i=1}^{3} p_i \ln p_i, \tag{6.3.7}$$

其中 p_i 表示每个稳定状态处的概率, 如方程 (4.2.4) 中所示. 然后, 对 p_i 进行小参数 ε_0 的展开, 即将 $p_i = p_i^{(0)} + \varepsilon_0 \Delta p_i$ 代入方程 (6.3.7) 中, 并重新整理得到如下的信息熵表达式:

$$S_I = S_I^{(0)} + \Delta S_I, \tag{6.3.8}$$

其中

$$S_I^{(0)} = -\sum_{i=1}^{3} \left[p_i^{(0)} \ln p_i^{(0)} \right],$$

$$\Delta S_I = -\sum_{i=1}^{3} \left[\varepsilon_0 \Delta p_i \ln p_i^{(0)} + \frac{(\varepsilon_0 \Delta p_i)^2}{p_i^{(0)}} \right]. \tag{6.3.9}$$

特别地, 关于对称的三稳态模型 (6.1.1), $p_i^{(0)}$ 在稳态下均相等, 导致 $S_I^{(0)}$ 在完全随机状态下达到它的最大值. ΔS_I 反映了信息熵响应对非平衡约束的有效性.

先将方程 (6.3.2) 代入方程 (6.3.9) 中的 ΔS_I, 再对其进行一个信号周期的平均, 最后得到关于时间平均的过剩熵:

$$\overline{\Delta S_I} = -\varepsilon_0^2 \sum_{i=1}^{3} \left\{ \frac{\left[\left(\sum_{k=1}^{3} \omega (\gamma_k^2 + \omega^2)^{-1} a_k^{(0)} \xi_{k,i} \right)^2 + \left(\sum_{k=1}^{3} \gamma_k (\gamma_k^2 + \omega^2)^{-1} a_k^{(0)} \xi_{k,i} \right)^2 \right]}{p_i^{(0)}} \right\}. \tag{6.3.10}$$

对方程 (6.3.7) 的两边关于时间 t 求导, 并根据方程 (4.2.1) 推导出信息熵变化率所满足的平衡方程:

$$\frac{\mathrm{d}S_I}{\mathrm{d}t} = \frac{1}{2} \sum_{i=1}^{3} \sum_{j=1}^{3} (W_{ij} p_j - W_{ji} p_i) \ln \frac{p_j}{p_i}, \tag{6.3.11}$$

其中系统 (6.1.1) 的跃迁概率在方程 (6.3.2) 中给出.

通过在方程 (6.3.11) 中增加和减去 $\ln(W_{ij}/W_{ji})$ 项, 可以将总熵变分解成两部分 [25]:

$$\frac{\mathrm{d}S_I}{\mathrm{d}t} = P_I + J_I, \tag{6.3.12}$$

其中 P_I 代表信息熵产生, J_I 是信息熵流, 其表达式如下:

$$P_I = \frac{1}{2} \sum_{i=1}^{3} \sum_{j=1}^{3} (W_{ij}p_j - W_{ji}p_i) \ln \frac{W_{ij}p_j}{W_{ji}p_i} \geqslant 0,$$

$$(6.3.13)$$

$$J_I = -\frac{1}{2} \sum_{i=1}^{3} \sum_{j=1}^{3} (W_{ij}p_j - W_{ji}p_i) \ln \frac{W_{ij}}{W_{ji}}.$$

对跃迁概率矩阵 $\boldsymbol{W}$ 进行小参数 ε_0 地展开, 其中跃迁概率元素如方程 (6.3.1) 中所示, 即将 $W_{ij} = W_{ij}^{(0)} + \varepsilon_0 \Delta W_{ij}$ 和 $p_i = p_i^{(0)} + \varepsilon_0 \Delta p_i$ 代入方程 (6.3.13) 中的 P_I, 信息熵产生重新写为

$$P_I = P_I^{(0)} + \Delta P_I.$$

$$(6.3.14)$$

这里, $P_I^{(0)} = \displaystyle\sum_{i=1}^{3} \sum_{j=1}^{3} \left(W_{ij}^{(0)} p_j^{(0)} - W_{ji}^{(0)} p_i^{(0)} \right) \ln \left[W_{ij}^{(0)} p_j^{(0)} \right]$, $\Delta W_{ij} = D_{\text{eff}}^{-1} k_{j,i}^{(0)} \Delta g_{j,i}$

$\cos(\omega t)$ 以及 $W_{ij}^{(0)} = k_{j,i}^{(0)} (i \neq j)$, 其中 $k_{j,i}^{(0)}$ 和 $\Delta g_{j,i}$ 在方程 (6.3.1) 中给出. 当非平衡约束不存在时 ($\varepsilon_0 = 0$), P_I 退化为 $P_I^{(0)}$, 故 ΔP_I 反映了信息熵产生响应对非平衡约束的有效性.

对方程 (6.3.14) 中的 ΔP_I 进行一个信号周期的平均, 得到下列时间平均的信息熵产生:

$$\begin{aligned}
\overline{\Delta P_I} = \frac{\varepsilon_0^2}{2} \sum_{i=1}^{3} \sum_{j=1}^{3} & \left\{ \frac{\Delta g_{j,i}}{D_{\text{eff}}} \left[\sin(\phi_j) k_{j,i}^{(0)} \alpha_j - \sin(\phi_i) k_{i,j}^{(0)} \alpha_i \right] \right. \\
& + \frac{\alpha_j}{p_j^{(0)}} \left[k_{j,i}^{(0)} \alpha_j - \cos(\phi_j - \phi_i) k_{i,j}^{(0)} \alpha_i \right] \\
& + \left[\frac{\Delta g_{j,i}}{D_{\text{eff}}^2} + \sin(\phi_j) \frac{\alpha_j}{D_{\text{eff}} p_j^{(0)}} \right] \left[k_{j,i}^{(0)} \Delta g_{j,i} p_j^{(0)} - k_{i,j}^{(0)} \Delta g_{i,j} p_i^{(0)} \right] \\
& \left. + \frac{1}{D_{\text{eff}}} \left[\sin(\phi_j) k_{j,i}^{(0)} \Delta g_{j,i} \alpha_j - \sin(\phi_i) k_{i,j}^{(0)} \Delta g_{i,j} \alpha_i \right] \ln \left[k_{j,i}^{(0)} p_j^{(0)} \right] \right\},
\end{aligned}$$ (6.3.15)

其中 α_i 和 ϕ_i 在方程 (6.3.5) 中给出.

根据方程 (6.3.10) 和方程 (6.3.15), 图 6.3.10 展示了势阱非对称性和噪声互关联性对信息的非平衡动力学影响, 并讨论了在弱简谐信号提供的非平衡约束下, 信息动力学与随机共振的关系. 图 6.3.10 (a) 和 (b) 分别给出了时间平均的过剩熵 $\overline{\Delta S_I}$ 和信息熵产生 $\overline{\Delta P_I}$ 随非对称参数 r 和互关联强度 λ 的变化曲面. 显然, $\overline{\Delta S_I}$ 为负, $\overline{\Delta P_I}$ 为正, 意味着非平衡约束引起的可预测性增强, 且 $\overline{\Delta S_I}$ 和 $\overline{\Delta P_I}$ 均随着 r 和 λ 的增加呈现非单调变化行为. 同时, 方程 (6.3.6) 中的功率谱放大

因子也随 r 和 λ 的变化出现非单调的共振行为, 如图 6.3.10 (c) 所示. 可以发现, 使得特征量 $\overline{\Delta S_I}$、$\overline{\Delta P_I}$ 和 η_1 均达到极值的最优 r 值和 λ 值基本一致, 故非平衡条件下随机性的减少能够在随机共振现象附近得到最大化. 为了更清晰地观察, 图 6.3.10 (d)~(f) 分别画出了不同 λ 下的特征量 $\overline{\Delta S_I}$、$\overline{\Delta P_I}$ 和 η_1 作为 r 的函数曲线. 从图 6.3.10 (d) 和 (e) 中看到, 当 λ 从 0.4 变化到 0.6 时, 可预测性的增强变得更加显著. 特别地, $\overline{\Delta S_I}$ 和 $\overline{\Delta P_I}$ 均在最优的 r 值处显示了一个明确的极值, 这表明在非平衡约束下, 存在最优的非对称参数使得可预测性的增强效应达到最佳. 由此可见, 如果将三稳态模型视为一个信息处理器, 那么该模型的非对称性特征应该予以考虑. 对于给定的 λ 值, 图 6.3.10 (f) 中诱导共振产生的最优 r 值与图 6.3.10 (d) 和 (e) 中的最优 r 值均很好地相吻合. 这些结果说明, 在非平衡约束的系统中, 当随机共振条件满足时, 信息特征量表现出的可预测性增强能够得到进一步地提升和优化. 值得注意的是, 对于较大的互关联强度 ($\lambda = 0.9$), 非平衡约束的影响几乎变得不存在, 对应的随机共振现象消失.

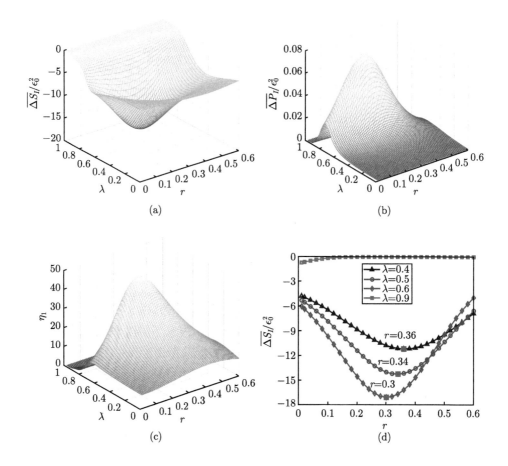

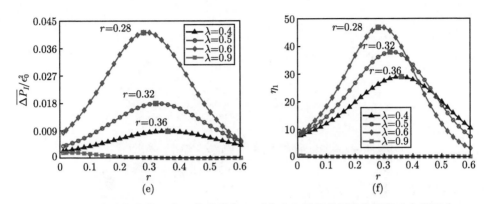

图 6.3.10 非对称参数 r 和互关联强度 λ 对信息和随机共振的非平衡动力学影响
(a) 和 (d) 时间平均的过剩熵 $\overline{\Delta S_I}$ 对 r 和 λ 的依赖性；(b) 和 (e) 时间平均的信息熵产生 $\overline{\Delta P_I}$ 对 r 和 λ 的依赖性；(c) 和 (f) 功率谱放大因子 η_1 对 r 和 λ 的依赖性. 其他参数选择为 $\tau = 0.02$, $q = 1.05$, $D = 0.1$ 和 $Q = 0.4$

6.4 基于非对称三稳随机共振的轴承故障检测

旋转机械故障信号往往淹没在强噪声中, 在故障早期不易被发现, 其健康检测和早期故障诊断成为亟须解决的问题. 基于随机共振的故障诊断方法具有适用多种工况、能够准确诊断早期微小故障、易于硬件化嵌入等优点, 成为早期微弱故障信号检测的一种主要方法, 其机理在于噪声能量能够有效转移到低频信号中, 实现微弱特征信号的检测目的 [26-29]. 在本节将上述非高斯噪声激励下非对称三稳态系统的随机共振理论应用到工程实际的故障诊断中, 讨论势阱非对称性和噪声互关联系数在故障诊断中的作用. 考虑以轴承故障诊断为例来展示 6.3 节的随机共振理论结果的实践应用, 原始数据取自美国凯斯西储大学 (CWRU) 的滚动轴承故障实验, 其中实验装置如图 6.4.1 所示. 主动端轴承型号是 6205 - 2RS JEM SKF, 滚动轴承的结构尺寸如表 6.4.1 所示. 选择轴承内圈故障作为研究对象, 采样频率是 12 kHz, 轴承内圈故障的理论频率为 $f_e = N_1 S_1(1 + D_1/D_2 \cos \varphi)/120$, 其中 N_1 是滚珠数量, D_1 和 D_2 分别代表轴承中的滚珠直径和节圆直径, φ 为接触角. 当轴承转速 S_1 达到 1748 r/min 时, 理论频率值 f_e 为 157.76 Hz. 由于故障信号的频率值过高, 不能在绝热驱动状态下达到随机共振效应, 故许多处理信号的方法相继提出, 其中一类普通的变尺度原理是打破随机共振小参数限制的有效方法 [30].

为实现普通尺度变换, 引入如下新变量:

$$x(t) = z(\theta), \quad \theta = m_0 t, \tag{6.4.1}$$

其中 m_0 表示时间的尺度比例. 通过将方程 (6.4.1) 代入方程 (6.1.1) 中, 方程

图 6.4.1　CWRU 的滚动轴承故障实验平台

表 6.4.1　滚动轴承的结构尺寸

外直径	内直径	滚珠直径	节圆直径	接触角	滚珠数量
51.999 mm	25.001 mm	7.940 mm	39.040 mm	0°	9

(6.1.1) 变成

$$m_0 \frac{\mathrm{d}z}{\mathrm{d}\theta} = -6b^2 z^5 + 8bcz^3 - 2c^2 z - r + \varepsilon_0 \cos\left(2\pi \frac{f_e}{m_0}\theta\right) + z\xi\left(\frac{\theta}{m_0}\right) + \eta\left(\frac{\theta}{m_0}\right),$$
(6.4.2)

其中方程 (6.1.3) 和方程 (6.1.4) 中的高斯白噪声 $\eta(t)$ 和 $\varepsilon(t)$ 重新表示为

$$\varepsilon\left(\frac{\theta}{m_0}\right) = \sqrt{2m_0 D}\varepsilon_0(\theta), \quad \eta\left(\frac{\theta}{m_0}\right) = \sqrt{2m_0 Q}\eta_0(\theta), \langle\varepsilon_0(\theta)\rangle = \langle\eta_0(\theta)\rangle = 0,$$

$$\langle\varepsilon_0(\theta)\varepsilon_0(\theta')\rangle = \delta(\theta - \theta'), \quad \langle\eta_0(\theta)\eta_0(\theta')\rangle = \delta(\theta - \theta'),$$
(6.4.3)

$$\langle\varepsilon_0(\theta)\eta_0(\theta')\rangle = \langle\varepsilon_0(\theta')\eta_0(\theta)\rangle = \lambda\delta(\theta - \theta'),$$

其中 $\varepsilon_0(\theta)$ 和 $\eta_0(\theta)$ 是互关联的高斯白噪声.

方程 (6.4.2) 可整理为

$$\frac{\mathrm{d}z}{\mathrm{d}\theta} = -6b_1^2 z^5 + 8b_1 c_1 z^3 - 2c_1^2 z - r_1 + \frac{\varepsilon_0}{m_0}\cos(2\pi f_0\theta) + z\frac{1}{m_0}\xi\left(\frac{\theta}{m_0}\right) + \sqrt{2Q_1}\eta_0(\theta),$$
(6.4.4)

其中 $b = b_1\sqrt{m_0}$, $c = c_1\sqrt{m_0}$, $r = m_0 r_1$, $Q = m_0 Q_1$ 和 $D = m_0 D_1$. 通过设置尺度因子 m_0 可使驱动频率 $f_0 = f_e/m_0$ 任意减小以满足随机共振的条件.

利用 6.3 节给出的理论计算方法, 从方程 (6.4.4) 中重新获得如方程 (6.3.6) 所示的功率谱放大因子 η_1. 如图 6.4.2 所示, 可以看到, 当势函数的非对称性和噪声的互关联性共同存在时, η_1 作为噪声强度 D_1 的函数曲线呈现出典型的随机共振效应, 表明系统响应性能在最优噪声强度处是最佳的. 根据随机共振效应, 势阱的非对称性对轴承内圈故障诊断具有重要影响. 图 6.4.3 展示了轴承内圈故障信号的时域波形和对应的频率谱, 其中图 6.4.3 (a) 的原始轴承内圈故障信号包含周期性冲击和振动, 而它的谱能量分布在一个很宽的频率范围内, 如图 6.4.3 (b) 所示, 所以故障特征信息在频域内很难进行识别. 但是, 对于受轴承内圈故障信号和噪声共同激励的三稳态系统 (6.1.1), 图 6.4.3 (c)~ (h) 描述了系统的输出 (左列) 和它的频率谱 (右列), 分别对应于图 6.4.2 中 $D_1 = 0.0052$ 处的三种情形. 可以发现, 在图 6.4.3(c)、(e) 和 (g) 中, 由于两侧势阱之间相对宽的跨度, 系统响应具有非常大的振幅的周期运动. 此外, 从图 6.4.3 (d)、(f) 和 (h) 中观察到, 振幅谱在轴承内圈故障频率 $f_e = 157.4$ Hz 处展示了明显的峰值, 且故障频率近似等于理论值 (157.76 Hz), 即故障特征频率在频率谱中显著突出. 所以, 当三稳态系统作为一个信号处理器时, 频域特征能够得到有效增强. 同时, 根据信噪比的公式[31], 计算了故障频率 f_e 处的数值信噪比. 从图 6.4.3 (h) 中发现, 轴承内圈故障频率处的信噪比和振幅均明显高于图 6.4.3 (d) 和 (f) 中给出的, 这与图 6.4.2 中的结果基本一致. 由此可见, 当随机共振的条件满足时, 噪声能够向轴承内圈故障信号内转换更多的能量, 从而导致故障探测的增强效应得到进一步放大. 因此, 在相关噪声作用的三稳态系统中, 应当考虑合适的非对称势函数以便用来增强系统在信号放大中的性能, 并有助于利用随机共振效应对轴承故障进行识别[32].

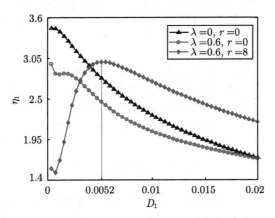

图 6.4.2 功率谱放大因子 η_1 作为噪声强度 D_1 的函数随不同互关联强度 λ 和非对称参数 r 的变化曲线

其他参数选择为 $b_1 = 0.01$, $c_1 = 0.1$, $Q_1 = 0.014$, $m = 2000$, $q = 1.05$ 和 $\tau = 0.02$

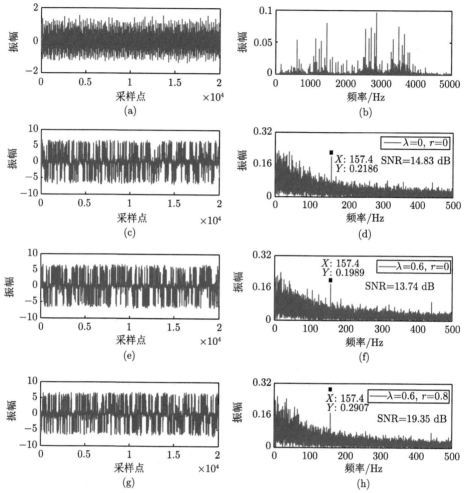

图 6.4.3　(a) 和 (b) 原始的轴承内圈故障信号及其频率谱；(c)~(h) 系统的输出信号 (左列) 和相应的频率谱 (右列) 随不同互关联强度 λ 和非对称参数 r 的变化情况, 对应于图 6.4.3 中 $D_1 = 0.0052$ 处的三种情形, 发现在随机共振条件下, 故障特征频率处的振幅和信噪比均达到最大值. 其他参数选择为 $b_1 = 0.01$, $c_1 = 0.1$, $Q_1 = 0.014$, $m = 2000$, $q = 1.05$ 和 $\tau = 0.02$

6.5　本章小结

　　在现实世界中, 真实环境往往存在非线性和随机因素, 且随机激励存在多种多样的形式, 如有界噪声、多值噪声、Poisson 噪声及非高斯噪声等, 由于势函数的对称性和随机激励的高斯特性在实际的工程问题中不容易保证, 故本章主要研究非高斯噪声激励下非对称三稳态系统的共振行为. 首先分析了噪声互关联性、势阱非对称性和非高斯噪声偏离参数对平均首次穿越时间的影响. 在相关噪声作用下可发现系统存在噪声增强稳定性现象. 非对称参数的增加导致了噪声增强稳定性效应在固定的噪声强度处提高. 其次, 在外部弱简谐信号产生的非平衡约束下, 获得了功率谱放大因子和信息熵产生的精确表达式. 结果表明, 当势函数的非对称性和噪声的互关联性均不存在时, 随机共振现象消失. 非对称性对功率谱放大因子的影响密切相关于噪声互关联性, 选择合适的非对称参数和互关联强度可最大化共振效应. 理论和数值结果也揭示了非高斯噪声偏离参数对噪声增强稳定性和随机共振现象具有至关重要的作用. 另外, 正的信息熵产生反映了非平衡约束诱导的可预测性增强, 且存在最优的非对称参数使得这种增强效应在随机共振附近达到最佳. 最后, 我们将本章提出的基于非对称三稳系统的随机共振理论应用于轴承内圈故障诊断中, 发现故障信号的特征频率在三稳态模型中很容易识别, 故障检测性能在势阱非对称性的作用下得到增强.

参 考 文 献

[1] Bezrukov S M, Vodyanoy I. Stochastic resonance in non-dynamical systems without response thresholds[J]. Nature, 1997, 385(6614): 319-321.

[2] Goychuk I, Hänggi P. Stochastic resonance in ion channels characterized by information theory[J]. Physical Review E, 2000, 61(4): 4272-4280.

[3] Russell D F, Wilkens L A, Moss F. Use of behavioural stochastic resonance by paddle fish for feeding[J]. Nature, 1999, 402(6759): 291-294.

[4] Greenwood P E, Ward L M, Russell D F, Moss F. Stochastic resonance enhances the electrosensory information available to paddlefish for prey capture[J]. Physical Review Letters, 2000, 84(20): 4773-4776.

[5] Collins J J. Fishing for function in noise[J]. Nature, 1999, 402(6759): 241-242.

[6] Duarte J R R, Vermelho M V D, Lyra M L. Stochastic resonance of a periodically driven neuron under non-Gaussian noise[J]. Physica A, 2008, 387(7): 1446-1454.

[7] Goswami G, Majee P, Ghosh P K, Bag B C. Colored multiplicative and additive non-Gaussian noise-driven dynamical system: mean first passage time[J]. Physica A, 2007, 374(2): 549-558.

[8] Wio H S, Toral R. Effect of non-Gaussian noise sources in a noise-induced transition[J]. Physica D, 2004, 193(1-4): 161-168.

[9] Fuentes M A, Wio H S, Toral R. Effective Markovian approximation for non-Gaussian noises: a path integral approach[J]. Physica A, 2002, 303(1-2): 91-104.

[10] Wu D, Luo X Q, Zhu S Q. Stochastic system with coupling between non-Gaussian and Gaussian noise terms[J]. Physica A, 2007, 373: 203-214.

[11] 赵燕, 徐伟, 邹少存. 非高斯噪声激励下 FHN 神经元系统的定态概率密度与平均首次穿越时间 [J]. 物理学报, 2009, 58(3): 1396-1402.

[12] 张静静, 靳艳飞. 非高斯噪声激励下 FitzHugh-Nagumo 神经元系统的随机共振 [J]. 物理学报, 2012, 61(13): 130502.

[13] Jin Y F. Non-equilibrium phase transitions in a single-mode laser model driven by non-Gaussian noise[J]. Dynamical Systems: Discontinuity, Stochasticity and Time-Delay (New York: Springer), 2010, 223-231.

[14] Bulsara A R, Inchiosa M E, Gammationi L. Noise-Controlled resonance behavior in nonlinear dynamical systems with broken symmetry[J]. Physical Review Letters, 1996, 77(11): 2162-2165.

[15] Inchiosa M E, Bulsara A R, Gammationi L. Higher-order resonant behavior in asymmetric nonlinear systems[J]. Physical Review E, 1997, 55(4): 4049-4056.

[16] Gammationi L, Bulsara A R. Noise activated nonlinear dynamic sensors[J]. Physical Review Letters, 2002, 88(23): 230601.

[17] Li J H. Effect of asymmetry on stochastic resonance and stochastic resonance induced by multiplicative noise and by mean-field coupling[J]. Physical Review E, 2002, 66(03): 031104.

[18] 董小娟. 含关联噪声与时滞项的非对称双稳系统的随机共振 [J]. 物理学报, 2007, 56(10): 5618-5622.

[19] 靳艳飞, 徐伟, 马少娟, 李伟. 非对称双稳系统中平均首次穿越时间的研究 [J]. 物理学报, 2005, 54(8): 3480-3485.

[20] Jin Y F, Xu W, Xu M. Stochastic resonance in an asymmetric bistable system driven by correlated multiplicative and additive noise[J]. Chaos, Solitons and Fractals, 2005, 26(4): 1183-1187.

[21] 张静静, 靳艳飞. 非高斯噪声驱动下非对称双稳系统的平均首次穿越时间与随机共振研究 [J]. 物理学报, 2011, 60(12): 120501.

[22] 周丙常, 徐伟. 关联噪声驱动的非对称双稳系统的随机共振 [J]. 物理学报, 2008, 57(4): 2035-2040.

[23] Guo Y F, Shen Y J, Tan J G. Stochastic resonance in a piecewise nonlinear model driven by multiplicative non-Gaussian noise and additive white noise[J]. Communications in Nonlinear Science and Numerical Simulation, 2016, 38: 257-266.

[24] Jung P, Hänggi P. Dynamical systems: a unified colored-noise approximation[J]. Physical Review A, 1987, 35(10): 4464-4466.

[25] Nicolis G, Nicolis C. Stochastic resonance, self-organization and information dynamics in multistable systems[J]. Entropy, 2016, 18(5): 172.

[26] 黄大文, 杨建华, 唐超权, 张景玲, 刘后广. 二阶系统普通变尺度随机共振及轴承故障诊断 [J]. 振动、测试与诊断, 2018, 38(6): 1260-1266.

[27] 冷永刚, 王太勇. 二次采样用于随机共振从强噪声中提取弱信号的数值研究 [J]. 物理学报, 2003, 52(10): 2432-2437.

[28] Qiao Z J, Lei Y G, Li N P. Applications of stochastic resonance to machinery fault detection: a review and tutorial[J]. Mechanical Systems and Signal Processing, 2019, 122: 502-536.

[29] 时培明, 李培, 韩东颖, 刘彬. 基于变尺度多稳随机共振的微弱信号检测研究 [J]. 计量学报, 2015, 36(16): 628-633.

[30] Huang D W, Yang J H, Zhang J L, Liu H G. An improved adaptive stochastic resonance method for improving the efficiency of bearing faults diagnosis[J]. Proceedings of the Institution of Mechanical Engineers Part C: Journal of Mechanical Engineering Science, 2018, 232(13): 2352-2368.

[31] Zhang S, Yao Y L, Zhu Z C, Yang J H, Shen G. Stochastic resonance in an overdamped system with a fractional power nonlinearity: analytical and re-scaled analysis[J]. European Physical Journal Plus, 2019, 134(3): 115.

[32] Xu P F, Jin Y F. Stochastic resonance in an asymmetric tristable system driven by correlated noises[J]. Applied Mathematical Modelling, 2020, 77: 408-425.

第 7 章　随机激励下三稳态振动能量采集系统的动力学

近年来, 无线传感网络技术、低功耗嵌入式技术、微机电系统、无线射频识别和各类植入式微电子传感器等技术快速发展, 并在环境监测、城市交通、智能家居、医疗卫生、国防军事等多个领域表现出巨大的应用价值. 随着研究和应用的进一步深入, 这些器件的供电问题成为制约其发展的瓶颈问题之一. 目前, 传统的化学能电池作为微小装置和无线低功耗设备的主要供给源, 虽然其使用方便, 但是其使用寿命有限, 制作使用过程中存在材料浪费、环境污染、回收困难问题, 加之在某些恶劣环境下更换电池危险系数高且耗费人力物力, 因此发现和利用一个可持续性的电源系统, 将自然环境中的能量源转化为电能的解决方案就吸引了许多领域专家的目光, 也就是能量采集技术. 已有研究发现 [1], 环境中振动能源的采集效率为 25%~50%, 太阳能的采集效率为 10%~25%, 热能的采集效率为 0.1%~3%. 从数据分析可看出, 环境中振动能源的转换效率相对较好. 振动在自然界中是普遍存在的, 如车辆通过地面和桥梁时产生的振动, 海洋波浪运动, 工业设备工作时的机器振动等, 这就为长时间供能提供了能源保障. 利用自然界中的振动能源对环境无污染, 便于采集和利用. 小型的能量采集技术的采集能量一般可以达到 μW 和 mW 的水平, 可以满足无线传感网络和低功耗产品的供电需求.

振动能量采集器是通过采集机械振动能量转化为电能的装置, 目前主要有三种采集方式: 压电式 [2]、静电式 [3] 和电磁感应式 [4]. 其中, 压电振动能量采集器具有结构简单、不发热、无电磁干扰、无污染、易于实现结构微型化等优点, 具有巨大的应用前景. 例如, 早在 1969 年, Ko[5] 在专利 (U.S. Patent No. 3456134) 中就公开了一种压电式能量转换器, 收集人体活动时产生的振动能用于驱动植入人体的微电子设备. 1984 年, Häsler 等 [6] 利用压电薄膜制作了可植入人体内的微型发电装置, 但他们的工作在当时并未引起大家足够的重视. 1996 年, Williams 等 [7] 设计了一个 $5\ mm \times 5\ mm \times 1\ mm$ 的微型发电机, 当嵌入振动介质中时可以将机械能转化为电能, 为远程微电子设备的供电提供了一个新的解决方法. 在早期的研究中, 线性压电采集器由于结构简单等优点被广泛应用, 但是线性压电采集结构共振频带较窄, 很难匹配环境振动的宽频, 从而很难实现较高的发电效率. 为了解决此难题, 利用非线性结构来拓宽能量采集系统的有效频带宽度的方式受到广泛关注 [8-10]. Barton 等 [8] 研究了单稳态 Duffing 型压电振子模型, 通过数值模拟和解析分析得到该种振子具有宽频带并且输出功率比线性系统高, 但是这种装置在设计时需要各参数之间相互配合才能达到好的效果. Triplett 等 [9] 研究了具有弱非线性的单稳态压电能量采集器模型, 指出非线性参数只有在一定范围内才能提高装置的发电效率, 非线性参数过大反而会降低效率. Daqaq 等 [10] 对具有软特性的非线性压电俘能器在参激下的输出特性进行了解析分析和实验验证, 结果表明 Duffing 型单稳态压电振子可以扩宽系统的谐振频带. 这些单稳态装置无论表现为软特性还是硬特性, 只有在慢扫频, 即当解被吸引到高能量解时的输出效率才会高, 因此在实际应用中受到限制. 为了克服该问题, 双稳态能量采集器的概念被提出. 研究表明, 由于大轨道阱间运动的激活, 双稳态能量收集器可以在很宽的频率范围内输出较高的功率. Mann 等 [11] 对一个具有双稳态势阱的非线性能量采集器进行了理论分析和实验验证, 发现非线性行为能拓宽系统的频率响应, 改善系统的采集性能. Erturk 等 [12] 引入一个非共振的压电磁的能量采集系统, 并利用一个机电耦合的双稳态 Duffing 模型对其进行描述, 通过分析发现系统存在混沌运动且可以利用双稳结构中的高能量轨道提高采集效率. 由此可见, 非线性振动能量采集系统已经成为研究的热点, 特别是具有双稳或单稳结构的采集系统研究较多. 然而, 在双稳态能量采集器中存在激发阱间运动的阈值, 若低于此阈值则无法得到理想的阱间动力学行为, 不能达到增强能量采集的宽带性能的目的. 因此, 为了更好地实现低水平激励下的能量采集, 近来的研究开始设计新的可以产生持续的大幅度响应的多稳态能量收集器. 特别地, 具有三个势阱和两个势垒结构特征的三稳态模型在环境振动中提高能量收集的宽带性能或增强弱信号的探测效应等方面具有显著的优势 [13-14].

考虑到振动能量采集环境中随机因素的影响, 环境中的振动多为随机振动, 目前大多数研究针对确定性激励下非线性振动能量采集器展开, 仅有少数研究考虑了随机环境激励对非线性振动能量采集性能的影响 [15-20]. 特别是, 针对多稳态能量采集系统的随机动力学行为的研究目前还非常有限, 尚不能满足现在的实际需求. 这一章主要研究了高斯白噪声、白噪声、色噪声和简谐激励下三稳振动能量采集系统的动力学行为 [21-23], 分析了系统参数对随机响应、随机分岔和随机共振的影响, 并基于参数诱导的随机共振进行了参数优化设计来提高系统的采集性能.

7.1 白噪声激励下三稳态压电悬臂梁的动力学

在振动能量采集中, 由于环境中的噪声通常都是未知且不可调控的, 因此通过调节噪声强度诱导随机共振比较困难, 故可以考虑通过调节系统参数来产生随机共振, 使系统的输出响应在该最优参数处取得最大值 [24-26]. 本节研究了弱简谐激励及高斯白噪声共同驱动下三稳态压电悬臂梁系统的参数诱导共振.

7.1.1 系统模型

考虑如下磁式三稳态压电悬臂梁[27]，系统结构如图 7.1.1 所示. 通过调节悬臂梁末端磁铁摆放的角度 α，以及磁铁距悬臂梁末端的距离 d，可以改变悬臂梁系统几何非线性的强弱，使系统在单稳态、双稳态以及三稳态之间进行切换. 同时，在悬臂梁中间增设一对电磁铁，可以为压电悬臂梁系统提供一个外简谐激励. 该磁式三稳态压电悬臂梁的机电耦合支配方程为

$$m\ddot{\bar{x}} + c\dot{\bar{x}} + \frac{\mathrm{d}V(\bar{x})}{\mathrm{d}\bar{x}} - \vartheta\bar{v} = -m\ddot{Y} + f_E \tag{7.1.1a}$$

$$C_p\dot{\bar{v}} + \frac{1}{R_\mathrm{L}}\bar{v} = \vartheta\dot{\bar{x}} \tag{7.1.1b}$$

其中，m、c 分别为等效质量及等效阻尼；$\bar{x}$ 为悬臂梁末端挠度；$\bar{v}$ 为负载两端电压；$\ddot{Y}$ 代表环境随机激励；f_E 为电磁铁与磁铁之间作用力；C_p 为压电层的等效电容，R_L 为负载电阻，ϑ 为压电耦合系数. $V(\bar{x})$ 为系统势函数，

$$V(\bar{x}) = \frac{1}{2}k_1\bar{x}^2 + \frac{1}{4}k_3\bar{x}^4 + \frac{1}{6}k_5\bar{x}^6. \tag{7.1.2}$$

这里，k_1，k_3 和 k_5 为非线性刚度系数.

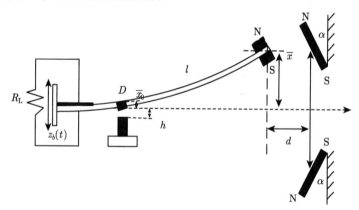

图 7.1.1　磁式三稳态压电悬臂梁示意图

由文献 [28] 的实验结果知，f_E 与磁铁之间距离 $\bar{x}_0 + h$ 的平方成反比

$$f_E = \frac{\lambda}{(h + \bar{x}_0)^2}\cos\omega\tau = \frac{\lambda}{h^2}\frac{\left[1 - \dfrac{2\bar{x}_0}{h + \left(\dfrac{\bar{x}_0}{h}\right)^2}\right]}{\left(1 - \left(\dfrac{\bar{x}_0}{h}\right)^2\right)^2}\cos\omega\tau, \tag{7.1.3}$$

其中, λ 是系统依赖常数. 与 h 相比时, 悬臂梁的振动 $\bar{x}_0$ 可忽略. 为了简化计算, 忽略二阶项 $(\bar{x}_0/h)^2$, 且利用比例关系 $\bar{x}_0 = \eta\bar{x}$, 将式 (7.1.3) 写为

$$f_E = \frac{\lambda}{h^2}\left[1 - \frac{2\eta\bar{x}}{h}\right]\cos\omega\tau. \tag{7.1.4}$$

根据文献 [29] 可知, 压电层存在如下耦合关系:

$$\begin{bmatrix} f \\ v \end{bmatrix} = \begin{bmatrix} \dfrac{1}{c_m} & -D_{31} \\ -D_{31} & \dfrac{1}{c_e} \end{bmatrix}\begin{bmatrix} q_m \\ q_e \end{bmatrix}, \tag{7.1.5}$$

其中, f 为压电层产生的作用力, q_m 为压电层挠度, v 为压电层产生电压, q_e 为产生电荷, c_m、c_e 以及 D_{31} 分别为压电层刚度系数、压电层自身的电容、压电耦合系数. 实际情况中, 由于系统的刚度系数及压电层自身的电容都存在损失, 对方程 (7.1.5) 两边进行拉普拉斯变换, 并考虑电容损耗和 c_e 相对较小, 则可得到关系式 $v = -D_{31}c_e R\dot{q}_m$. 由于压电层对系统的刚度项影响较小, 主要考虑对系统阻尼项的影响, 通过引入适当的缩放比例系数 c'_e 可得

$$\bar{v} = -c'_e\dot{\bar{x}}. \tag{7.1.6}$$

将式 (7.1.6) 代入方程 (7.1.1a) 可得

$$m\ddot{\bar{x}} + (c + c'_e)\dot{\bar{x}} + \frac{\mathrm{d}V(\bar{x})}{\mathrm{d}\bar{x}} = m\ddot{Y} + \frac{\lambda}{h^2}\left[1 - \frac{2\eta\dot{\bar{x}}}{h}\right]\cos(\omega\tau). \tag{7.1.7}$$

利用无量纲变换 $x = \bar{x}/l$, $t = \tau\omega_n$, $\omega_n = \sqrt{k_1/m}$, 将方程 (7.1.7) 的无量纲化形式写为

$$\ddot{x} + 2\xi'\dot{x} + x + \delta_3 x^3 + \delta_5 x^5 = (\varepsilon_1 + \varepsilon_2 x)\cos\omega_1 t + \ddot{Y}, \tag{7.1.8}$$

其中, 无量纲化参数满足如下关系:

$$\xi' = \frac{c + c'_e}{2\sqrt{k_1 m}}, \quad \delta_3 = \frac{k_3}{k_1}l^2, \quad \delta_5 = \frac{k_5}{k_1}l^4, \quad \varepsilon_1 = \frac{\lambda}{h^2 k_1 l}, \quad \varepsilon_2 = -\frac{2\lambda\eta}{h^3 k_1}, \quad \omega_1 = \omega\omega_n.$$

假设基底的加速度激励 $\ddot{Y}$ 为高斯白噪声, 其统计性质可由式 (1.1.2) 描述. 势函数 (7.1.2) 可以表示为

$$V(x) = \frac{1}{2}x^2 + \frac{1}{4}\delta_3 x^4 + \frac{1}{6}\delta_5 x^6. \tag{7.1.9}$$

由式 (7.1.9) 可以看出, $V(x)$ 依赖于参数 δ_3 和 δ_5. 图 7.1.2 描述了 $V(x)$ 随 δ_3 和 δ_5 变化的曲线. 当 $\delta_5 > 0$ 且 $\delta_3 < -2\sqrt{\delta_5}$ 时, $V(x)$ 有三个稳定态 s_i $(i = 1, 2, 3)$

和两个不稳定态 u_{1j} $(j = 2, 3)$:

$$s_{1,3} = \pm \left[\frac{-\delta_3 + \sqrt{\delta_3^2 - 4\delta_5}}{2\delta_5} \right]^{\frac{1}{2}}, \quad s_2 = 0, \quad u_{12,23} = \pm \left[\frac{-\delta_3 - \sqrt{\delta_3^2 - 4\delta_5}}{2\delta_5} \right]^{\frac{1}{2}}.$$
(7.1.10)

　　由图 7.1.2 可见, 随着 δ_3 和 δ_5 的增加, 两边对称势阱的高度变小. 即在三稳态压电悬臂梁的动力学方程中, 三次刚度以及五次刚度系数的增大都能够降低系统的势阱深度, 但是相应地也减小了悬臂梁的运动幅度. 随着刚度系数的不断增大, 系统最后由三稳态系统转变为单稳态系统.

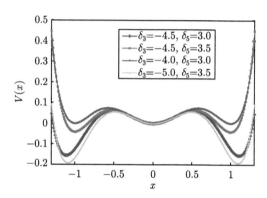

图 7.1.2　三稳态势函数随 δ_3 和 δ_5 变化的曲线

7.1.2　基于参数诱导随机共振的系统参数优化

　　在下面的理论分析中, 由于压电层额外产生的阻尼项 $c_e'\dot{x}$ 较难测定, 暂不考虑压电层对悬臂梁的影响. 将简化的方程 (7.1.8) 写成如下随机微分方程的形式:

$$\begin{cases} \dot{x} = y, \\ \dot{y} = -2\xi'y - x - \delta_3 x^3 - \delta_5 x^5 + (\varepsilon_1 + \varepsilon_2 x)\cos\omega_1 t + \ddot{Y}. \end{cases}$$
(7.1.11)

　　由上式可将系统的修正势函数定义为

$$\bar{U}(x, y, t) = U(x, y) - \varepsilon_1 g(x)\cos\omega_1 t,$$
(7.1.12)

其中, $g(x) = \varepsilon_2 x^2/2\varepsilon_1 + x$; $U(x, y) = 1/2 y^2 + V(x)$. $U(x, y)$ 为系统不受简谐激励时的广义势函数, 图 7.1.1 通过增设一组电磁铁, 从而为磁式压电悬臂梁提供简谐激励, 通过改变电磁铁交变电流的频率, 从而改变简谐激励的频率 ω. 在图 7.1.3 中, 固定 $\varepsilon_1 = 0.2$, $\varepsilon_2 = 0.1$, $\delta_3 = -5.0$, $\delta_5 = 3.5$, 给出了修正势函数和广义势函数的变化. 从图 7.1.3(a) 可以看出, 由于简谐激励的存在, 系统的势阱深度也发生了周期性的变化, 这就为悬臂梁在弱噪声情况下越过势阱做大幅度的运动提供了可能性. 为了简化计算, 在下面的理论推导中令 $\varepsilon_2 = 0$. 由图 7.1.3(b) 可以看出, 磁式压电悬臂梁有三个稳态 s_i $(i = 1, 2, 3)$, 在图 7.1.4 中不妨用 1、2、3 进行表示, 并展示了三个稳态之间的概率流流向.

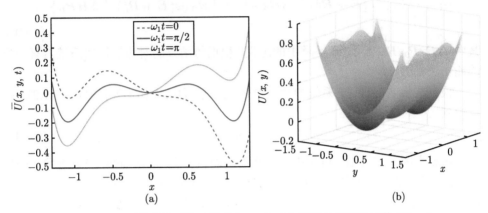

图 7.1.3　(a) 系统的修正势函数 $\bar{U}(x, y, t)$; (b) 系统的广义势函数 $U(x, y)$

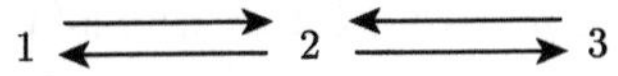

$$1 \overrightarrow{} 2 \overleftrightarrow{} 3$$

图 7.1.4　电悬臂梁三个稳态之间的概率流流向

当弱噪声强度满足条件 $D \ll \Delta \bar{U}$ $(\Delta \bar{U} = V(x_{\text{unst}}) - V(x_{\text{st}}) - \varepsilon_1(x_{\text{unst}} - x_{\text{st}}) \cos \omega_1 t)$ 时, 利用第 4 章 4.2 节中的方法, 得到系统从一个稳定状态 s_i 向另一个稳定状态 s_j 的跃迁概率

$$r_{ij} = r_{ij}^{(0)} + \varepsilon_1 \Delta g_{ij} \cos \omega_1 t, \quad i, j = 1, 2, 3 \tag{7.1.13a}$$

$$r_{ij}^{(0)} = \frac{1}{2\pi} (\sigma_i^{(1)} \sigma_i^{(2)})^{\frac{1}{2}} \left(\frac{\sigma_{ij}^+}{|\sigma_{ij}^-|} \right)^{\frac{1}{2}} \exp \left(-\frac{\Delta U_{ij}}{D} \right), \tag{7.1.13b}$$

$$\Delta g_{ij} = \frac{r_{ij}^{(0)}}{D} [g(u_{ij}) - g(s_i)], \tag{7.1.13c}$$

其中, ΔU_{ij} 为 $U(x, y)$ 在不稳定态 $(u_{ij}, 0)$ 和稳定态 $(s_i, 0)$ 之间的势阱差; $\sigma_i^{(1)}$ 为势函数 $U(x, y)$ 的 Hessian 矩阵在稳定状态 $(s_i, 0)$ 处的特征值; σ_{ij}^+ 和 σ_{ij}^- 分别为 $U(x, y)$ 的 Hessian 矩阵在不稳定状态 $(u_{ij}, 0)$ 处的正负特征值.

在长时间极限条件下, 系统的稳态解可以表示为

$$\Delta \boldsymbol{P} = \boldsymbol{\mu} \sin \omega_1 t + \boldsymbol{\nu} \cos \omega_1 t. \tag{7.1.14}$$

其中 $\boldsymbol{\mu}$ 和 $\boldsymbol{\nu}$ 同第 4 章 4.2.2 节中的定义, $\alpha_i = \sqrt{\mu_i^2 + \nu_i^2}$, $\psi_i = \arctan(\mu_i/\nu_i)(i = 1, 2, 3)$.

根据第 4 章 4.2.2 节中的方法可以推导出 α_i 的表达式:

$$\alpha_i = \sqrt{\left\{\omega_1 \left(\omega_1^2 \boldsymbol{E} + \boldsymbol{R_0}^2\right)^{-1} \Delta \boldsymbol{R} \boldsymbol{P_0}\right\}_i^2 + \left\{\boldsymbol{R_0} \left(\omega_1^2 \boldsymbol{E} + \boldsymbol{R_0}^2\right)^{-1} \Delta \boldsymbol{R} \boldsymbol{P_0}\right\}_i^2}.$$

$$(7.1.15)$$

其中 $\Delta \boldsymbol{R}, \boldsymbol{P_0}, \boldsymbol{R_0}, \boldsymbol{E}$ 如第 4 章中的定义. 根据势函数的对称性可知系统具有一致的输出振幅 α_1.

根据线性响应理论, 系统的功率谱放大因子可由式 (5.1.26) 和式 (5.1.27) 推导得到

$$\eta_1 = 4s_1^2 \alpha_1^2.$$

$$(7.1.16)$$

谱放大因子 (7.1.16) 可用来刻画系统的随机共振, 众所周知, 当系统发生随机共振时, 系统的输出响应达到最大, 此时对应一个最优的噪声强度或系统参数. 因此, 为了提高系统的采集性能, 希望系统能出现随机共振, 需要找到系统的最优参数. 实际情况当中, 如果要通过优化系统参数使系统达到最大输出, 最可行的办法便是通过改变磁铁之间的距离 d, 从而改变系统的非线性刚度系数, 故下面将探讨系统非线性刚度系数 δ_3、δ_5 与随机共振之间的关系, 从而找到最优的刚度系数.

图 7.1.5 给出了 η_1 随 δ_3 和 δ_5 的变化曲线. 易见, η_1 随着 δ_3 和 δ_5 的增加出现共振峰, 该现象称为参数诱导的随机共振, 此时对应一个最优的 δ_3 和 δ_5. 即可以通过调节端部磁铁和固定磁铁之间的位置 d 使得 δ_3 和 δ_5 达到最优值, 使得系统出现随机共振. 换言之, 通过 δ_3 和 δ_5 的优化设计使得输出响应最大化来提高采

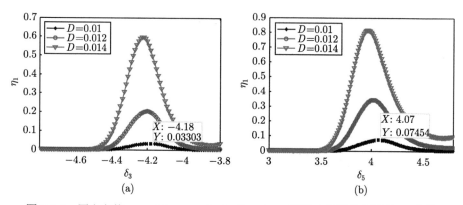

图 7.1.5　固定参数 $\varepsilon_1 = 0.2$, $\omega_1 = 0.02$, $\xi' = 0.02$, 系统功率谱放大因子 η_1 曲线

(a) 作为 δ_3 的函数 ($\delta_5 = 3.5$); (b) 作为 δ_5 的函数 ($\delta_3 = -4.5$)

集性能, 且随着噪声强度 D 的增加, η_1 共振峰的高度增加, 位置左移. 在图 7.1.6 中, η_1 作为 D 的函数呈现非单调变化, 系统出现传统的随机共振. 由图 7.1.6(a) 可见, 随着 ω_1 的增加, η_1 共振峰的高度减小; 而在图 7.1.6(b) 中, 随着 δ_5 的增加, η_1 共振峰的高度呈现非单调变化. 即存在一个最优的 δ_5 使得 η_1 共振峰的高度最大, 该结论与图 7.1.5(b) 一致. 因此, 可以通过 δ_3、δ_5 和 D 的优化设计来提高能量采集的效率.

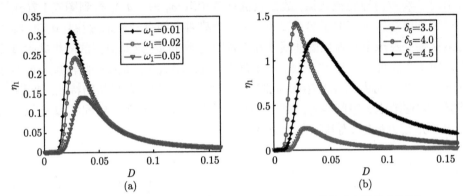

图 7.1.6　固定参数 $\varepsilon_1 = 0.2$, $\xi' = 0.02$, $\delta_3 = -4.5$, 系统功率谱放大因子 η_1 曲线作为 D 的函数

(a) 随 ω_1 的变化 ($\delta_5 = 3.5$); (b) 随 δ_5 的变化 ($\omega_1 = 0.02$)

7.1.3　非线性刚度系数对系统动力学特性的影响

在推导理论结果 (7.1.16) 时并未考虑压电层对压电悬臂梁阻尼的影响, 因此为了验证理论结果 (7.1.16) 对压电悬臂梁系统的参数优化是否具有指导意义, 基于四阶龙格-库塔方法对原方程 (7.1.1) 进行相应的数值计算, 验证式 (7.1.16) 的正确性是很有必要的. 为方便起见, 首先将方程 (7.1.1) 的无量纲形式写为

$$\ddot{x} + 2\xi'\dot{x} + x + \delta_3 x^3 + \delta_5 x^5 + \kappa^2 v = \varepsilon_1 \cos\omega_1 t - \ddot{Y}, \tag{7.1.17a}$$

$$\dot{v} + \alpha v = \dot{x}. \tag{7.1.17b}$$

其中, $\alpha = 1/R_L C_p \omega_n$ 是系统机电时间常数比率; $\kappa = \vartheta/\sqrt{k_1 C_p}$ 是线性机电耦合系数; δ_3 是立方刚度系数; δ_5 是五次方刚度系数; 其他参数如前定义. 在数值计算中, 方程 (7.1.17) 的各参数取值为: $\varepsilon_1 = 0.2$, $\omega_1 = 0.02$, $\kappa = 0.85$, $\alpha = 0.1$, $\xi' = 0.02$, $D = 0.012$.

1. 刚度系数对系统响应的影响

为了研究系统三次刚度系数 δ_3 对压电悬臂梁大幅度运动的影响, 在数值计算中, 结合 7.1.2 节中的理论分析对系统刚度系数进行选取, 令 $\delta_5 = 3.5$, δ_3 选取不同的值, 得到系统位移的时间历程图以及相应的庞加莱截面 (圆圈为系统三个稳态点 s_i $(i = 1, 2, 3)$). 图 7.1.7(a) 中, 固定 $\delta_3 = -6$, 系统的势阱深度较大, 悬臂梁较难突破系统势垒, 因此系统只能在三个稳态之间零星地进行跃迁, 该现象在庞加莱截面中同样能观察到. 当 $\delta_3 = -5$ 时, 系统势垒高度降低, 由图 7.1.7(b) 可见, 系统在不同稳态之间的跃迁明显增多, 压电悬臂梁的运动更加均匀地分布于三个稳态之间. 根据理论分析结果, 如图 7.1.5(a) 所示, 系统大概在 $\delta_3 = -4.2$ 左右出现了参数诱导随机共振, 故在数值计算中取 $\delta_3 = -4.2$, 得到图 7.1.7(c), 可以看到压电悬臂梁克服了势垒高度, 在三个势阱之间有规律地做往复运动, 噪声、简谐激励以及压电悬臂梁的非线性相互配合达到同步, 这是典型的随机共振现象; 也证明了上述理论结果 (7.1.16) 的正确性. 继续增大 δ_3, 系统势阱深度不断减小, 令 $\delta_3 = -3.8$, 得到图 7.1.7(d). 此时, 系统的势函数趋于单稳态的特性, 故压电悬臂梁运动逐渐趋于中间势阱, 其幅度相比于图 7.1.7(c) 有了一定程度的减小, 因此 δ_3 并不是越大越好, 而是存在一个最优值.

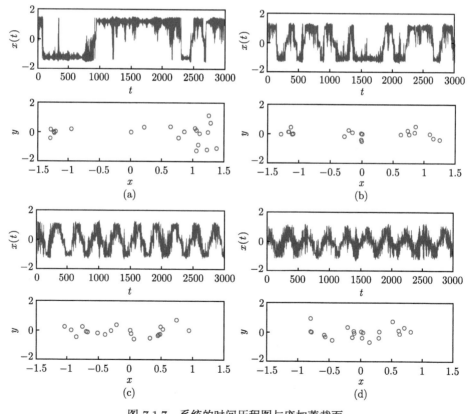

图 7.1.7 系统的时间历程图与庞加莱截面

(a) $\delta_3 = -6$; (b) $\delta_3 = -5$; (c) $\delta_3 = -4.2$; (d) $\delta_3 = -3.8$

此外, 通过计算原方程 (7.1.17) 的稳态联合概率密度 $p(x,y)$, 同样能够较好地反映 δ_3 对压电悬臂梁大幅度运动的影响. 固定 $\delta_5 = 3.5$, 利用蒙特卡罗模拟对原方程 (7.1.26) 进行数值计算, 得到系统的 $p(x,y)$, 如图 7.1.8 所示. 由图 7.1.8(a) 可以看出, 当 $\delta_3 = -6$ 时, $p(x,y)$ 是一个三峰结构, 但是中间的峰的高度较低. 当 δ_3 增大到 -4.2 的时候, 系统在三个势阱之间跃迁的次数增多, $p(x,y)$ 变为一个明显的三峰结构. 但是, 当 $\delta_3 > -4.2$ 时, $p(x,y)$ 逐渐由均衡分布的三个峰变为一个峰, 且分布区间逐渐减小. 说明此时悬臂梁系统的运动仅局限于某个势阱内, 与图 7.1.7(d) 相符.

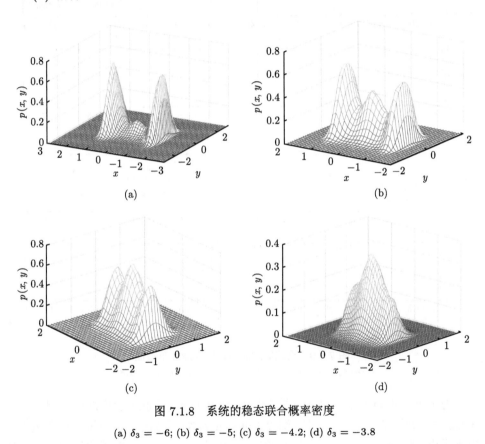

图 7.1.8 系统的稳态联合概率密度

(a) $\delta_3 = -6$; (b) $\delta_3 = -5$; (c) $\delta_3 = -4.2$; (d) $\delta_3 = -3.8$

同时, 改变磁铁间的距离 d 也能改变五次刚度项系数 δ_5, 因此通过对系统原方程 (7.1.17) 进行数值计算, 分析 δ_5 对系统输出响应的影响同样很有必要, 数值计算当中参数的选择同样参考了理论结果 (7.1.16), 如图 7.1.5 所示. 固定 $\delta_3 = -4.5$, 由图 7.1.9 可以看出, 当 δ_5 不断增大时, 悬臂梁在三个势阱之间的跃迁也更加频繁. 当 $\delta_5 = 4$ 时, 由图 7.1.5(b) 可知功率谱放大因子达到最大值, 此时系统的输出振幅最大, 故图 7.1.9 (c) 中给出的数值结果显示系统产生了势阱间的大幅度运动, 说明了系统参数诱导共振的产生. 不难理解, 增大 δ_5 的同时, 系统的势阱深度不断减小, 因此更容易突破势垒从而发生大幅度的跃迁. 继续增加 δ_5 至 $\delta_5 = 4.8$, 此时势函数 $V(x)$ 趋于单稳态的特性, 如图 7.1.7(d) 所示, 压电悬臂梁运动逐渐趋于中间势阱, 因此也存在一个最优值 δ_5 使系统的输出振幅达到最大.

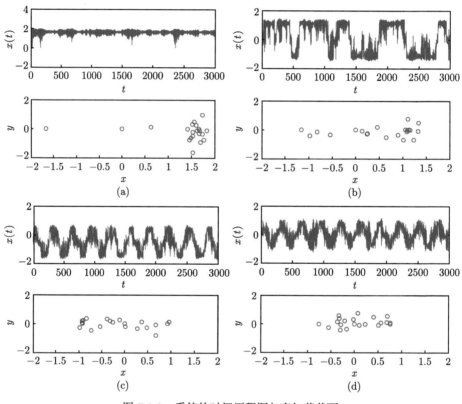

图 7.1.9　系统的时间历程图与庞加莱截面

(a) $\delta_5 = 1.5$; (b) $\delta_5 = 2.8$; (c) $\delta_5 = 4.0$; (d) $\delta_5 = 4.8$

为了进一步验证上述结论, 图 7.1.10 给出了 δ_5 对系统的稳态联合概率密度 $p(x, y)$ 的影响. 当 $\delta_5 = 1.5$ 时, 图 7.1.9(a) 的庞加莱截面显示系统停留在最右侧的势阱内, 故 $p(x, y)$ 在 $x = 1.65$ 和 $y = 0$ 附近有一个单峰, 如图 7.1.10(a) 所示. 当 δ_5 由 2.8 增大到 4 时, $p(x, y)$ 变化为三峰结构, 如图 7.1.10(b) 和 (c) 所示. 继续增加至 $\delta_5 = 4.8$, $p(x, y)$ 再次变化为单峰结构, 如图 7.1.10(d) 所示. 由图 7.1.7~ 图 7.1.10 中的数值结果可知, 虽然在计算理论结果时未考虑压电层对悬臂梁的影响, 但是通过该理论结果 (7.1.16) 选取的系统参数的最优值与数值模拟一致, 因此验证了理论分析结果 (7.1.16) 的正确性. 在实际的实验设计当中, 可以通过参数诱导随机共振来选取系统参数的最优值, 从而使压电悬臂梁可以进行大范围的阱间运动, 增大系统的输出电压, 提高系统的采集性能.

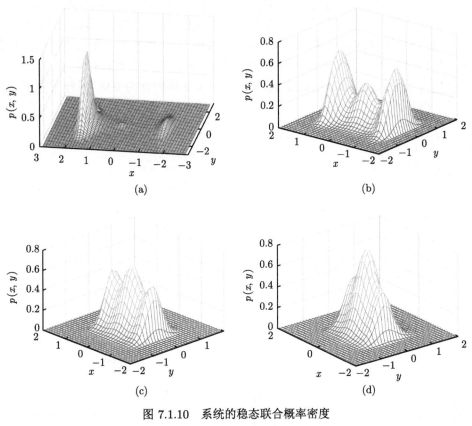

图 7.1.10 系统的稳态联合概率密度

(a) $\delta_5 = 1.5$; (b) $\delta_5 = 2.8$; (c) $\delta_5 = 4.0$; (d) $\delta_5 = 4.8$

2. 刚度系数对随机共振的影响

虽然前面讨论了刚度系数对系统输出响应的影响, 可以看出输出响应随着非线性刚度系数的变化出现了明显的非单调现象, 但是仍然需要通过其他的指标量对系统参数诱导共振的产生进行判定. 下面通过计算系统的功率谱密度、平均输出响应的振幅和相位来判定随机共振. 根据线性响应理论, 简谐激励 $\varepsilon_1 \cos \omega_1 t$ 下系统的平均输出响应 $\langle x(t) \rangle$ 可以表示成 $\langle x(t) \rangle = A \cos(\omega_1 t + \phi)$, 其对应的振幅和相位可由式 (2.1.9) 确定.

在图 7.1.11 和图 7.1.12 中, 给出了系统平均输出信号的功率谱密度随 δ_3 和 δ_5 的变化曲线. 根据线性响应理论, 如果系统在外简谐信号和噪声的激励下能够发生随机共振, 那么 $\langle x(t) \rangle$ 应该具有与输入信号相同的频率, 因此功率谱密度应

该会在频率 $f = \omega_1/2\pi \approx 0.0032$ 处出现一个明显的峰值, 而且该峰值随着噪声强度或者 δ_3 和 δ_5 的增大呈现明显的非单调性现象. 首先讨论 δ_3 的影响, 对原系统 (7.1.17) 进行数值计算得到系统的功率谱密度. 如图 7.1.11 所示, 功率谱密度在 $f \approx 0.0032$ 附近出现了一个明显的峰值, 与前面的分析一致, 而且随着 δ_3 的不断增大, 出现了明显的非单调的现象, 因此可以判定 δ_3 能够产生参数诱导的随机共振. 图 7.1.12 分析了 δ_5 对功率谱密度的影响, 可以看到功率谱密度同样在输入频率处出现了明显的峰值, 且随着 δ_5 变化呈现了非单调性的变化, 系统发生了参数诱导随机共振.

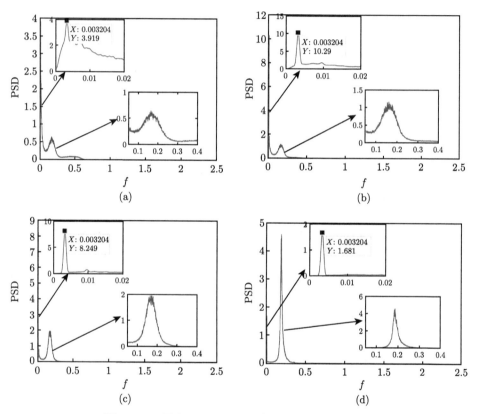

图 7.1.11　固定 $\delta_5 = 3.5$ 时, 系统的功率谱密度曲线
(a) $\delta_3 = -6.0$; (b) $\delta_3 = -5.0$; (c) $\delta_3 = -4.2$; (d) $\delta_3 = -3.8$

对于固定的 $D = 0.01$, $\omega_1 = 0.02$, 图 7.1.13 给出了平均输出响应的振幅 A 和相位 ϕ 随 δ_3 和 δ_5 的变化. 如图 7.1.13(a) 和 (b) 所示, A 随着 δ_3 和 δ_5 的增加均出现了共振峰. 类似地, 图 7.1.13(c) 和 (d) 显示 ϕ 随着 δ_3 和 δ_5 的增加均出现了非单调的共振峰. 因此, 图 7.1.13 中的数值结果说明了在线性响应理论条件下, 系统存在由 δ_3 和 δ_5 诱导的随机共振.

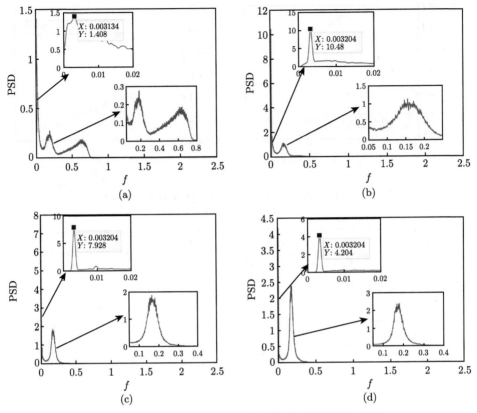

图 7.1.12 固定 $\delta_3 = -4.2$ 时, 系统的功率谱密度曲线

(a) $\delta_5 = 1.5$; (b) $\delta_5 = 2.8$; (c) $\delta_5 = 4.0$; (d) $\delta_5 = 4.8$

为了进一步验证理论结果 (7.1.16) 和线性响应理论的预测, 图 7.1.14 显示了信噪比作为 δ_3、δ_5 和 D 的函数的变化曲线. 为了方便比较, 图 7.1.14(a) 中给出了当 $D = 0.01$, $\omega_1 = 0.02$ 时, 由方程 (7.1.16) 确定的功率谱放大因子曲线.

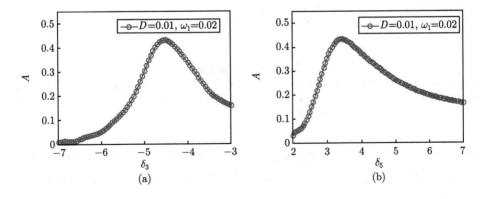

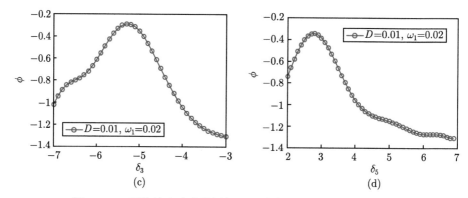

图 7.1.13　平均输出响应的振幅 A 和相位 ϕ 随 δ_3 和 δ_5 的变化

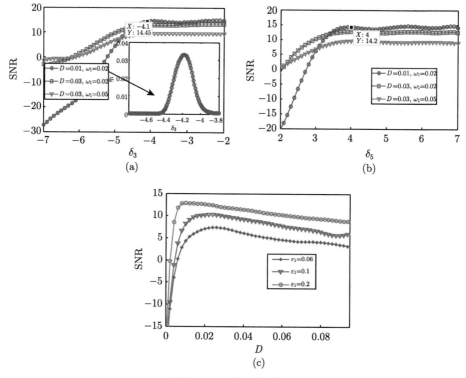

图 7.1.14　信噪比曲线

(a) 作为 δ_3 的函数随不同的 ω_1 和 D 变化 ($\delta_5 = 3.5$), 其中的小图为固定 $D=0.01$, $\omega_1 = 0.02$ 情况下由方程 (7.1.16) 确定的谱放大因子; (b) 作为 δ_5 的函数随不同的 ω_1 和 D 变化 ($\delta_3 = -4.5$); (c) 作为 D 的函数随不同的 ε_1 变化 ($\delta_3 = -4.5$, $\delta_5 = 3.5$)

图 7.1.14(a) 和 (b) 表明, 信噪比达到最大时的最优参数为 $\delta_3 \approx -4.1$ 和 $\delta_5 \approx 4.0$, 此结果与图 7.1.5(a) 和 (b) 中的理论结果一致. 另外, 在图 7.1.14(c) 中存在一个

最优的噪声强度 D_{opt} 使信噪比最大, 说明了传统随机共振的出现. 随着 ε_1 的增加, 信噪比的峰值增加且 D_{opt} 的值减小. 因此, 上述的数值结果验证了理论结果的重要性.

7.1.4 优化参数对系统采集性能的影响

由 7.1.3 节的分析可知, 在最优的非线性刚度系数 δ_3 和 δ_5 处, 系统的响应振幅达到最大值. 因此, 下面将讨论优化参数 δ_3 和 δ_5 对压电悬臂梁采集能量性能的影响. 系统输出的有效电压 V_{rms} 以及俘能效率 $\eta\%$ 是衡量压电能量采集器发电性能的两个重要指标.

首先, 对方程 (7.1.17) 进行平均可得如下方程:

$$\frac{\mathrm{d}\langle E(x,\dot{x})\rangle}{\mathrm{d}t} = -2\xi'\langle \dot{x}^2\rangle - \kappa^2\langle v\dot{x}\rangle + \langle \varepsilon_1 \dot{x}\cos\omega_1 t\rangle + \langle \dot{x}\ddot{Y}\rangle, \qquad (7.1.18a)$$

$$\frac{\mathrm{d}\langle v^2\rangle}{\mathrm{d}t} = -2\alpha\langle v^2\rangle + 2\langle v\dot{x}\rangle. \qquad (7.1.18b)$$

其中, $E(x,\dot{x}) = \dot{x}^2/2 + V(x)$ 为系统动能和势能的总和. 在平稳状态下, 由方程 (7.1.18b) 可求得 $\langle v\dot{x}\rangle = \alpha\langle v^2\rangle$, 将其代入式 (7.1.18a) 可得

$$\frac{\mathrm{d}\langle E(x,\dot{x})\rangle}{\mathrm{d}t} = -2\xi'\langle \dot{x}^2\rangle - \langle \alpha\kappa^2 v^2 - \varepsilon_1 \dot{x}\cos\omega_1 t\rangle + \langle \dot{x}\ddot{Y}\rangle, \qquad (7.1.19)$$

这里, $\xi'\langle \dot{x}^2\rangle$ 为由摩擦力引起的耗散功率; $\langle \dot{x}\ddot{Y}\rangle$ 为环境随机激励所做的功, 由于简谐力做功本身是额外提供的能量, 因此在实际计算当中需要从系统输出功率中将其减去, 即 $\langle \alpha\kappa^2 v^2 - \varepsilon_1 \dot{x}\cos\omega_1 t\rangle$.

俘能效率 $\eta\%$ 用于衡量由噪声提供的能量转换为最终的净电能的整体效率, 其定义为 [31−33]

$$\eta\% = P_{\mathrm{out}}/P_{\mathrm{in}}\,[100\%]. \qquad (7.1.20)$$

其中, $P_{\mathrm{out}} = \langle \alpha\kappa^2 v^2 - \varepsilon_1 \dot{x}\cos\omega_1 t\rangle$; $P_{\mathrm{in}} = \langle \dot{x}\ddot{Y}\rangle$. $\langle\cdot\rangle$ 代表观察区间上的时间平均和噪声样本的整体平均.

由图 7.1.15(a) 和图 7.1.16(a) 可知, 参数 δ_3 和 δ_5 存在最优值使得有效电压 V_{rms} 达到最大值. 引入的电磁铁可产生简谐激励, 当激励的频率 ω_1 较低时, 即使增大激励的振幅 ε_1 也不能增大 V_{rms}. 而当 $\varepsilon_1 = 0.2$ 时, 可以通过提高 ω_1 使 V_{rms} 明显提高. 在图 7.1.15(b) 和图 7.1.16(b) 中, 当 ε_1 过小时, 即使引入电磁铁也不能有效提高系统的俘能效率 $\eta\%$, 而当振幅达到一定值时 ($\varepsilon_1 = 0.2$), 增加 ω_1 并不能提高 $\eta\%$. 由以上分析可知, 如果 ε_1 及 ω_1 都很小, 则不能产生随机共振和有效

地提高系统输出. 此外, 系统的 V_{rms} 和 $\eta\%$ 在随机共振条件下的值远大于无共振情况下的值 ($\varepsilon_1 = 0$). 特别地, 当 $\varepsilon_1 = 0.2, \omega_1 = 1$ 时, V_{rms} 和 $\eta\%$ 的值都保持在一个很高的水平. 同时, 发现系统的有效电压及俘能效率分别在 $\delta_3 = -4.5, \delta_5 = 3.3$ 处达到峰值, 这与系统发生参数诱导共振的位置基本一致, 说明参数诱导共振对系统的输出响应有着积极的影响. 因此, 通过增设电磁铁, 利用随机共振提高压电悬臂梁的俘能性能是可行的.

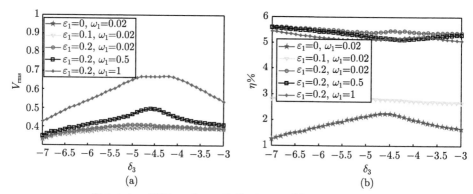

图 7.1.15　不同 ε_1 和 ω_1 取值下, (a) 系统有效电压 V_{rms};

(b) 系统俘能效率 $\eta\%$ 随 δ_3 变化的曲线

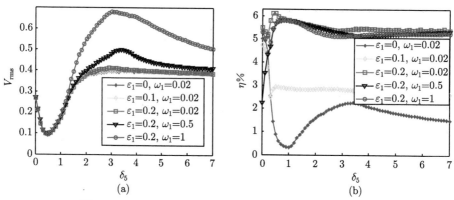

图 7.1.16　不同 ε_1 和 ω_1 取值下, (a) 系统有效电压 V_{rms};

(b) 系统俘能效率 $\eta\%$ 随 δ_5 变化的曲线

7.2　色噪声激励下三稳态电磁式能量采集器的动力学

以往的研究大都是通过随机平均法获得幅值的稳态概率密度函数, 但仅限于线性或弱非线性系统, 并不能捕获强非线性项, 因为强非线性项在随机平均过程中会被平均掉. 为了解决这个问题, Zhu 等 [34] 提出了一种改进的随机平均法, 引入广义谐波函数保留住系统的强非线性项. Qiao 等 [35] 应用此改进的随机平均法研究了变质量 Duffing 振子的随机渐近稳定性. 考虑到色噪声和强非线性项给理论分析带来的复杂性, 本节将采用改进的随机平均法得到系统幅值的平稳概率密度.

7.2.1 系统模型

基于 Daqaq[17] 给出的一类双稳态电磁感应式能量采集器模型, 如图 7.2.1 (a) 所示, 本节引入强非线性三稳态势函数, 通过调整装置中磁铁的摆放位置和间距, 可以将其设计为三稳态系统, 其运动支配方程可表示为

$$M\ddot{\bar{X}} + C\dot{\bar{X}} + \frac{\mathrm{d}\bar{U}(\bar{X})}{\mathrm{d}\bar{X}} + \zeta\bar{I} = -M\ddot{\bar{X}}_b,$$
$$\tilde{R}\bar{I} = \zeta\dot{\bar{X}}, \tag{7.2.1}$$

其中, $\bar{X}$ 表示磁铁质量块 M 的位移; $\dot{\bar{X}}$ 表示 $\bar{X}$ 对时间 t 的一阶导; $\ddot{\bar{X}}$ 表示 $\bar{X}$ 对时间 t 的二阶导; C 表示等效线性阻尼系数; ζ 表示机电耦合系数; I 表示负载电流; $\ddot{\bar{X}}_b$ 表示基座受到的随机激励; $\tilde{R}$ 表示电阻. 为简单起见, 这里忽略了线圈电感的影响 [17].

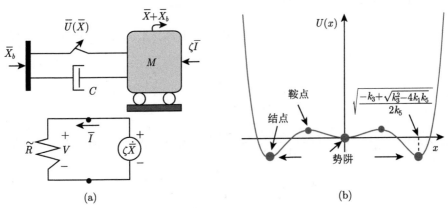

图 7.2.1 (a) 电磁式能量采集器的原理示意图; (b) 无量纲化的三稳态势函数

三稳态势函数 $\bar{U}(\bar{X})$ 可表示为如下形式:

$$\bar{U}(\bar{X}) = \frac{1}{2}\bar{k}_1\bar{X}^2 + \frac{1}{4}\bar{k}_3\bar{X}^4 + \frac{1}{6}\bar{k}_5\bar{X}^6, \tag{7.2.2}$$

其中, $\bar{k}_1$, $\bar{k}_3$ 和 $\bar{k}_5$ 分别表示线性刚度、三次刚度和五次刚度系数.

经无量纲化处理, 系统 (7.2.1) 可写为

$$\ddot{x}(t) + \beta \dot{x}(t) + \frac{\mathrm{d}U(x)}{\mathrm{d}x} = \eta(t), \tag{7.2.3}$$

其中, $\eta(t) = -\ddot{X}_b$ 为色噪声激励, 其统计特性由式 (1.3.6) 给出. $\beta = \left(C + \zeta^2/\tilde{R} \right) / M$ 均为无量纲化参数. 令无量纲参数 $k_1 = \bar{k}_1/M, k_3 = \bar{k}_3/M, k_5 = \bar{k}_5/M$, 则势函数 $U(x)$ 可表示为

$$U(x) = \frac{1}{2}k_1 x^2 + \frac{1}{4}k_3 x^4 + \frac{1}{6}k_5 x^6. \tag{7.2.4}$$

显然, $U(x)$ 的形状完全取决于三个刚度系数 k_1, k_3 和 k_5 的取值. 当 $k_3^2 - 4k_1 k_5 < 0$ 时, $U(x)$ 在原点处只有一个稳定平衡点, 此时 $U(x)$ 是单稳态势函数. 当 $k_3^2 - 4k_1 k_5 > 0$ 时, 如图 7.2.1(b) 所示, $U(x)$ 表现为具有一个原点稳定平衡点、两个对称的稳定平衡点和两个不稳定鞍点结构特征的三稳态势函数, 如式 (1.2.2) 所示.

7.2.2　系统的稳态概率密度

由于系统 (7.2.3) 含有三次和五次刚度强非线性项, 所以引入与振幅 A 有关的瞬时频率, 即 $\omega(A, \theta)$. 利用幅值包线随机平均法, 令

$$x(t) = A(t)\cos\theta(t), \quad \dot{x}(t) = -A(t)\omega(A, \theta)\sin\theta(t), \tag{7.2.5}$$

其中

$$\theta(t) = \psi(t) + \phi(t),$$

$$\omega(A, \theta) = \frac{\mathrm{d}\psi}{\mathrm{d}t} = \sqrt{\frac{2\left[U(A) - U(A\cos\theta)\right]}{A^2 \sin^2\theta}} = \lambda_0(1 + \lambda_1\cos(2\theta) + \lambda_2\cos(4\theta))^{\frac{1}{2}},$$

$$\lambda_0 = \left(k_1 + \frac{3k_3 A^2}{4} + \frac{5k_5 A^4}{8} \right)^{\frac{1}{2}}, \tag{7.2.6}$$

$$\lambda_1 = \left(\frac{k_3 A^2}{4} + \frac{k_5 A^4}{3} \right)\left(k_1 + \frac{3k_3 A^2}{4} + \frac{5k_5 A^4}{8} \right),$$

$$\lambda_2 = \frac{k_5 A^4}{(24k_1 + 18k_3 A^2 + 15k_5 A^4)}.$$

这里, $\cos\theta(t)$ 和 $\sin\theta(t)$ 均为广义谐波函数; A, θ, ϕ, ψ 均是关于时间 t 的随机过程; $A(t)$ 表示幅值过程与总能量 H 有关, 即 $U(A) = U(-A) = H$.

对式 (7.2.6) 中的瞬时频率 $\omega(A, \theta)$ 进行泰勒展开并保留前四项, 即

$$\omega(A, \theta) = b_0(A) + b_2(A)\cos(2\theta) + b_4(A)\cos(4\theta) + b_6(A)\cos(6\theta)$$
$$+ b_8(A)\cos(8\theta) + b_{10}(A)\cos(10\theta) + b_{12}(A)\cos(12\theta), \tag{7.2.7}$$

其中

$$b_0(A) = \lambda_0 \left(1 - \frac{\lambda_1^2}{16} - \frac{\lambda_2^2}{16} + \frac{3\lambda_1^2 \lambda_2}{64} \right),$$

$$b_2(A) = \lambda_0 \left(\frac{\lambda_1}{2} - \frac{\lambda_1 \lambda_2}{8} + \frac{3\lambda_1^3}{64} + \frac{3\lambda_1 \lambda_2^2}{32} \right),$$

$$b_4(A) = \lambda_0 \left(\frac{\lambda_2}{2} - \frac{\lambda_1^2}{16} + \frac{3\lambda_2^3}{64} + \frac{3\lambda_1^2 \lambda_2}{32} \right),$$

$$b_6(A) = \lambda_0 \left(-\frac{\lambda_1 \lambda_2}{8} + \frac{\lambda_1^3}{64} + \frac{3\lambda_1 \lambda_2^2}{64} \right),$$

$$b_8(A) = \lambda_0 \left(\frac{3\lambda_1^2 \lambda_2}{64} - \frac{\lambda_2^2}{16} \right),$$

$$b_{10}(A) = 3\lambda_0 \frac{\lambda_1 \lambda_2^2}{64},$$

$$b_{12}(A) = \lambda_0 \frac{\lambda_2^3}{64}.$$

由式 (7.2.6) 可知, $\omega(A, \theta)$ 的平均频率为 $\omega(A) = b_0(A)$, 从而 $\eta(t)$ 的功率谱密度为 $S(\omega(A)) = D / (1 + \tau^2 \omega^2(A))$. 图 7.2.2 给出了 $\omega(A, \theta)$ 的精确值 (7.2.6) 和近似值 (7.2.7) 的对比. 由图可见, 其近似值与精确值十分吻合, 说明可以由式 (7.2.7) 来近似逼近 $\omega(A, \theta)$.

将式 (7.2.5) 代入方程 (7.2.3), 得到关于幅值 $A(t)$ 和相位 $\phi(t)$ 的随机微分方程

$$\frac{\mathrm{d}A(t)}{\mathrm{d}t} = m_1(A, \theta) + \sigma_1(A, \theta)\xi(t),$$
$$\frac{\mathrm{d}\phi(t)}{\mathrm{d}t} = m_2(A, \theta) + \sigma_2(A, \theta)\xi(t), \tag{7.2.8}$$

其中

$$m_1(A, \theta) = -\frac{\beta A^2 \omega^2(A, \theta)}{u(A)} \sin^2 \theta, \quad m_2(A, \theta) = -\frac{\beta A \omega^2(A, \theta)}{u(A)} \sin\theta \cos\theta,$$

$$\sigma_1(A, \theta) = -\frac{A\omega(A, \theta)}{u(A)} \sin\theta, \quad \sigma_2(A, \theta) = -\frac{\omega(A, \theta)}{u(A)} \cos\theta. \tag{7.2.9}$$

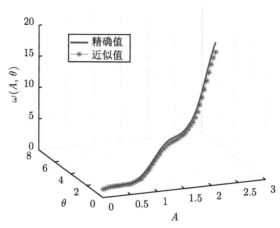

图 7.2.2　系统瞬时频率 $\omega(A,\theta)$. 其中实线表示式 (7.2.6) 的精确值,
星号线表示式 (7.2.7) 的近似值

方程 (7.2.8) 中的幅值 $A(t)$ 为慢变过程, 可弱收敛于马尔可夫扩散过程. 从而, $A(t)$ 可由如下 Itô 方程描述

$$\mathrm{d}A(t) = b(A)\mathrm{d}t + \sigma(A)\mathrm{d}B(t), \tag{7.2.10}$$

其中

$$b(A) = \langle m_1 \rangle_\theta + \int_{-\infty}^0 \left\langle \frac{\partial \sigma_1}{\partial A}\Big|_t \sigma_1\Big|_{t+\tau} + \frac{\partial \sigma_1}{\partial \phi}\Big|_t \sigma_2\Big|_{t+\tau} \right\rangle_\theta R(\tau)\mathrm{d}\tau,$$

$$\sigma^2(A) = \int_{-\infty}^{+\infty} \langle \sigma_1|_t\ \sigma_1|_{t+\tau} \rangle_\theta R(\tau)\mathrm{d}\tau, \tag{7.2.11}$$

式中, $\langle \cdot \rangle_\theta = \dfrac{1}{T}\displaystyle\int_0^T (\cdot)\,\mathrm{d}t = \dfrac{1}{2\pi}\displaystyle\int_0^{2\pi}(\cdot)\,\mathrm{d}\theta$; $B(t)$ 是标准维纳过程.

将式 (7.2.11) 代入式 (7.2.9), 并完成关于 θ 的时间平均和关于 τ 的积分, 则可得平均后的漂移系数和扩散系数

$$b(A) = -\frac{\beta A^2}{2u(A)}\left(k_1 - \frac{5}{8}k_2 A^2 + \frac{11}{24}k_3 A^4\right)$$
$$+ \frac{\pi A}{8u^2(A)}\Big\{[4b_0^2(A) - b_2^2(A)]S(\omega)$$
$$+ \sum_{n=1}^5 (2n+1)[b_{2n}^2(A) - b_{2n+2}^2(A)]S((2n+1)\omega) + 13b_{12}^2(A)S(13\omega)\Big\}$$

$$+ \frac{\pi A}{8u(A)} \Big\{ (2b_0(A) - b_2(A))(2d_0(A) - d_2(A))S(\omega) + b_{12}(A)d_{12}(A)S(13\omega)$$

$$+ \sum_{n=1}^{5} [b_{2n}(A) - b_{2n+2}(A)][d_{2n}(A) - d_{2n+2}(A)]S((2n+1)\omega) \Big\}, \quad (7.2.12)$$

$$\sigma^2(A) = \frac{\pi A^2}{4u^2(A)} \Big\{ [2b_0(A) - b_2(A)]^2 S(\omega)$$

$$+ \sum_{n=1}^{5} [b_{2n}(A) - b_{2n+2}(A)]^2 S((2n+1)\omega) + b_{12}^2(A)S(13\omega) \Big\}, \quad (7.2.13)$$

其中 $d_{2n}(A) = \dfrac{\mathrm{d}}{\mathrm{d}A} \dfrac{Ab_{2n}(A)}{u(A)}$ $(n = 0, 1, \cdots, 6)$; $S(\omega) = \dfrac{1}{\pi} \displaystyle\int_{-\infty}^{0} R(\tau) \cos \omega\tau \mathrm{d}\tau$.

从而, 方程 (7.2.10) 对应的平均 FPK 方程为

$$\frac{\partial p}{\partial t} = -\frac{\partial}{\partial a} [b(a)p] + \frac{1}{2} \frac{\partial^2}{\partial a^2} [\sigma^2(a)p], \quad (7.2.14)$$

式中, $p = p(a, t | a_0)$ 表示给定初始条件 $p = \delta(a - a_0)$ 下的概率密度, 且 $b(a) = b(A)|_{A=a}$, $\sigma^2(a) = \sigma^2(A)|_{A=a}$.

令式 (7.2.14) 的等号左边为零, 可得系统 (7.2.3) 幅值的稳态概率密度函数为

$$p(a) = \frac{C}{\sigma^2(a)} \exp \left[\int_0^a \frac{2b(a)}{\sigma^2(a)} \mathrm{d}a \right], \quad (7.2.15)$$

其中 C 是归一化常数.

7.2.3 随机分岔

本节主要根据式 (7.2.15) 和蒙特卡罗数值方法来研究色噪声和系统刚度系数对随机分岔的影响. 随机分岔一般分为两类: 动态分岔 (D-分岔) 和唯象分岔 (P-分岔). D-分岔定义为当系统参数通过一个分岔点时稳态概率密度性质发生改变, 而 P-分岔描述稳态概率密度形状的改变, 比如由三峰到双峰形状的转变.

1. D-分岔

当参数值使最大李雅普诺夫指数 (LLE) 为零时, 系统的定性形态发生变化. 因此, 本节借助 LLE 来研究系统 (7.2.3) 的 D-分岔.

系统 (7.2.3) 可表示为如下的一阶随机微分方程组 [35]

$$\mathrm{d}\boldsymbol{x} = \boldsymbol{F}(t, \boldsymbol{x})\mathrm{d}t + \frac{\boldsymbol{G}}{\tau}\mathrm{d}B(t), \quad (7.2.16)$$

其中 $\boldsymbol{x} = [x, y, \eta]^{\mathrm{T}}$, $y = \dot{x}$, 且

$$\boldsymbol{F}(t, \boldsymbol{x}) = \begin{bmatrix} y \\ -\beta y - k_1 x - k_3 x^3 - k_5 x^5 + \eta \\ -\eta/\tau \end{bmatrix}, \quad \boldsymbol{G} = \begin{bmatrix} 0 \\ 0 \\ 2D \end{bmatrix}. \quad (7.2.17)$$

采用如下四阶龙格-库塔方法求解方程 (7.2.16)

$$\boldsymbol{x}_{n+1} = \boldsymbol{x}_n + \frac{\Delta t}{6}(\boldsymbol{K}_1 + 2\boldsymbol{K}_2 + 2\boldsymbol{K}_3 + \boldsymbol{K}_4) + \frac{\boldsymbol{G}}{\tau}\sqrt{\Delta t}B_n, \quad (7.2.18)$$

其中 $\boldsymbol{K}_1 = \boldsymbol{F}(t_n, \boldsymbol{x}_n)$; $\boldsymbol{K}_2 = \boldsymbol{F}(t_n + \Delta t/2, \boldsymbol{x}_n + \Delta t\boldsymbol{K}_1/2)$; $\boldsymbol{K}_3 = \boldsymbol{F}(t_n + \Delta t/2, \boldsymbol{x}_n + \Delta t\boldsymbol{K}_2/2)$; $\boldsymbol{K}_4 = \boldsymbol{F}(t_n + \Delta t, \boldsymbol{x}_n + \Delta t\boldsymbol{K}_3)$; Δt 为时间步长; B_n 是标准正态分布在 t_n 时的随机数.

根据 Oseledec 乘法遍布定理 [36], LLE 的定义为

$$\lambda_{\max} = \lim_{t \to \infty} \left\langle \frac{1}{t} \log \frac{\|\boldsymbol{x}(t)\|}{\|\boldsymbol{x}(0)\|} \right\rangle, \quad (7.2.19)$$

其中 $\langle \cdot \rangle$ 表示总体样本平均.

选取系统参数为 $k_1 = 1$, $k_3 = -4.5$, $k_5 = 3.5$, $\beta = 0.1$, $D = 0.01$ 和 $\tau = 0.5$. 根据方程 (7.2.19), 图 7.2.3 给出了 LLE 分别随噪声强度 D、阻尼系数 β、五次刚度系数 k_5 和三次刚度系数 k_3 变化的曲线. 由图 7.2.3 (a) 可知, LLE 随 D 的增加呈单调增加趋势, 但随着噪声相关时间 τ 的增加而减少. 在 D 的临界点处, LLE 突然由负变为正, 表明系统发生了 D-分岔. 由图 7.2.3 (b) 可见, 随 β 的增加, LLE 的符号从正变为负. 当 τ 取较大值时, 图 7.2.3 中虚线下方 LLE 的负值区域均变大. 结果表明, 噪声强度的增加、相关时间和阻尼系数的减少均会降低系统的稳定性. 而且, 随参数 D 和 β 的变化, 随机 D-分岔只发生一次. 图 7.2.3 (c) 和 (d) 中 LLE 变化的曲线极为相似. 随 k_5 和 $|k_3|$ 的持续增加, LLE 先增加后减小, 且虚线上方的不稳定区域随 D 的增加而增加. 说明随着非线性刚度系数的增大, 系统经历了一个由稳定到不稳定再到稳定的变化过程. 这一新发现称为 2-D-分岔现象, 即选择非线性刚度系数作为分岔参数时, 系统可连续发生两次 D-分岔. 为更好地解释 2-D-分岔, 图 7.2.4 给出了系统势函数 $U(x)$ 随 k_5 和 k_3 变化的曲线. 由图 7.2.4(a) 可见, 若 k_5 较小, 如 $k_5 = 1.5$ 时, $U(x)$ 有两个对称势阱, 接近于双稳态. 势垒过高以至于振子被困在其中一个势阱中振动. 因此, 系统运动轨迹被限制在其中一个吸引域内, 从而系统稳定. 增大五次刚度系数至 $k_5 = 4$ 时, 两侧的对称势阱仍然存在, 但势垒降低, 三势阱深度相差无几. 此情形下, 弱噪声输入便可帮助振子越过势垒, 在三势阱之间来回随机跃迁. 因此, 利用 2-D-分岔的特性,

通过调整非线性刚度系数即可得到系统期望的稳定状态.

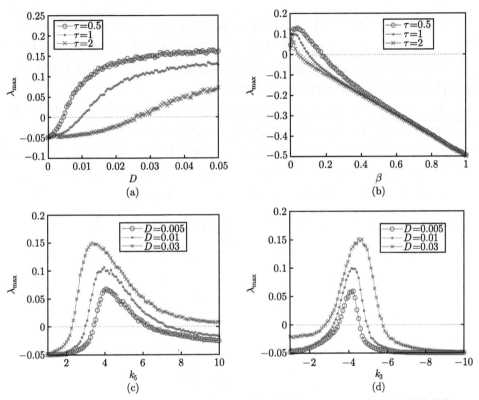

图 7.2.3　方程 (7.2.19) 中最大李雅普诺夫指数随参数 D、β、k_5 和 k_3 变化的曲线

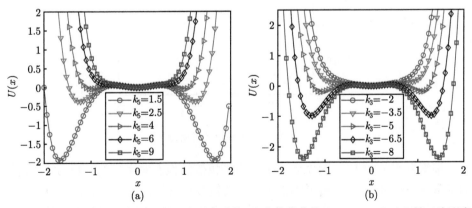

图 7.2.4　系统势函数 $U(x)$(a) 随五次刚度系数 k_5 变化的曲线 $(k_3 = -4.5)$; (b) 随三次刚度系数 k_3 变化的曲线 $(k_5 = 3.5)$

2. P-分岔

方程 (7.2.15) 给出了系统幅值的稳态概率密度 $p(a)$ 的理论表达式. 由于势函数 $U(x)$ 中含有六次方非线性项, 方程 $H = U(A)$ 不存在逆函数, 故无法如文献 [34] 中那样通过 $p(a)$ 计算系统联合稳态概率密度函数 $p(x, \dot{x})$. 在以下分析中, 采用蒙特卡罗数值方法求解 (7.2.3) 来获得 $p(x, \dot{x})$.

为保证理论结果 (7.2.15) 的计算精度, 图 7.2.5 给出了色噪声 $\eta(t)$ 的谱密度曲线, 可见虚线标记的谱密度带宽要比实线标记的带宽宽得多. 根据朱位秋院士等 [34] 的研究可知, 激励带宽越宽, 随机平均法的精确性就越高. 因此, 在计算中选择虚线标记的参数值, 即取 $D = 0.001$ 和 $\tau = 0.03$. 此外, 根据式 (7.2.6), 为确保参数 λ_0 有意义, 需满足条件 $k_3^2 - 40k_1k_5/9 < 0$. 此条件下, 势函数存在如下平衡点 $x_0 = 0$ 和 $x_j = \pm \left[\left(-k_3 + \sqrt{k_3^2 - 4k_1k_5} \right) / 2k_5 \right]^{1/2}$ $(j = 1, 2, 3, 4)$, 如图 7.2.6(a) 所示. 首先, 根据临界条件 $k_2^2 - 4k_1k_3 = 0$ 和 $k_2^2 - 40k_1k_3/9 = 0$, 可将刚度系数参数空间 (k_1, k_3, k_5) 划分为三部分 I_1、I_2 和 I_3, 即 $I_1 = \{(k_1, k_3, k_5)|k_3^2 - 4k_1k_5 < 0\}$, $I_2 = \{(k_1, k_3, k_5)|k_3^2 - 4k_1k_5 = 0\}$ 和 $I_3 = \{(k_1, k_3, k_5)|k_3^2 - 4k_1k_5 > 0, k_3^2 - 40k_1k_5/9 < 0\}$, 如图 7.2.6 (b) 所示.

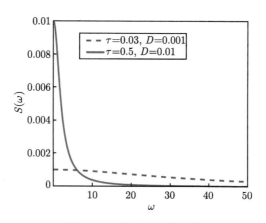

图 7.2.5　色噪声的谱密度

根据方程 (7.2.15), 图 7.2.7(a) 给出了幅值的稳态概率密度函数 $p(a)$ 作为 a 的函数随三次刚度系数 k_3 变化的曲线, 其他参数取值为 $\beta = 0.1, k_1 = 1, k_5 = 4$. 其对应的庞加莱映射如图 7.2.7 (b) 所示. 当 $k_3 = -3.2$ 时, 参数组合 (k_1, k_3, k_5) 落在平面 α_1 之上的区域 I_1 内, 此时 $U(x)$ 只存在一个稳定结点 $x_0 = 0$, 为单稳态情形, 故 $p(a)$ 只有一个峰值, 如图 7.2.7 (a) 所示. 在图 7.2.7 (c) 和 (d) 中, 通过与数值模拟得到的联合稳态概率密度函数 $p(x, \dot{x})$ 和位移的稳态概率密度函数

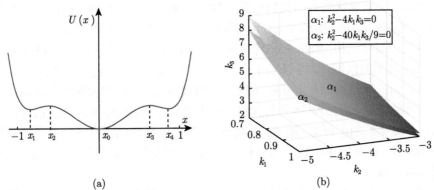

(a)   (b)

图 7.2.6   (a) 势函数的平衡点 ($\tau = 0.03, D = 0.001, k_3^2 - 40k_1k_5/9 < 0$); (b) 将参数空间 ($k_1, k_3, k_5$) 分割成三个区域 I_1, I_2, I_3

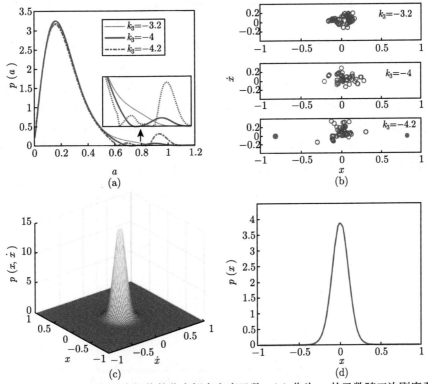

图 7.2.7   (a) 方程 (7.2.15) 中幅值的稳态概率密度函数 $p(a)$ 作为 a 的函数随三次刚度系数 k_3 变化的曲线 ($\tau = 0.03, D = 0.001, \beta = 0.1, k_1 = 1, k_5 = 4$); (b) 通过蒙特卡罗数值模拟得到的与 (a) 对应的庞加莱截面; (c) 通过蒙特卡罗数值模拟得到的联合稳态概率密度函数 $p(x, \dot{x})(k_3 = -3.2)$; (d) 通过蒙特卡罗数值模拟得到的位移的稳态概率密度函数 $p(x)(k_3 = -3.2)$

$p(x)$ 相比, 显见理论结果与数值结果一致. 当 $k_3 = -4$ 时, (k_1, k_3, k_5) 落在平面 α_1 上, 即区域 I_2 内, 如图 7.2.7(b) 所示, $U(x)$ 存在三个平衡点 x_0, x_1, x_4. 此时 $p(a)$ 表现出双峰结构, 如图 7.2.7 (a) 所示. 当 $k_3 = -4.2$ 时, (k_1, k_3, k_5) 落在平面 α_1 与 α_2 之间的区域 I_3 内, $U(x)$ 存在五个平衡点 $x_0, \cdots, x_4$. 此时 $p(a)$ 表现出较不显著的三峰结构. 由此可见, 随着 k_3 的减小, $p(a)$ 曲线表现出从单峰到双峰再到三峰的变化, 即出现 P-分岔现象. 此外, 随 k_3 的减小, 两侧势阱的阱深逐渐增大. 由图 7.2.7(b) 可见, 随 k_3 的减小, 系统的阱间运动逐渐从中心单稳态情形向两侧跃迁, 进而表现出较弱的三稳态, 蒙特卡罗数值结果与图 7.2.7 (a) 的理论结果表现一致.

由上述分析可知, 幅值包线随机平均法在强非线性系统中的应用具有较为严格的条件限制, 下面将通过蒙特卡罗数值方法获得 $p(x, \dot{x})$, 进一步研究系统的随机分岔. 系统参数取值同上, 此时势函数 $U(x)$ 在 $x_s = 0, \pm 1$ 处具有三个稳定点. 图 7.2.8 和图 7.2.9 分别给出了不同噪声强度下 $p(x)$ 和 $p(x, \dot{x})$ 的变化曲线, 这里色噪声的相关时间取值为 $\tau = 2$. 由图 7.2.8 和图 7.2.9(a) 可知, 当 $D = 0.0015$ 时, $p(x)$ 和 $p(x, \dot{x})$ 只在原点处存在一个峰. 当 $D = 0.0022$ 时, 如图 7.2.8 和图 7.2.9 (b) 所示, $p(x)$ 和 $p(x, \dot{x})$ 出现三个峰, 一个在原点处, 另两个在 $x_s = \pm 1$ 处. 当 $D = 0.02$ 时, 如图 7.2.8 和图 7.2.9(c) 所示, 此时 $p(x)$ 和 $p(x, \dot{x})$ 在原点处的峰逐渐消失, 两侧对称的峰逐渐增强. 当噪声强度增大至 $D = 0.08$ 时, 原点处的峰逐渐出现, 但较为不显著, 此时系统是三稳态情形, 如图 7.2.8 和图 7.2.9(d) 所示. 因此, 当 D 作为分岔参数时, 稳态概率密度函数出现了从单峰到三峰、再到双峰和三峰的拓扑结构的变化, 说明系统发生 P-分岔.

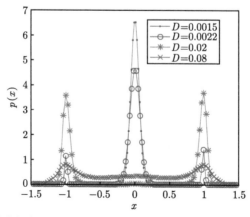

图 7.2.8　位移的稳态概率密度函数 $p(x)$ 作为 x 的函数随不同噪声强度 D 变化的曲线

此外, 由图 7.2.3(a) 知, 对于 $\tau = 2$ 的曲线, 当 D 从 0.0015 增长至 0.02 时, LLE 的符号始终为负. 若 D 继续增大至 0.08 时, LLE 的符号变为正. 综上, D 作为分岔参数时, P-分岔的发生可能伴随着 D-分岔, 且较大的噪声强度不利于系统稳定.

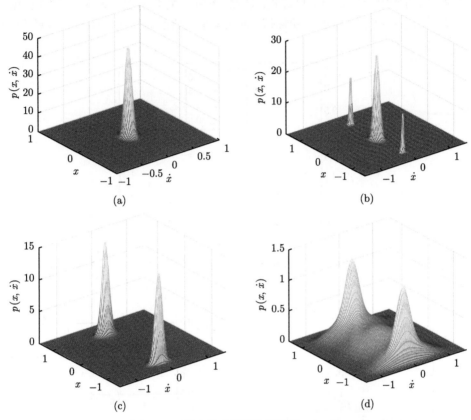

图 7.2.9　联合稳态概率密度函数 $p(x, \dot{x})$

(a)$D = 0.0015$(LLE<0); (b) $D = 0.0022$ (LLE<0); (c) $D = 0.02$ (LLE<0); (d) $D = 0.08$ (LLE>0)

图 7.2.10 和图 7.2.11 给出了五次刚度系数 k_5 对系统随机分岔的影响, 这里噪声参数选取为 $D = 0.01$ 和 $\tau = 0.5$. 图 7.2.10 给出了 $p(x)$ 作为 x 的函数随不同 k_5 变化的曲线. 图 7.2.11 给出了其对应的 $p(x, \dot{x})$ 及庞加莱截面. 由图 7.2.11 (a) 可见, 当 $k_5 = 2.5$ 时, 只存在两个吸引子 x_1 和 x_4 位于原点的两侧, $p(x, \dot{x})$ 在 x_1 和 x_4 处出现两个峰. 由图 7.2.11 (a) 对应的庞加莱截面可见, 振子运动轨迹收敛于其中一个吸引子. 需指出, 由于此情形下振子很难在两侧势阱之间发生跃迁, 所以其收敛于哪个吸引子由初值决定. 当 k_5 增大至 3.5 时, 如图 7.2.11 (b) 所示, $p(x, \dot{x})$ 的两个侧峰仍然存在且在原点处出现了一个新的单峰, $p(x, \dot{x})$ 表现为三稳态结构, 由其对应的庞加莱截面可见, 振子可在三势阱之间随机跃迁. 当 k_5 继续增大至 4 时, 如图 7.2.11 (c) 所示, x_1 和 x_4 处的峰值逐渐减小, x_0 处的峰值逐渐增大. 随后, 当 $k_5 = 6$ 或 $k_5 = 9$ 时, 如图 7.2.11 (d) 和 (e) 所示, 三峰逐渐合为一

峰, 振子逐渐向原点处的中心峰跃迁. 因此, 随着 k_5 的增大, $p(x,\dot{x})$ 表现为从双峰到三峰再到单峰形状的变化过程. 显然, 系统发生 P-分岔. 此外, 由图 7.2.10 可知, 增大 k_5 可减小系统的振动幅值, 对能量采集器的微型化设计和提高平均输出功率起着重要作用.

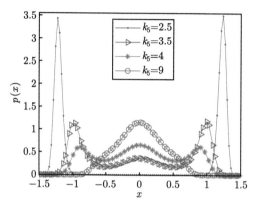

图 7.2.10　位移的稳态概率密度函数 $p(x)$ 作为 x 的函数随五次刚度系数 k_5 变化的曲线

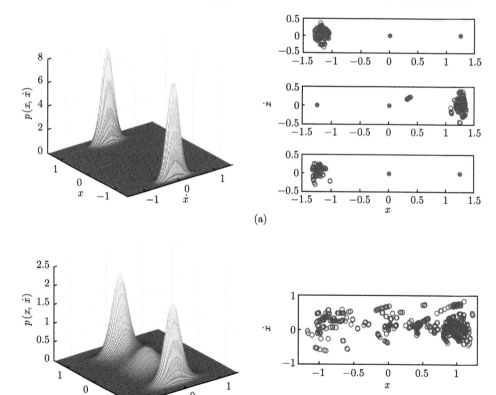

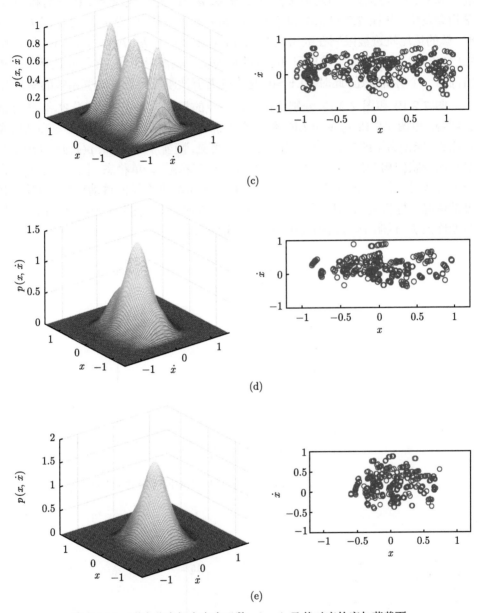

图 7.2.11 联合稳态概率密度函数 $p(x, \dot{x})$ 及其对应的庞加莱截面

(a)$k_5 = 2.5$(LLE<0); (b) $k_5 = 3.5$ (LLE>0); (c) $k_5 = 4$ (LLE>0); (d) $k_5 = 6$ (LLE>0); (e) $k_5 = 9$(LLE<0)

在图 7.2.3(c) 中, 给出了 k_5 相同取值下 LLE 的变化情况. 在图 7.2.11 中, 当 k_5 由 2.5 增大至 9 时, 其 LLE 的符号从负 (对应 $k_5 = 2.5$) 变为正 (对应

$k_5 = 3.5, 4, 6$) 再变为负 (对应 $k_5 = 9$). 显然, k_5 作为分岔参数时, P-分岔和 D-分岔均会发生. 从图 7.2.11 (a) 和 (e) 的庞加莱截面可看出, 当 $k_5 = 2.5$ 或 $k_5 = 9$ 时, 解的运动轨迹被限制在吸引域内, 此时 LLE<0. 但是, $k_5 = 3.5, 4, 6$ 时, 由图 7.2.11(b)~(d) 的庞加莱映射可知, 解的运动轨迹偏离吸引子, 并不断地从一个势阱向另一个势阱跃迁, 此时 LLE>0. 这意味着五次刚度系数可改变系统的稳定性.

图 7.2.12 和图 7.2.13 分别给出了色噪声的相关时间 τ 对 D-分岔和 P-分岔的影响. 由图 7.2.12 可见, LLE 随 τ 的增加从正变为负. 表明色噪声与高斯白噪声相比, 能提高系统的稳定性. 由图 7.2.13 可见, 随着 τ 的增加, $p(x, \dot{x})$ 经历了一系列的形状结构变化, 即三稳态 > 双稳态 > 三稳态 > 单稳态. 因此, 当 τ 作为分岔参数时, 系统也能发生 P-分岔. 且增大 τ 可减小系统的振动幅值, 与噪声强度的情况正好相反. 此外, 当 τ 从 1.5 增大至 6 时, 系统发生了 P-分岔而 LLE 符号始终为负, 说明 P-分岔的发生不一定伴随着 D-分岔.

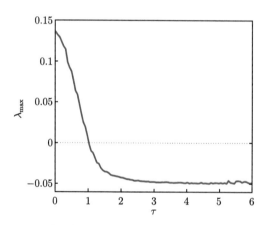

图 7.2.12　最大李雅普诺夫指数随相关时间 τ 变化的曲线

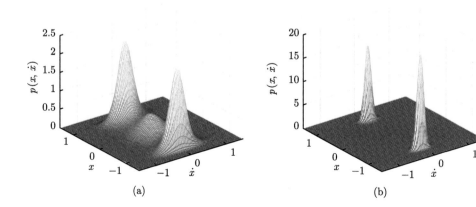

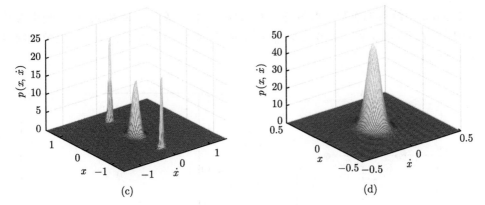

图 7.2.13 联合稳态概率密度函数 $p(x, \dot{x})$

(a)$\tau = 0.5$(LLE>0); (b) $\tau = 1.5$ (LLE<0); (c) $\tau = 4$ (LLE<0); (d) $\tau = 6$ (LLE<0)

7.2.4 随机共振

由 7.1 节可知, 基于随机共振原理的参数优化设计能提高相同能量采集性能, 故在方程 (7.2.3) 中引入外简谐激励, 原方程可写为

$$\ddot{x}(t) + \beta \dot{x}(t) + \frac{\mathrm{d}U(x)}{\mathrm{d}x} = \eta(t) + f\cos(\Omega t), \tag{7.2.20}$$

其中, f 表示简谐激励幅值; Ω 表示简谐激励频率.

由于刚度系数的变化会导致势阱深度发生变化, 因此引入阱深比参数 R, 即中间势阱深度与两侧势阱深度之比, 可表示为

$$R = \frac{\Delta U_M}{\Delta U_{L,R}}, \tag{7.2.21}$$

其中, 中间势阱深度 ΔU_M 和两侧左右势阱深度 $\Delta U_{L,R}$ 可由式 (7.2.4) 推导出

$$\Delta U_M = \frac{1}{24k_5^2}\left[(k_3^2 - 4k_1k_5)^{\frac{3}{2}} - 6k_1k_3k_5 - k_3^3\right],$$

$$\Delta U_{L,R} = \frac{1}{12k_5^2}(k_3^2 - 4k_1k_5)^{\frac{3}{2}}. \tag{7.2.22}$$

图 7.2.14 给出了 R 随刚度系数 k_1 变化的曲线, 以及 ΔU_M 和 $\Delta U_{L,R}$ 随 R 变化的曲线. 由图可知, R 随 k_1 的增加而增加. 随着 R 的增加, ΔU_M 呈上升趋势, 而 $\Delta U_{L,R}$ 呈下降趋势. 本节采用四阶龙格-库塔法和蒙特卡罗数值模拟法求解系统 (7.2.20), 通过计算以下两个指标量来刻画系统的随机共振, 即功率谱密度和信噪比. 这里, 弱简谐激励满足条件 $f < \Delta U_{L,R,M}$, 其参数选取为 $f = 0.15$ 和

$\Omega = 0.05$, 系统其他参数选取为 $\beta = 0.1$、$k_1 = 1.5$、$k_3 = -4$ 和 $k_5 = 2$, 噪声参数选取为 $D = 0.015$ 和 $\tau = 0.5$, 除非另有说明. 采样频率设定为 20, 计算的数据量 $N = 5000$.

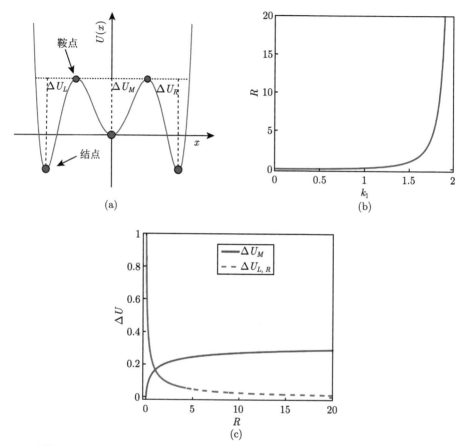

图 7.2.14　(a) 三稳态对称势函数；(b) 阱深比 R 随刚度系数 k_1 变化的曲线 $(k_3 = -4, k_5 = 2)$；(c) 中间势阱深度 ΔU_M 和两侧左右势阱深度 $\Delta U_{L,R}$ 随阱深比 R 变化的曲线

1. 功率谱密度

本节首先计算系统的功率谱密度随噪声强度变化的情况, 并给出相应的时间历程和相图, 如图 7.2.15 所示. 图中红线表示输入简谐激励, 蓝线表示系统的输出响应. 由图 7.2.15(a) 可知, 当 $D = 0.001$ 时, 系统一直局限在中间势阱中振荡, 无法跃迁到左右两侧势阱中. 随着噪声强度的增大, 如图 7.2.15(b) 所示, 系统在弱简谐激励和噪声的协作下可在三个势阱之间发生跃迁. 但显然跃迁行为与输入

周期信号并未达到同步. 当 $D = 0.015$ 时, 如图 7.2.15 (c) 所示, 系统可在三个势阱之间来回跃迁, 噪声诱导的随机跃迁与输入周期信号达到同步. 继续增大 D, 如图 7.2.15(d) 所示, 三势阱之间的跃迁过于频繁, 以至于破坏了噪声与简谐激励的同步性. 研究表明, 适当的噪声强度可诱导系统发生随机共振现象, 噪声强度过小或过大均不利于噪声与简谐激励之间达到同步. 该结果与图 7.2.16 中功率谱密度的表现一致. 很显然, 图 7.2.16(c) 中 $D = 0.015$ 时的功率谱密度峰值要高于图 7.2.16(a),(b) 和 (d) 中的功率谱密度峰值.

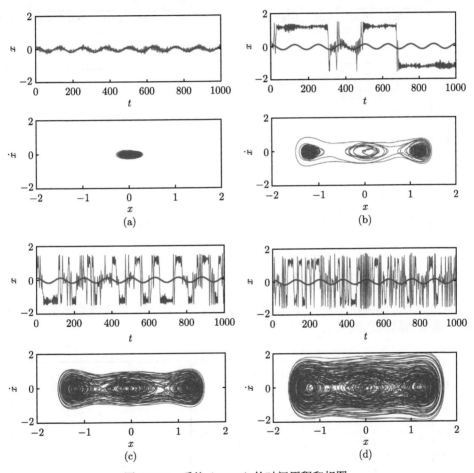

图 7.2.15　系统 (7.2.20) 的时间历程和相图

(a) $D = 0.001$; (b) $D = 0.005$; (c) $D = 0.015$; (d) $D = 0.05$

图 7.2.17 给出了功率谱密度在 $D = 0.015$ 下随不同激励幅值 f 和激励频率 Ω 变化的曲线. 比较图 7.2.17(a) 和 (b) 可知, 较大的 f 可增大功率谱密度峰值. 比较图 7.2.17(b) 和 (c) 可知, 较大的 Ω 会减小功率谱密度峰值, 且功率谱密度峰

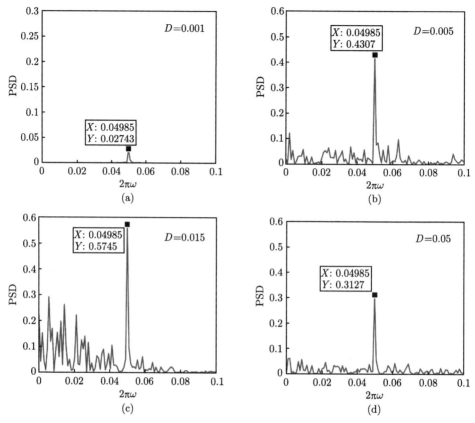

图 7.2.16　功率谱密度随不同噪声强度 D 变化的曲线

值总是发生在激励频率 Ω 处. 这些现象表明, 提高激励幅值或降低激励频率均有利于系统的随机共振发生.

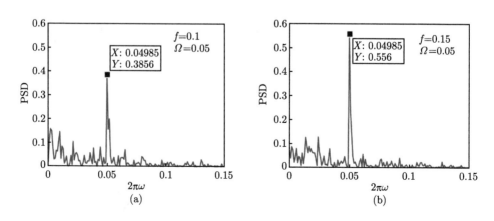

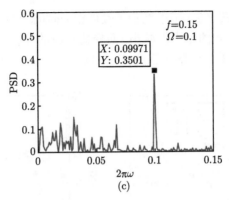

图 7.2.17 功率谱密度随不同简谐激励幅值 f 和激励频率 Ω 变化的曲线 $(D = 0.015)$

2. 信噪比

信噪比是判定系统随机共振的重要指标, 可具体给出随机共振发生时对应的最优噪声强度和最优系统参数值. 根据式 (1.1.8), 数值计算时信噪比定义为

$$\text{SNR} = 10 \log_{10} \left(\frac{P_{\text{s}}}{P_{\text{n}}} \right) \text{dB}, \tag{7.2.23}$$

其中

$$P_{\text{s}} = |Y(m_0)|^2,$$
$$P_{\text{n}} = \frac{1}{2M} \sum_{i=1}^{M} \left(|Y(m_0 - i)|^2 + |Y(m_0 + i)|^2 \right), \tag{7.2.24}$$

式中, P_{s} 表示输出功率谱在外简谐激励频率处的频谱值; P_{n} 表示在激励频率附近去除 m_0 处的频谱值后剩余输出功率谱的平均值. 式中 $Y(m) = \sum\limits_{n=0}^{N-1} x(n) \mathrm{e}^{-2\pi \mathrm{i} m n / N}$, 表示输出响应信号 $\{x(n), n = 0, 1, \cdots, N-1\}$ 的快速傅里叶变换, 这里选取 $N = 2^{17}$. m_0 是 $|Y(m)|^2$ $(m = 0, 1, \cdots, N-1)$ 取得最大值时 m 的值, 式中选取 $M = 5$.

在图 7.2.18 中, 我们将讨论色噪声和激励幅值 f 对信噪比的影响. 对于每条曲线, 随着 D 的增大, SNR 总是先减小到最小值、再增大到最大值、后持续减小. 这表明存在最优的噪声强度 D_{opt} 使 SNR 达到最大值, 记作 SNR_{max}, 这显然是随机共振的特征. 此外, 三稳态系统中也发生了噪声诱导的抑制现象, 即在 SNR 最小值处. 由图 7.2.18(a) 可知, SNR 的峰值 SNR_{max} 随 f 的增大而增大, 而峰值对应的 D_{opt} 随 f 的增大而减小. 这是由于较大的激励幅值使得系统较容易克服势垒实现阱间随机跃迁, 因此较大的外简谐激励下, 只需较小剂量的噪声强度即可实现随机共振效应. 图 7.2.18(b) 展示了噪声相关时间 τ 对 SNR 的影响. 由图可见, 峰值 $\mathrm{SNR_{max}}$ 随 τ 的增大而减小, 而峰值对应的 D_{opt} 逐渐增大, 且 τ 越大, 随机共振发生时对应的最优噪声强度 D_{opt} 越大.

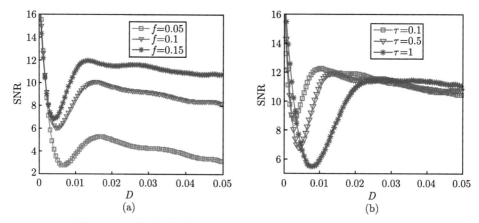

图 7.2.18　信噪比作为 D 的函数随不同参数 f 和 τ 变化的曲线

图 7.2.19 分析了阱深比 R 对随机共振的影响. 为确保满足条件 $f < \Delta U_{L,R,M}$, 这里设定 $f = 0.1$. 同时, 为重点分析 R 对随机共振的影响, 色噪声的相关时间设定为一个小值, 即 $\tau = 0.1$, 此时色噪声近似于白噪声. 阱深比 R 可直观地反映势函数的各种形状, 而势函数形状对随机共振具有重要影响. 图 7.2.19(a) 给出了 SNR 作为 D 的函数随不同 R 变化的曲线. 对于每一条曲线, SNR 随 D 的增大出现了一个共振峰. 这表明系统发生了随机共振, 且存在最优噪声强度 D_{opt} 使 SNR 达到最大. 显然, 当 $R < 1$ 时, SNR 峰值随 R 的增大而快速增大且峰值左移. 然而, 当 $R > 1$ 时, SNR 峰值随 R 的增大而逐渐减小且峰值右移. 这说明存在最优的阱深比 R_{opt} 使随机共振效应达到最大, 实现最优随机共振, 即某个参数变化下的一组随机共振中使 $\mathrm{SNR_{max}}$ 最大的共振峰. 图 7.2.19(b) 和 (c) 分别给出了共振峰值 $\mathrm{SNR_{max}}$ 和共振峰处的最优噪声强度 D_{opt} 随 R 变化的曲线. 显然, $\mathrm{SNR_{max}}$ 和 D_{opt} 均与 R 呈非单调关系. 由图可见, 当 R 很小时, $\mathrm{SNR_{max}}$ 很小, 而对应的 D_{opt} 很大, 这表明噪声很难诱导系统发生随机共振. 在此情形下, 由图 7.2.14(c) 可知, 两侧势阱深度要远大于中间势阱深度, 因此系统需要更大的噪声强度输入才能使系统跨过高势垒跃迁到中间势阱, 进而实现三势阱间的随机跃迁. 对于 $R < 1$ 即 $\Delta U_M < \Delta U_{L,R}$ 时, 随着 R 的增大, $\mathrm{SNR_{max}}$ 快速上升而 D_{opt} 快速下降, 这是由于此时 $\Delta U_{L,R}$ 快速下降. 对于 $R > 1$ 即 $\Delta U_M > \Delta U_{L,R}$ 时, 随着 R 的增大, $\mathrm{SNR_{max}}$ 缓慢下降而 D_{opt} 缓慢上升, 这是由于此时 $\Delta U_{L,R}$ 缓慢下降且 ΔU_M 缓慢上升. 无论 $R < 1$ 还是 $R > 1$, 总是存在一个势阱的深度大于 $R = 1$

时的势阱深度. 因此, 在 $R \approx 1$ 时, 系统实现最优随机共振, 其所需的噪声强度 D_{opt} 最小且共振峰值 $\text{SNR}_{\max}$ 最大, 从而说明系统存在最优阱深比, 即 $R_{\text{opt}} \approx 1$.

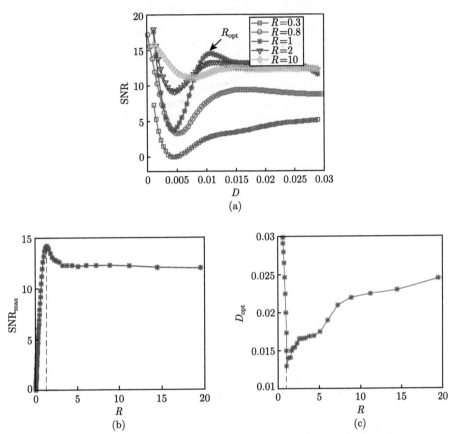

图 7.2.19 (a) SNR 作为 D 的函数随不同阱深比 R 变化的曲线 $(f = 0.1, \tau = 0.1)$; (b) 共振峰值 $\text{SNR}_{\max}$ 随 R 变化的曲线; (c) 共振峰处的最优噪声强度 D_{opt} 随 R 变化的曲线

图 7.2.20 给出了阻尼系数 β 对随机共振的影响. 图 7.2.20(a) 给出了 SNR 作为 D 的函数随不同阻尼系数 β 变化的曲线. 对于较小的 β, 如 $\beta = 0.03$ 时, SNR 随 D 的增加呈单调下降趋势. 增大 β 至 $\beta \geqslant 0.06$ 时, SNR 随 D 的变化出现一个共振峰. 这说明存在一个临界值 $\beta_{\text{thr}} \approx 0.06$, 当 $\beta > \beta_{\text{thr}}$ 时, 系统才会出现随机共振现象. 同时, 随着 β 的继续增加, 共振峰值 $\text{SNR}_{\max}$ 逐渐增大而后减小. 这表明存在一个最优 β_{opt} 使随机共振效应达到最大. 图 7.2.20(b) 和 (c) 分别给出了共振峰值 $\text{SNR}_{\max}$ 和共振峰处的最优 D_{opt} 随 β 变化的曲线. 由图可知, $\text{SNR}_{\max}$ 为 β 的非单调函数, $\text{SNR}_{\max}$ 随 β 的增加先增大、后缓慢减小. 然而, 共振峰处的最优 D_{opt} 随着 β 的增加呈持续上升趋势.

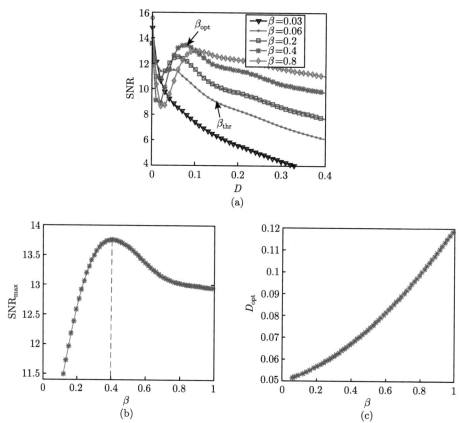

图 7.2.20　(a) SNR 作为 D 的函数随不同阻尼系数 β 变化的曲线；(b) 共振峰值 $\mathrm{SNR_{max}}$ 随 β 变化的曲线；(c) 共振峰处的最优噪声强度 D_{opt} 随 β 变化的曲线

3. 随机共振与随机分岔之间的关系

本节将讨论随机共振与随机分岔之间的关系. 应用蒙特卡罗数值模拟法得到系统 (7.2.20) 的稳态概率密度函数 $p(x)$, 用以判定系统 (7.2.20) 的 P-分岔现象. 应用四阶龙格-库塔法得到系统 (7.2.20) 的 LLE, 用以判定 D-分岔现象.

图 7.2.21 给出了共振峰处的 $p(x)$ 在 R-x 平面上的等高线图. 对于图中每一个 R, 噪声强度的取值设定为其共振峰处的最优噪声强度, 即 $D = D_{\mathrm{opt}}$, 如图 7.2.19(c) 所示. 由图 7.2.21(a) 可知, 随着 R 的增加, $p(x)$ 的拓扑结构由双峰变为三峰, 再变为单峰. 这表明在随 R 变化过程中, 随机共振发生的同时也可发生 P-分岔. 结合图 7.2.19 和图 7.2.21 (b) 可知, 最优随机共振发生在 $R_{\mathrm{opt}} \approx 1$ 处, 而此时 $p(x)$ 是三峰等高的三稳态情形. 也就是说, 对于三稳态系统 (7.2.20), 最优随机共振发生在平稳概率密度函数是三峰等高的三稳态情形.

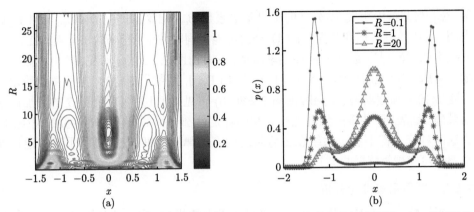

图 7.2.21   (a) 共振峰处的稳态概率密度函数 $p(x)$ 在 R-x 平面上的等高线图；(b) 共振峰处的稳态概率密度函数 $p(x)$ 随不同阱深比 R 变化的曲线.

$$(f = 0.1, \tau = 0.1, D = D_{\mathrm{opt}})$$

图 7.2.22(a) 给出了系统 (7.2.20) 的 LLE 作为 β 的函数随不同噪声强度 D 变化的曲线. 随着 β 的增加, LLE 的符号从正变为负. 系统在弱阻尼时存在混沌行为, 此混沌行为若很强则可能会抑制随机共振的发生, 这正好解释了图 7.2.20(a) 中弱阻尼下系统无随机共振现象的原因.

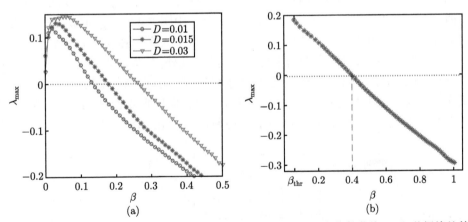

图 7.2.22   (a) 系统 (7.2.20) 的 LLE 作为 β 的函数随不同 D 变化的曲线；(b) 共振峰处的 LLE 随 β 变化的曲线 $(D = D_{\mathrm{opt}})$

图 7.2.22(b) 给出了共振峰处的 LLE 随 β 变化的曲线. 对于图中的每一个 β, 噪声强度的取值设定为其共振峰处的最优噪声强度, 即 $D = D_{\mathrm{opt}}$, 如图 7.2.20(c) 所示. 随着 β 的增加, LLE 单调下降, 其符号在临界值 $\beta_{\mathrm{cri}} = 0.4$ 处由正变为负. 比较图 7.2.22(b) 和图 7.2.20(b) 可知, 诱导系统发生最优随机共振的最优阻尼系

数 β_{opt} 与共振中引发 D-分岔的临界阻尼系数 β_{cri} 相等, 即 $\beta_{\mathrm{opt}} \approx \beta_{\mathrm{cir}} \approx 0.4$. 这表明, 最优随机共振和共振中的 D-分岔可能会同时发生. 当 $\beta < 0.4$ 时, LLE>0, 共振中的混沌行为随 β 的增加逐渐减弱, 同时由图 7.2.20(b) 可见, 随机共振效应随 β 的增加而逐渐增强. 当 $\beta > 0.4$ 时, LLE<0, 系统是稳定的, 共振中的稳定行为随 β 的增加逐渐增强, 同时由图 7.2.20(b) 可见, 随机共振效应随 β 的增加而逐渐减弱. 这表明, 共振中强混沌行为和强稳定性都会抑制最优随机共振的发生, 因为这两种行为都不利于系统在三势阱之间有规律的随机跃迁现象. 因此, 通过调整参数可实现最优随机共振.

7.2.5 能量采集性能分析

平均输出功率是衡量能量采集器性能的重要指标. 由上述分析可知刚度系数、色噪声和简谐激励对系统随机动力学特性具有重要影响. 本节重点分析色噪声、简谐激励和阱深比对平均输出功率的影响.

根据方程 (7.2.1), 可得系统 (7.2.20) 的平均输出功率为

$$E(P) = \tilde{R} E(\bar{I}^2) \propto \zeta E(\dot{x}^2), \tag{7.2.25}$$

这里机电耦合系数选取为 $\zeta = 0.75$.

图 7.2.23 给出了谐和激励、色噪声和阱深比对平均输出功率 $E(P)$ 的影响. 由图 7.2.23(a) 可知, 当激励频率 Ω 很小时, 增大激励幅值 f 也难以提高 $E(P)$. 然而, 当 Ω 较大时, 增大 f 可有效提高 $E(P)$. 由图 7.2.23(b) 可知, $E(P)$ 随 D 的增加而增加, 但随 τ 的增加而减少. 这表明, 增大噪声强度可提高平均输出功率, 而增大噪声相关时间会削弱平均输出功率. 此外, 较大的相关时间, 如 $\tau = 10$ 时, 会严重抑制平均输出功率, 不利于能量采集. 因此, 在能量采集器的设计中, 色噪声的相关时间不容忽视. 由图 7.2.23(c) 可知, 随着阱深比 R 的增加, $E(P)$ 先增大至最大值, 再逐渐减小. 这表明存在最优 R_{opt} 使 $E(P)$ 达到最大. 而且, 随

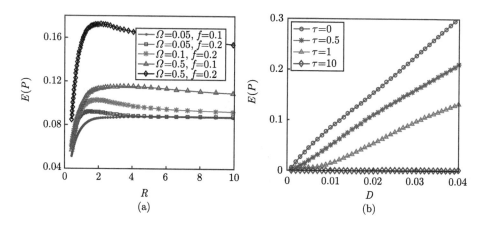

(a) (b)

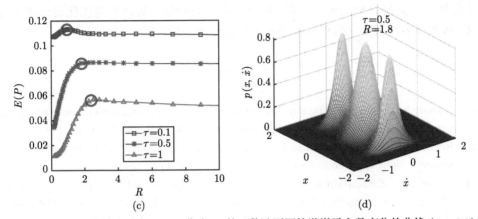

图 7.2.23　(a) 平均输出功率 $E(P)$ 作为 R 的函数随不同简谐激励参数变化的曲线 $(\tau = 0.5)$；
(b) 平均输出功率 $E(P)$ 作为 D 的函数随不同相关时间变化的曲线；(c) 平均输出功率 $E(P)$
作为 R 的函数随不同相关时间 τ 变化的曲线 $(f = 0.1)$；(d) 联合稳态概率密度函数
$p(x, \dot{x})(f = 0.1, \tau = 0.5, R = 1.8)$

着 τ 的增加，$E(P)$ 的峰值逐渐减小，峰值对应的 R_{opt} 逐渐增大. 当 $\tau = 0.1$ 时，
$R_{\mathrm{opt}} \approx 1$，结合图 7.2.19 可知，最优随机共振发生在 $R_{\mathrm{opt}} \approx 1$ 处，由此说明，$E(P)$
在最优随机共振处达到最大. 此外，结合图 7.2.21(b) 和图 7.2.23(d) 可知，对于本
章研究的三稳态能量采集系统，在平均输出功率达到最大值时，即如图 7.2.23(c)
所示的空心圆处，系统的稳态概率密度函数均为三峰等高的情形. 因此，随机共振
和随机分岔等随机动力学行为对提高系统能量采集性能起着十分重要的作用.

7.3　本章小结

本章研究了随机环境激励 (包括高斯白噪声和色噪声) 下三稳态电磁和压电
振动能量采集系统的非线性动力学行为和俘能特性，针对系统中含有的强非线性、
强耦合性、多个吸引子、非马尔可夫性等难点，提出了一些新的理论分析方法和
数值计算方法，揭示系统的结构参数、噪声强度、噪声相关时间、机电耦合强度、
阻尼系数等对能量采集系统的随机动力学特性的影响，基于参数诱导随机共振的
原理，优化压电振动能量采集系统的结构参数，并分析了随机分岔 (包括 P-分岔
和 D-分岔) 和随机共振之间的关系，特别是提出了阱深比的定义，通过确定系统
的最优阱深比以达到提高系统能量采集性能的目的. 本章的研究结果一方面将推
进非线性随机动力学的发展，针对强非线性耦合的动力系统的提出一些有效的分
析和计算方法，有助于深入认识随机激励、多稳态结构及耦合参数等对系统能量
采集效率的影响；另一方面将为多稳态压电振动能量采集装置的参数优化设计与

采集性能提高提供理论依据, 进而提出压电振动能量采集器结构优化设计的新方案, 对实际多稳态压电振动能量采集器的设计和应用提供一定指导作用.

参 考 文 献

[1] Roundy S, Wright P K, Rabaey J. A study of low level vibrations as a power source for wireless sensor nodes[J]. Computer Communications, 2003, 26(11): 1131-1144.

[2] Renno J M, Daqaq M F, Inman D J. On the optimal energy harvesting from a vibration source[J]. Journal of Sound and Vibration, 2009, 320(1/2): 386-405.

[3] Torres E O, Rincon-Mora G A. Electrostatic energy-harvesting and battery-charging CMOS system prototype[J]. IEEE Transactions on Circuits and Systems I, 2009, 56(9): 1938-1948.

[4] Mann B P, Sims N D. Energy harvesting from the nonlinear oscillations of magnetic levitation[J]. Journal of Sound and Vibration, 2009, 319(1/2): 515-530.

[5] Ko W H. Piezoelectric energy converter for electronic implants: US3456134DA[P]. 1969-7-15[2021-11].

[6] Häsler E, Stein L, Harbauer G. Implantable physiological power supply with PVDF film[J]. Ferroelectrics, 1984, 60(1): 277-282.

[7] Williams C B, Yates R B. Analysis of a micro-electric generator for microsystems[J]. Sensors and Actuators A: Physical, 1996, 52(1-3): 8-11.

[8] Barton D A W, Burrow S G, Clare L R. Energy harvesting from vibrations with a nonlinear oscillator[J]. Journal of Vibration and Acoustics, 2010, 132: 021009.

[9] Triplett A, Quinn D D. The effect of nonlinear piezoelectric coupling on vibration-based energy harvesting[J]. Journal of Intelligent Material Systems and Structures, 2008, 20(16):1959-1967.

[10] Daqaq M F, Stabler C, Qaroush Y, Seuaciuc-Osório T. Investigation of power harvesting via parametric excitations[J]. Journal of Intelligent Material Systems and Structures, 2009, 20(5): 545-557.

[11] Mann B P, Owens B A. Investigations of a nonlinear energy harvester with a bistable potential well[J]. Journal of Sound and Vibration, 2010, 329(9): 1215-1226.

[12] Erturk A, Inman D J. Broadband piezoelectric power generation on high-energy orbits of the bistable Duffing oscillator with electromechanical coupling[J]. Journal of Sound and Vibration, 2011, 330(10): 2339–2353.

[13] Kim P, Seok J. A multi-stable energy harvester: dynamic modeling and bifurcation analysis[J]. Journal of Sound and Vibration, 2014, 333(21): 5525-5547.

[14] Zhou S X, Cao J Y, Inman D J, Lin J, Liu S S, Wang Z Z. Broadband tristable energy harvester: modeling and experiment verification[J]. Applied Energy, 2014, 133: 33-39.

[15] Jiang W A, Chen L Q. Stochastic averaging based on generalized harmonic functions for energy harvesting systems[J]. Journal of Sound and Vibration, 2016, 377: 264-283.

[16] Jin X L, Wang Y, Xu M, Huang Z L. Semi-analytical solution of random response for nonlinear vibration energy harvesters[J]. Journal of Sound and Vibration, 2015, 340: 267-282.

[17] Daqaq M F. Transduction of a bistable inductive generator driven by white and exponentially correlated Gaussian noise[J]. Journal of Sound and Vibration, 2011, 330(11): 2554-2564.

[18] Bobryk R V, Yurchenko D. On enhancement of vibration-based energy harvesting by a random parametric excitation[J]. Journal of Sound and Vibration, 2016, 366: 407-417.

[19] Liu D, Xu Y, Li J. Probabilistic response analysis of nonlinear vibration energy harvesting system driven by Gaussian colored noise[J]. Chaos Solitons and Fractals, 2017, 104: 806-812.

[20] Yang T, Cao Q J. Dynamics and energy generation of a hybrid energy harvester under colored noise excitations[J]. Mechanical Systems and Signal Processing, 2019, 121: 745-766.

[21] Jin Y X, Xiao S M, Zhang Y X. Enhancement of tristable energy harvesting using stochastic resonance[J]. Journal of Statistical Mechanics, 2018, 2018(12): 123211.

[22] Zhang Y X, Jin Y F, Xu P F, Xiao S M. Stochastic bifurcations in a nonlinear tri-stable energy harvester under colored noise[J]. Nonlinear Dynamics, 2020, 99(2): 879-897.

[23] Zhang Y X, Jin Y F, Xu P F. Dynamics of a coupled nonlinear energy harvester under colored noise and periodic excitations[J]. International Journal of Mechanical Sciences, 2020, 172: 105418.

[24] McInnes C R, Gorman D G, Cartmell M P. Enhanced vibrational energy harvesting using nonlinear stochastic resonance[J]. Journal of Sound and Vibration, 2008, 318(4/5): 655-662.

[25] Zheng R C, Nakano K, Hu H G, Su D X, Cartmell MP. An application of stochastic resonance for energy harvesting in a bistable vibrating system[J]. Journal of Sound and Vibration, 2014, 333(12): 2568-2587.

[26] Zhang Y S, Zheng R C, Shimono K, Kaizuka T, Nakano K. Effectiveness testing of a piezoelectric energy harvester for an automobile wheel using stochastic resonance[J]. Sensors, 2016, 16(10): 1727-1742.

[27] Kim P, Seok J. Dynamic and energetic characteristics of a tri-stable magnetopiezoelastic energy harvester[J]. Mechanism & Machine Theory, 2015, 94:41-63.

[28] Zheng R C, Nakano K, Hu H G, Su D X, Cartmell M P. An application of stochastic resonance for energy harvesting in a bistable vibrating system[J]. Journal of Sound and Vibration, 2014, 333(12): 2568-2587.

[29] Nakano K, Elliott S J, Rustighi E. A unified approach to optimal conditions of power harvesting using electromagnetic and piezoelectric transducers[J]. Smart Materials and Structures, 2007, 16(4): 948-958.

[30] Fronzoni L, Mannella R. Stochastic resonance in periodic potentials[J]. Journal of Statistical Physics, 1993, 70(1/2): 501-512.

[31] Li H T, Qin W Y, Deng W Z, Tian RL. Improving energy harvesting by stochastic res-onance in a laminated bistable beam[J]. European Physical Journal Plus, 2016, 131(3): 60-68.

[32] Méndez V, Campos D, Horsthemke W. Efficiency of harvesting energy from colored noise by linear oscillators[J]. Physical Review E, 2013, 88(2): 022124.

[33] Peña Rosselló J I, Wio H S, Deza R R, Hänggi P. Enhancing energy harvesting by coupling monostable oscillators[J]. European Physical Journal B, 2017, 90(2): 34-38.

[34] Zhu W Q, Huang Z L, Suzuki Y. Response and stability of strongly non-linear oscillators under wide-band random excitation[J]. International Journal of Non-Linear Mechanics, 2001, 36(8): 1235-1250.

[35] Qiao Y, Xu W, Jia W, Liu W. Stochastic stability of variable-mass Duffing oscilla-tor with mass disturbance modeled as Gaussian white noise[J]. Nonlinear Dynamics, 2017,89(1):607-616.

[36] Oseledec V I. A multiplicative ergodic theorem: Lyapunov characteristic numbers for dynamical system[J]. Transactions of the Moscow Mathematical Society, 1968,19:197-231.

"非线性动力学丛书" 已出版书目

1 张伟，杨绍普，徐鉴，等. 非线性系统的周期振动和分岔. 2002

2 杨绍普，申永军. 滞后非线性系统的分岔与奇异性. 2003

3 金栋平，胡海岩. 碰撞振动与控制. 2005

4 陈树辉. 强非线性振动系统的定量分析方法. 2007

5 赵永辉. 气动弹性力学与控制. 2007

6 Liu Y, Li J, Huang W. Singular Point Values, Center Problem and Bifurcations of Limit Cycles of Two Dimensional Differential Autonomous Systems （二阶非线性系统的奇点量、中心问题与极限环分叉）. 2008

7 杨桂通. 弹塑性动力学基础. 2008

8 王青云，石霞，陆启韶. 神经元耦合系统的同步动力学. 2008

9 周天寿. 生物系统的随机动力学. 2009

10 张伟，胡海岩. 非线性动力学理论与应用的新进展. 2009

11 张锁春. 可激励系统分析的数学理论. 2010

12 韩清凯，于涛，王德友，曲涛. 故障转子系统的非线性振动分析与诊断方法. 2010

13 杨绍普，曹庆杰，张伟. 非线性动力学与控制的若干理论及应用. 2011

14 岳宝增. 液体大幅晃动动力学. 2011

15 刘增荣，王瑞琦，杨凌，等. 生物分子网络的构建和分析. 2012

16 杨绍普，陈立群，李韶华. 车辆–道路耦合系统动力学研究. 2012

17 徐伟. 非线性随机动力学的若干数值方法及应用. 2013

18 申永军，杨绍普. 齿轮系统的非线性动力学与故障诊断. 2014

19 李明，李自刚. 完整约束下转子–轴承系统非线性振动. 2014

20 杨桂通. 弹塑性动力学基础(第二版). 2014

21 徐鉴，王琳. 输液管动力学分析和控制. 2015

22 唐驾时，符文彬，钱长照，刘素华，蔡萍. 非线性系统的分岔控制. 2016

23 蔡国平，陈龙祥. 时滞反馈控制及其实验. 2017

24 李向红，毕勤胜. 非线性多尺度耦合系统的簇发行为及其分岔. 2017

25 Zhouchao Wei, Wei Zhang, Minghui Yao. Hidden Attractors in High Dimensional Nonlinear Systems （高维非线性系统的隐藏吸引子）. 2017

26 王贺元. 旋转流体动力学——混沌、仿真与控制. 2018

27 赵志宏，杨绍普. 基于非线性动力学的微弱信号探测. 2020

28 李韶华，路永婕，任剑莹. 重型汽车-道路三维相互作用动力学研究. 2020

29 李双宝，张伟. 平面非光滑系统全局动力学的 Melnikov 方法及应用. 2022

30 靳艳飞，许鹏飞. 典型非线性多稳态系统的随机动力学. 2021